现代数学基础丛书·典藏版 2

数理逻辑基础

下册

胡世华 陆钟万 著

科学出版社

北京

内 容 简 介

本书陈述数理逻辑的基础知识，包括逻辑演算的基本内容。这些内容构成数理逻辑各个分支(模型论、证明论和构造性数学、递归论、集合论)的共同的基础。

本书共六部分，分上、下两册。下册包括第三、四、五章和两个附录。第三章陈述逻辑演算的重言式系统，并研究自然推理系统和重言式系统的关系。第四章研究逻辑演算的可靠性和完备性问题。第五章讨论了逻辑演算如何应用于陈述具体的数学理论，并且研究了在数学中引进定义的形式化问题。附录(一)陈述带量词的命题逻辑；附录(二)定义了斜形证明，并且证明了形式证明与斜形证明的等价关系。

本书可以用作数学专业和其他专业数理逻辑课程的教材或教学参考书，或供有关工作人员参考，使用时可根据具体情况删减内容.使用本书时一般要求读者具有相当于大学高年级程度的数学训练。

图书在版编目(CIP)数据

数理逻辑基础.下册/胡世华,陆钟万著.—北京：科学出版社，2015.11
(现代数学基础丛书·典藏版；2)
ISBN 978-7-03-046422-4

Ⅰ.①数…　Ⅱ.①胡…　②陆…　Ⅲ.①数理逻辑　Ⅳ.①O141

中国版本图书馆CIP数据核字(2015)第276997号

责任编辑：张　扬／责任校对：林青梅
责任印制：徐晓晨／封面设计：王　浩

科学出版社 出版
北京东黄城根北街16号
邮政编码：100717
http://www.sciencep.com
北京厚诚则铭印刷科技有限公司印刷
科学出版社发行　各地新华书店经销
*
2015年11月第　一　版　开本：B5(720×1000)
2016年　6 月印　　刷　印张：13 3/4
字数：173 000
定价：98.00元
(如有印装质量问题，我社负责调换)

目　录

第三章 重 言 式

我们在第一章中构造了逻辑演算的自然推理系统. 逻辑演算的自然推理系统是处理一般的形式推理关系 $\Gamma\vdash A$ 的. 重言式是可以从任何的形式前提推出，也就是可以从空的形式前提推出的合式公式. 这是一类特殊的有重要意义的合式公式. 由于在逻辑演算中有

$$A_1, \cdots, A_n\vdash A \iff \vdash A_1\wedge\cdots\wedge A_n\to A$$

所以，从技术上讲，一般的形式推理关系都可以在重言式中得到反映. 在这个意义下，可以说，在逻辑演算中只要研究重言式，也就是研究重言式的推理关系就够了.

重言式可以用以下的方法处理，就是列出一些重言式作为形式公理，并给出一些形式推理规则，由它们能生成重言式的全体，并且所能生成的合式公式又都是重言式. 这样构造的逻辑演算称为逻辑演算的**重言式系统**[1]. 在数理逻辑的历史发展中，首先构造起来的是逻辑演算的重言式系统，在其中通过重言式来处理形式推理关系.

重言式系统中的形式公理并不直接揭示出演绎推理的规则，它们的涵义并不都是直观而明显的. 在重言式系统中证明形式定理、刻划演绎推理，是不直观、不自然的. 因此，在数理逻辑的发展中，出现了一些较为直接地反映演绎推理的逻辑演算. 厄尔勃朗[2] 1928 证明的演绎定理就是比较直接地反映演绎推理的. 以后在

1) 例如可以参考怀德海与罗素 1910—1913; 希尔伯特 (D. Hilbert) 与阿克曼 (W. Ackermann) 1928, 1938; 希尔伯特与贝尔奈斯 (P. Bernays) 1934, 1939; 克利尼 1952; 丘奇 (A. Church) 1956 等.

2) J. Herbrand.

雅思柯夫斯基[1] 1934 和根岑 1934 等著作中，也反映了这种趋势．又例如在克利尼 1952 中所构造的谓词逻辑系统，虽然仍然是重言式系统，但在其中定义了直接反映演绎推理的形式推理，这也反映了上面所说的趋势．因此，在本书中主要是构造了逻辑演算的自然推理系统．

在本章中，我们将陈述命题逻辑和谓词逻辑的重言式系统，介绍在数理逻辑的发展中积累起来的这方面的一部分内容（§30—§33），其中的基本部分（例如 § 30 中的系统 [P] 以及与[P]等价的若干系统如 $[P]_0$，$[P]_1$，$[P]_2$和习题30.6中的 $[P]_5$ 等，§ 31 中的 [P*]，以及 § 33 中的 [F*] 等），对于数理逻辑的专业工作者来说，是应当了解的；其余的内容可以作为参考材料．本章中的练习可以适当做一部分，以获得大致的了解．本章的最后一节阐述了重言式系统与自然推理系统之间的关系．

逻辑演算的自然推理系统都有相应的重言式系统．例如 P 和 F^I，我们令 [P] 和 $[F^I]$ 分别是 P 和 F^I 的重言式系统．

§ 30　P 的重言式系统

从本节起，我们要构造一系列的逻辑演算重言式系统，包括古典的和非古典的系统．

我们先来构造命题逻辑 P 的重言式系统 [P]，和一些与之等价的系统．[P] 是这样一个系统，在其中能够推导出 P 中的全部重言式，并且也只能推导出 P 的重言式．在本节中还要构造 P 的非古典系统 P_H 和 P_M 的重言式系统 $[P_H]$ 和 $[P_M]$，和一些同它们等价的系统．

我们先来构造 [P]．[P] 的符号和形成规则都与 P 的相同．我们曾作过的关于省略括号和使用点号，以及其它关于符号的各种约定，也都适用于 [P]．

---

1) S. Jáskowski.

[P] 有六个形式公理模式 ($\to_1$), ($\to_2$), ($\to_0$), (M), (H), (C)[1] 和一个形式推理规则模式 [$\to$]:

($\to_1$) $A \to (B \to A)$

($\to_2$) $A \to (A \to B) \cdot \to \cdot A \to B$

($\to_0$) $A \to B \cdot \to \cdot (B \to C) \to (A \to C)$

(M) $(A \to \neg B) \to (B \to \neg A)$

(H) $\neg A \to (A \to B)$

(C) $(A \to \neg A) \to B \cdot \to \cdot (A \to B) \to B$

[$\to$] 由 $A \to B$ 和 A 推出 B

其中 A, B, C 是任意的合式公式.

一合式公式是形式公理,当且仅当,它具有形式公理模式的形式.

例 1 下面的 [1]—[11]:

[1] $p \to (q \to p)$

[2] $p \to (p \to p)$

[3] $p \to \neg(q \to r) \cdot \to : p \to \neg q \cdot \to \cdot p \to \neg(q \to r)$

[4] $p \to (p \to p) \cdot \to \cdot p \to p$

[5] $q \to : q \to \cdot q \to (q \to q) \cdot : \to : q \to \cdot q \to (q \to q)$

[6] $p \to (q \to r) \cdot \to : (q \to r) \to (r \to \neg p) \cdot$
$\to \cdot p \to (r \to \neg p)$

[7] $p \to (p \to q) \cdot \to q : \to :\cdot q \to \cdot (p \to q)$
$\to p : \to : p \to (p \to q) \cdot \to \cdot (p \to q) \to p$

[8] $(p \to q) \to \neg(q \to r) \cdot \to \cdot (q \to r) \to \neg(p \to q)$

[9] $p \to q \cdot \to : \neg \cdot (q \to r) \to (p \to r) \cdot : \to :$
$(q \to r) \to (p \to r) \cdot \to \neg(p \to q)$

---

1) 在第一章中已解释过,"M"是拉丁字"minimus"(极小)的第一个字母,"H"是"Heyting"(海丁)的第一个字母. 这里的"C"则是拉丁字"classicus"(古典)的第一个字母.

§32 中将说明: [P] 是古典的重言式系统,[P]中有公理模式(C);在 [P] 中去掉 (C),就得到海丁非古典系统 P_H 的重言式系统[P_H], [P_H] 中有公理模式(H); 在 [P_H] 中去掉 (H), 就得到极小系统 P_M 的重言式系统 [P_M].

[10] $\neg(p \to q) \to :p \to q\cdot \to \cdot(p \to q) \to r$

[11] $(p \to q) \to \neg(p \to q)\cdot \to \cdot p \to (q \to r): \to :\cdot$
$p \to q\cdot \to \cdot p \to (q \to r): \to \cdot p \to (q \to r)$

都是**P**中的形式公理，其中[1]—[3]都有$(\to_1)$的形式，[4]和[5]都有$(\to_2)$的形式，[6]和[7]都有$(\to_0)$的形式，[8]和[9]都有(M)的形式，[10]有(H)的形式，[11]有(C)的形式．又如

[12] $A \to (A \to A)$

[13] $A \to B\cdot \to \cdot(B \to A) \to (A \to B)$

[14] $(A \to B) \to \cdot(A \to B) \to \neg C: \to \cdot(A \to B) \to \neg C$

[15] $A \to (B \to C)\cdot \to :(B \to C)$
$\to \neg(C \to A)\cdot \to \cdot A \to \neg(C \to A)$

[16] $A \to \neg(B \to C)\cdot \to \cdot(B \to C) \to \neg A$

[17] $\neg\neg(A \to B) \to \cdot\neg(A \to B) \to (A \to B)$

[18] $(\neg A \to \neg\neg A) \to \neg A\cdot \to \cdot(\neg A \to \neg A) \to \neg A$

其中的[12]和[13]都是形式公理，它们都有$(\to_1)$的形式．但[12]和[13]是模式，它们又都是模式$(\to_1)$的特殊形式。类似地，[14]—[18]也都是形式公理，并且都是模式，它们分别有$(\to_2)$，$(\to_0)$，(M)，(H)，(C)的形式．

[→]就是假言推理规则，它相当于自然推理系统中的蕴涵词消去律．

定义30.1(形式定理) A是[P]的**形式定理**，记作

$$[P]:\vdash A \quad 或 \quad \vdash A$$

当且仅当，A能由[P]的形式公理和形式推理规则生成，即A是[P]的形式公理或是由已生成的形式定理经应用[→]而得．

在生成形式定理A的过程中，我们得到一系列的形式定理$A_1, \cdots, A_n$，其中每个$A_i(i = 1, \cdots, n)$是形式公理或是由在它之前已生成的形式定理经应用[→]而得，并且A_n就是A．这个序列称为A的**形式证明**．

“形式公理”，“形式推理规则”，“形式定理”等名词中的“形式”二字可以省略．

我们可以把 [P] 的公理模式写成以下的形式：

$(\rightarrow_1)$ $\vdash A\rightarrow(B\rightarrow A)$

$(\rightarrow_2)$ $\vdash A\rightarrow(A\rightarrow B)\centerdot\rightarrow\centerdot A\rightarrow B$

$(\rightarrow_0)$ $\vdash A\rightarrow B\centerdot\rightarrow\centerdot(B\rightarrow C)\rightarrow(A\rightarrow C)$

(M) $\vdash (A\rightarrow\neg B)\rightarrow(B\rightarrow\neg A)$

(H) $\vdash \neg A\rightarrow\centerdot(A\rightarrow B)$

(C) $\vdash (A\rightarrow\neg A)\rightarrow B\centerdot\rightarrow\centerdot(A\rightarrow B)\rightarrow B$

对于其他的重言式系统，我们也像定义 30.1 那样，定义其中的形式定理和形式证明，并把公理模式写成上面的形式.

重言式系统与自然推理系统中的形式证明的区别在于，前者是合式公式的序列，所证明的形式定理是合式公式，后者是形式推理关系的序列，所证明的形式定理是形式推理关系.

定理 30.1 [P]：

[1] $\vdash A\rightarrow A$ （同一律）

[2] $\vdash (A\rightarrow B)\rightarrow C\centerdot\rightarrow\centerdot B\rightarrow C$

[3] $\vdash A\rightarrow\centerdot(A\rightarrow B)\rightarrow(C\rightarrow B)$

[4] $\vdash A\rightarrow\centerdot(A\rightarrow B)\rightarrow B$

[5] $\vdash (A\rightarrow B)\rightarrow B\centerdot\rightarrow C:\rightarrow\centerdot A\rightarrow C$

[6] $\vdash A\rightarrow(B\rightarrow C)\centerdot\rightarrow\centerdot B\rightarrow(A\rightarrow C)$

[7] $\vdash B\rightarrow C\centerdot\rightarrow\centerdot(A\rightarrow B)\rightarrow(A\rightarrow C)$

[8] $\vdash A\rightarrow B\centerdot\rightarrow\centerdot A\rightarrow(A\rightarrow C):$
$\rightarrow\centerdot(A\rightarrow B)\rightarrow(A\rightarrow C)$

[9] $\vdash B\rightarrow(A\rightarrow C)\centerdot\rightarrow\centerdot(A\rightarrow B)\rightarrow(A\rightarrow C)$

[10]* $\vdash A\rightarrow(B\rightarrow C)\centerdot\rightarrow\centerdot(A\rightarrow B)\rightarrow(A\rightarrow C)$

[11] $\vdash A\rightarrow(B\rightarrow C)\centerdot\rightarrow:A\rightarrow\centerdot(C\rightarrow D)\rightarrow(B\rightarrow D)$

[12] $\vdash A\rightarrow(B\rightarrow C)\centerdot\rightarrow:C\rightarrow D\centerdot\rightarrow\centerdot A\rightarrow(B\rightarrow D)$

[21] $\vdash \neg A\rightarrow\centerdot A\rightarrow\neg(B\rightarrow B)$

[22] $\vdash B\rightarrow\centerdot(A\rightarrow\neg B)\rightarrow\neg A$

[23] $\vdash A\rightarrow\neg(B\rightarrow B)\centerdot\rightarrow\neg A$

[24] $\vdash A \rightarrow \neg B \cdot \rightarrow : A \rightarrow \cdot B \rightarrow \neg(B \rightarrow B)$

[25] $\vdash A \rightarrow B \cdot \rightarrow \cdot A \rightarrow \neg(B \rightarrow B) : \rightarrow \cdot (A \rightarrow B) \rightarrow \neg A$

[26] $\vdash A \rightarrow \cdot B \rightarrow \neg(B \rightarrow B) : \rightarrow \cdot (A \rightarrow B) \rightarrow \neg A$

[27] $\vdash A \rightarrow \neg B \cdot \rightarrow \cdot (A \rightarrow B) \rightarrow \neg A$

[28]* $\vdash A \rightarrow B \cdot \rightarrow \cdot (A \rightarrow \neg B) \rightarrow \neg A$

[29] $\vdash A \rightarrow B \cdot \rightarrow \cdot \neg B \rightarrow \neg A$

[30] $\vdash \neg(\neg\neg A \rightarrow A) \rightarrow \neg A$

[31] $\vdash (A \rightarrow \neg A) \rightarrow \neg A$

[32] $\vdash \neg A \rightarrow B \cdot \rightarrow \cdot (A \rightarrow \neg A) \rightarrow B$

[33] $\vdash (A \rightarrow \neg A) \rightarrow B \cdot \rightarrow B : \rightarrow \cdot (\neg A \rightarrow B) \rightarrow B$

[34] $\vdash A \rightarrow \neg\neg A$

[35] $\vdash A \rightarrow B \cdot \rightarrow \cdot \neg\neg A \rightarrow \neg\neg B$

[41] $\vdash A \rightarrow (\neg A \rightarrow B)$

[42] $\vdash \neg(\neg\neg A \rightarrow A) \rightarrow \neg\neg A$

[43] $\vdash \neg\neg(\neg\neg A \rightarrow A)$

[51] $\vdash A \rightarrow B \cdot \rightarrow : (A \rightarrow \neg A) \rightarrow B \cdot \rightarrow B$

[52] $\vdash (A \rightarrow \neg A) \rightarrow A \cdot \rightarrow A$

[53] $\vdash (\neg A \rightarrow A) \rightarrow A$

[54] $\vdash \neg A \rightarrow \neg B \cdot \rightarrow \cdot B \rightarrow (\neg A \rightarrow A)$

[55]* $\vdash \neg A \rightarrow \neg B \cdot \rightarrow \cdot B \rightarrow A$

[56] $\vdash \neg\neg A \rightarrow (\neg\neg A \rightarrow A)$

[57] $\vdash \neg\neg A \rightarrow A$

[58]* $\vdash \neg A \rightarrow B \cdot \rightarrow \cdot (\neg A \rightarrow \neg B) \rightarrow A$

定理还进一步要求：证明[1]—[12]时只用($\rightarrow_1$)，($\rightarrow_2$)，($\rightarrow_0$)和[$\rightarrow$]；证明[21]—[35]时只用($\rightarrow_1$)，($\rightarrow_2$)，($\rightarrow_0$)，(M)和[$\rightarrow$]；证明[41]—[43]时只用($\rightarrow_1$)，($\rightarrow_2$)，($\rightarrow_0$)，(M)，(H)和[$\rightarrow$].

我们下面的证明是按照定理中的各点要求作出的. 读者可以进一步研究，如果不考虑这些要求，那么有些证明还可以简化，例如，若使用(H)，则[21]可以直接由(H)得到证明，因为[21]就是属于(H)这个模式的.

定理 30.1 中的形式定理都是定理的模式.

我们在下面比较详细地写出证明，并随着证明的进行对于证明的写法和一些有关的问题有所说明.

证 [1]

(1) $A \to (A \to A) \cdot \to \cdot A \to A$ $(\to_2)$

(2) $A \to (A \to A)$ $(\to_1)$

(3) $A \to A$ (1)(2)[→]

上面的(1)—(3)是[1]的证明，是证明的模式. 证明中每一步的右方写了根据，意思是清楚的.

证 [2]

(1) $B \to (A \to B) \cdot \to : (A \to B) \to C \cdot \to \cdot B \to C$ $(\to_0)$

(2) $B \to (A \to B)$ $(\to_1)$

(3) $(A \to B) \to C \cdot \to \cdot B \to C$ (1)(2)[→]

显然，如果公式序列中每个公式或者是[P]的公理，或者是[P]中已经证明的定理，或者是由序列中在它左方的公式经应用[→]而得，那么这个序列是可以扩充成为形式证明的. 我们给出下面[3]和[4]的形式证明时，所写的就是这样的序列.

证 [3]

(1) $C \to A \cdot \to \cdot (A \to B) \to (C \to B) : \to : A$
$\to \cdot (A \to B) \to (C \to B)$ [2]

(2) $C \to A \cdot \to \cdot (A \to B) \to (C \to B)$ $(\to_0)$

(3) $A \to \cdot (A \to B) \to (C \to B)$ (1)(2)[→]

证 [4]

(1) $A \to : A \to B \cdot \to \cdot (A \to B) \to B .: \to ::$
$A \to B \cdot \to \cdot (A \to B) \to B : \to \cdot (A \to B) \to B .: \to :$
$A \to \cdot (A \to B) \to B$ $(\to_0)$

(2) $A \to : A \to B \cdot \to \cdot (A \to B) \to B$ [3]

(3) $A \to B \cdot \to \cdot (A \to B) \to B : \to \cdot (A \to B) \to B .: \to :$

$A \to \cdot(A \to B) \to B$ (1)(2)[→]

(4) $A \to B\cdot \to \cdot(A \to B) \to B : \to \cdot(A \to B) \to B$ [3]

(5) $A \to \cdot(A \to B) \to B$ (3)(4)[→]

上面 [4] 的证明写法是很繁琐的，因为 (2)—(5) 都是 (1) 的子公式，写起来重复很多．其实，上面 [1]—[3] 的证明写法也是繁琐的，不过步骤较少，显得重复不多．我们可以采用下面的简明写法来写出 [4] 的证明：

(1) $A \to : A \to B\cdot \to \cdot(A \to B) \to B$ [3]

(2) $A \to B\cdot \to \cdot(A \to B) \to B : \to \cdot(A \to B) \to B$ [3]

(3) $A \to \cdot(A \to B) \to B$ $(\to_0)$(1)(2)[→]

这样写法中 (3) 的右方写了根据“$(\to_0)$(1)(2)[→]”，它的意思是说，先由一个有 $(\to_0)$ 形式的合式公式和 (1) 经应用[→]得到另一个合式公式，再由这另一个合式公式和 (2) 经应用 [→] 得到 (3)．在这里，所用到的那个有 $(\to_0)$ 形式的合式公式，是要由它和 (1) 应用[→]的，故 (1) 必定是它的部分．同样的道理，由它和 (1) 得到的合式公式必定包含 (2) 作为部分．因此，它实际上是 (1)→·(2)→(3)，由它和 (1) 经应用 [→] 得到的当然是 (2)→(3)，然后由 (2)→(3) 经应用 [→] 得到 (3)，也就是 [4]．

按照这种写法，[3] 的证明可以写成下面的形式：

(1) $C \to A\cdot \to \cdot(A \to B) \to (C \to B)$ $(\to_0)$

(2) $A \to \cdot(A \to B) \to (C \to B)$ [2](1)[→]

注意，其中的 [2] 是指一个有 [2] 形式的合式公式，在这里它实际上是 (1)→(2)．于是，(2) 的右方所写的根据“[2](1)[→]”是说由 [2] 和 (1) 经应用 [→] 得到 (2)．以后我们就采用这种写法来写形式证明．

证 [5]

(1) $A \to \cdot(A \to B) \to B$ [4]

(2) $(A \to B) \to B\cdot \to C : \to \cdot A \to C$ $(\to_0)$(1)[→]

证 [6]

(1) $A \to (B \to C)\cdot \to : (B \to C) \to C\cdot \to \cdot A \to C$ $(\to_0)$

(2) $(B \to C) \to C \cdot \to \cdot A \to C : \to \cdot B \to (A \to C)$ [5]

(3) $A \to (B \to C) \cdot \to \cdot B \to (A \to C)$ $(\to_0)(1)(2)[\to]$

证[7]

(1) $A \to B \cdot \to \cdot (B \to C) \to (A \to C)$ $(\to_0)$

(2) $B \to C \cdot \to \cdot (A \to B) \to (A \to C)$ $[6](1)[\to]$

证[8]

(1) $A \to (A \to C) \cdot \to \cdot A \to C$ $(\to_2)$

(2) $A \to B \cdot \to \cdot A \to (A \to C) :$
$\to \cdot (A \to B) \to (A \to C)$ $[7](1)[\to]$

证[9]

(1) $B \to (A \to C) \cdot \to : A \to B \cdot \to \cdot A \to (A \to C)$ [7]

(2) $A \to B \cdot \to \cdot A \to (A \to C) :$
$\to \cdot (A \to B) \to (A \to C)$ [8]

(3) $B \to (A \to C) \cdot \to \cdot (A \to B)$
$\to (A \to C)$ $(\to_0)(1)(2)[\to]$

证[10]

(1) $A \to (B \to C) \cdot \to \cdot B \to (A \to C)$ [6]

(2) $B \to (A \to C) \cdot \to \cdot (A \to B) \to (A \to C)$ [9]

(3) $A \to (B \to C) \cdot \to \cdot (A \to B)$
$\to (A \to C)$ $(\to_0)(1)(2)[\to]$

证[11]

(1) $B \to C \cdot \to \cdot (C \to D) \to (B \to D)$ $(\to_0)$

(2) $A \to (B \to C) \cdot \to : A \to \cdot (C \to D)$
$\to (B \to D)$ $[7](1)[\to]$

证[12]

(1) $A \to (B \to C) \cdot \to : A \to \cdot (C \to D) \to (B \to D)$ [11]

(2) $A \to \cdot (C \to D) \to (B \to D) : \to : C$
$\to D \cdot \to \cdot A \to (B \to D)$ [6]

(3) $A \to (B \to C) \cdot \to : C \to D \cdot \to \cdot A$
$\to (B \to D)$ $(\to_0)(1)(2)[\to]$

证[21]

(1) $(B \to B) \to \neg A \cdot \to \cdot A \to \neg(B \to B)$ (M)

(2) $\neg A \to \cdot A \to \neg(B \to B)$ [2](1)[$\to$]

证[22]

(1) $(A \to \neg B) \to (B \to \neg A)$ (M)

(2) $B \to \cdot(A \to \neg B) \to \neg A$ [6](1)[$\to$]

证[23]

(1) $B \to B$ [1]

(2) $A \to \neg(B \to B) \cdot \to \neg A$ [22](1)[$\to$]

证[24]

(1) $\neg B \to \cdot B \to \neg(B \to B)$ [21]

(2) $A \to \neg B \cdot \to : A \to \cdot B \to \neg(B \to B)$ [7](1)[$\to$]

证[25]

(1) $A \to \neg(B \to B) \cdot \to \neg A$ [23]

(2) $A \to B \cdot \to \cdot A \to \neg(B \to B):$

$\to \cdot(A \to B) \to \neg A$ [7](1)[$\to$]

证[26]

(1) $A \to \cdot B \to \neg(B \to B): \to : A \to B \cdot$

$\to \cdot A \to \neg(B \to B)$ [10]

(2) $A \to B \cdot \to \cdot A \to \neg(B \to B):$

$\to \cdot(A \to B) \to \neg A$ [25]

(3) $A \to \cdot B \to \neg(B \to B):$

$\to \cdot(A \to B) \to \neg A$ $(\to_0)$(1)(2)[$\to$]

证[27]

(1) $A \to \neg B \cdot \to : A \to \cdot B \to \neg(B \to B)$ [24]

(2) $A \to \cdot B \to \neg(B \to B): \to \cdot(A \to B) \to \neg A$ [26]

(3) $A \to \neg B \cdot \to \cdot(A \to B) \to \neg A$ $(\to_0)$(1)(2)[$\to$]

证[28]

(1) $A \to \neg B \cdot \to \cdot(A \to B) \to \neg A$ [27]

(2) $A \to B \cdot \to \cdot(A \to \neg B) \to \neg A$ [6](1)[$\to$]

证[29]

(1) $A \to B \cdot \to \cdot (A \to \neg B) \to \neg A$ [28]

(2) $(A \to \neg B) \to \neg A \cdot \to \cdot \neg B \to \neg A$ [2]

(3) $A \to B \cdot \to \cdot \neg B \to \neg A$ $(\to_0)(1)(2)[\to]$

证[30]

(1) $A \to (\neg\neg A \to A)$ $(\to_1)$

(2) $\neg(\neg\neg A \to A) \to \neg A$ [29](1)$[\to]$

证[31]

(1) $A \to A$ [1]

(2) $(A \to \neg A) \to \neg A$ [28](1)$[\to]$

证[32]

(1) $(A \to \neg A) \to \neg A$ [31]

(2) $\neg A \to B \cdot \to \cdot (A \to \neg A) \to B$ $(\to_0)(1)[\to]$

证[33]

(1) $\neg A \to B \cdot \to \cdot (A \to \neg A) \to B$ [32]

(2) $(A \to \neg A) \to B \cdot \to B :$

$\to \cdot (\neg A \to B) \to B$ $(\to_0)(1)[\to]$

证[34]

(1) $\neg A \to \neg A$ [1]

(2) $A \to \neg\neg A$ (M)(1)$[\to]$

证[35]

(1) $(A \to B) \to (\neg B \to \neg A)$ [29]

(2) $(\neg B \to \neg A) \to (\neg\neg A \to \neg\neg B)$ [29]

(3) $(A \to B) \to (\neg\neg A \to \neg\neg B)$ $(\to_0)(1)(2)[\to]$

证[41]

(1) $\neg A \to (A \to B)$ (H)

(2) $A \to (\neg A \to B)$ [6](1)$[\to]$

证[42]

(1) $\neg A \to (\neg\neg A \to A)$ [41]

(2) $\neg(\neg\neg A \to A) \to \neg\neg A$ [29](1)$[\to]$

证 [43]

(1) $\neg(\neg\neg A \to A) \to \neg A$ [30]

(2) $\neg(\neg\neg A \to A) \to \neg\neg A$ [42]

(3) $\neg\neg(\neg\neg A \to A)$ [28](1)(2)[→]

证 [51]

(1) $(A \to \neg A) \to B \cdot \to \cdot (A \to B) \to B$ (C)

(2) $A \to B \cdot \to : (A \to \neg A) \to B \cdot \to B$ [6](1)[→]

证 [52]

(1) $A \to A$ [1]

(2) $(A \to \neg A) \to A \cdot \to A$ [51](1)[→]

证 [53]

(1) $(A \to \neg A) \to A \cdot \to A$ [52]

(2) $(\neg A \to A) \to A$ [33](1)[→]

证 [54]

(1) $(\neg A \to \neg B) \to (B \to \neg\neg A)$ (M)

(2) $\neg\neg A \to (\neg A \to A)$ (H)

(3) $(\neg A \to \neg B) \to \cdot B \to (\neg A \to A)$ [12](1)(2)[→]

证 [55]

(1) $(\neg A \to \neg B) \to \cdot B \to (\neg A \to A)$ [54]

(2) $(\neg A \to A) \to A$ [53]

(3) $(\neg A \to \neg B) \to (B \to A)$ [12](1)(2)[→]

证 [56]

(1) $\neg\neg A \to (\neg A \to \neg\neg\neg A)$ (H)

(2) $(\neg A \to \neg\neg\neg A) \to (\neg\neg A \to A)$ [55]

(3) $\neg\neg A \to (\neg\neg A \to A)$ ($\to_0$)(1)(2)[→]

证 [57]

(1) $\neg\neg A \to (\neg\neg A \to A)$ [56]

(2) $\neg\neg A \to A$ ($\to_2$)(1)[→]

证 [58]

(1) $\neg A \to B \cdot \to \cdot (\neg A \to \neg B) \to \neg\neg A$ [28]

(2) $\neg\neg A \rightarrow A$ [57]

(3) $\neg A \rightarrow B \cdot \rightarrow \cdot (\neg A \rightarrow \neg B) \rightarrow A$ [12](1)(2)[→] ‖

定理 30.1 中的 [10],[28],[55]和[58]这四个加上“*”号的定理模式是比较重要的. [10] 和 [55] 将在后面构造与 [P] 等价的 $[P]_1$ 时用到, [58] 将用于构造与 [P] 等价的另一个系统 $[P]_2$(都见定理 30.4); [28] 将用于构造非古典的系统(见 §32).

定理 30.1 中的各个形式定理的涵义都是简单明确的, 可是它们的证明却是十分迂迴而不直观的, 由此可见用重言式系统中的形式推理来刻划演绎推理是不直观、不自然的.

证明形式定理时要用到已经证明的定理. 按照上面所给出的证明, 我们列出下面的图, 以表明各定理的证明之间的依赖关系[1]:

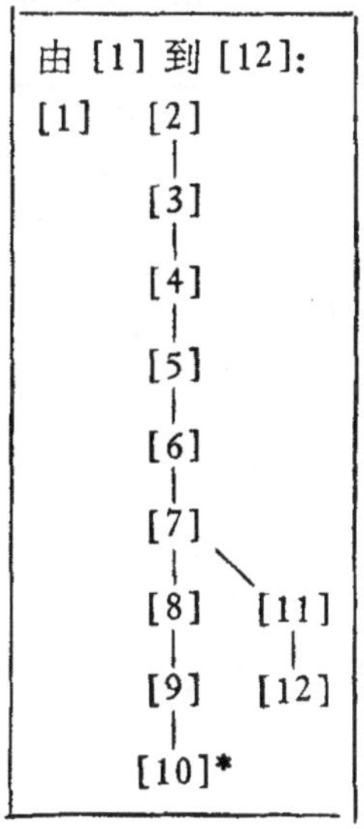

1) 证 [9] 时用到 [7] 和 [8], 证 [10] 时用到 [6] 和 [9], 但由于 [9] 和 [7], [10] 和 [6] 都已间接相连, 故我们在图中没有把 [9] 和 [7] 以及 [10] 和 [6] 连接. 这种情况是很多的.

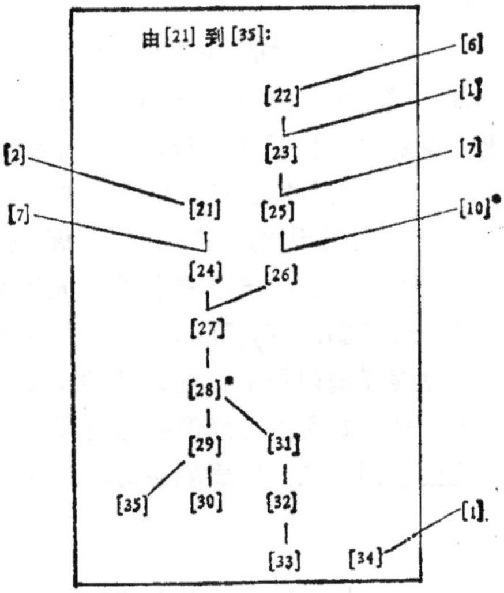
由[21]到[35]:
[6]
[22]
[1]
[23]
[2]
[7]
[21]
[25]
[7]
[10]*
[24]
[26]
[27]
[28]*
[29]
[31]
[35]
[30]
[32]
[1]
[33]
[34]

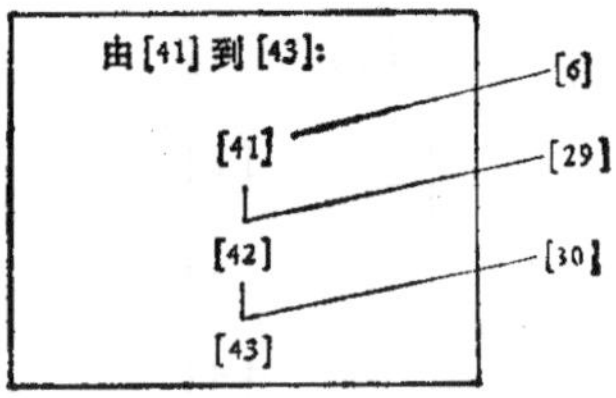
由[41]到[43]:
[6]
[41]
[29]
[42]
[30]
[43]

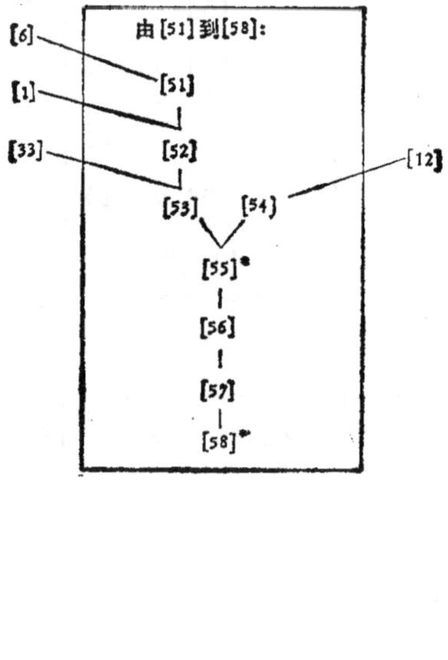
由[51]到[58]:
[6]
[51]
[1]
[52]
[33]
[12]
[53]
[54]
[55]*
[56]
[57]
[58]*

形式定理可以有不同的形式证明，也就是可以通过不同的途径证明形式定理. 因此，对于定理 30.1 中各个形式定理，读者可以寻求另外的证明.

在下面的定理 30.2 中我们列举一些经常会用到的 [P] 中的形式定理.

定理 30.2 [P]:

[1] $\vdash (\neg A \rightarrow B) \rightarrow (\neg B \rightarrow A)$

[2] $\vdash A \rightarrow B \cdot \rightarrow \cdot (B \rightarrow \neg A) \rightarrow \neg A$

[3] $\vdash \neg A \rightarrow B \cdot \rightarrow \cdot (B \rightarrow A) \rightarrow A$

[4] $\vdash A \rightarrow B \cdot \rightarrow \cdot (\neg A \rightarrow B) \rightarrow B$

[5] $\vdash A \rightarrow (B \rightarrow C) \cdot \rightarrow : A \rightarrow (B \rightarrow \neg C) \cdot \rightarrow \cdot A \rightarrow \neg B$

[6] $\vdash A \rightarrow (\neg B \rightarrow C) \cdot \rightarrow : A \rightarrow (\neg B \rightarrow \neg C) \cdot \rightarrow \cdot A \rightarrow B$

[7] $\vdash A \rightarrow (B \rightarrow C) \cdot \rightarrow : A \rightarrow (\neg B \rightarrow C) \cdot \rightarrow \cdot A \rightarrow C$

证 [1]

(1) $(\neg A \rightarrow B) \rightarrow (\neg B \rightarrow \neg\neg A)$ 定理 30.1 [29]

(2) $\neg\neg A \rightarrow A$ 定理 30.1 [57]

(3) $(\neg A \rightarrow B) \rightarrow (\neg B \rightarrow A)$ 定理 30.1 [12](1)(2)[→]

证 [2]

(1) $A \rightarrow B \cdot \rightarrow \cdot (B \rightarrow \neg A) \rightarrow (A \rightarrow \neg A)$ $(\rightarrow_0)$

(2) $(A \rightarrow \neg A) \rightarrow \neg A$ 定理 30.1 [31]

(3) $A \rightarrow B \cdot \rightarrow \cdot (B \rightarrow \neg A) \rightarrow \neg A$ 定理 30.1 [12](1)(2)[→]

证 [3]

(1) $\neg A \rightarrow B \cdot \rightarrow \cdot (B \rightarrow A) \rightarrow (\neg A \rightarrow A)$ $(\rightarrow_0)$

(2) $(\neg A \rightarrow A) \rightarrow A$ 定理 30.1 [53]

(3) $\neg A \rightarrow B \cdot \rightarrow \cdot (B \rightarrow A) \rightarrow A$ 定理 30.1 [12](1)(2)[→]

证 [4]

(1) $(A \rightarrow B) \rightarrow (\neg B \rightarrow \neg A)$ 定理 30.1 [29]

(2) $\neg B\to\neg A\cdot\to\cdot(\neg A\to B)\to B$ [2]

(3) $A\to B\cdot\to\cdot(\neg A\to B)\to B$ $(\to_0)$(1)(2)[→]

证[5]

(1) $(B\to C)\to\cdot(B\to\neg C)\to\neg B$ 定理 30.1 [28]

(2) $A\to(B\to C)\cdot\to:A\to\cdot(B\to\neg C)\to\neg B$ 定理 30.1 [7] (1)[→]

(3) $A\to\cdot(B\to\neg C)\to\neg B:\to:A\to(B\to\neg C)\cdot\to\cdot A\to\neg B$ 定理 30.1 [10]

(4) $A\to(B\to C)\cdot\to:A\to(B\to\neg C)\cdot\to\cdot A\to\neg B$ $(\to_0)$(2)(3)[→]

证[6]

(1) $A\to(\neg B\to C)\cdot\to:A\to(\neg B\to\neg C)\cdot\to\cdot A\to\neg\neg B$ [5]

(2) $\neg\neg B\to B$ 定理 30.1 [57]

(3) $A\to\neg\neg B\cdot\to\cdot A\to B$ 定理 30.1 [7] (2)[→]

(4) $A\to(\neg B\to C)\cdot\to:A\to(\neg B\to\neg C)\cdot\to\cdot A\to B$ 定理 30.1 [12] (1)(3)[→]

证[7]

(1) $B\to C\cdot\to\cdot(\neg B\to C)\to C$ [4]

(2) $A\to(B\to C)\cdot\to:A\to\cdot(\neg B\to C)\to C$ 定理 30.1[7] (1)[→]

(3) $A\to\cdot(\neg B\to C)\to C:\to:A\to(\neg B\to C)\cdot\to\cdot A\to C$ 定理 30.1 [10]

(4) $A\to(B\to C)\cdot\to:A\to(\neg B\to C)\cdot\to\cdot A\to C$ $(\to_0)$(2)(3)[→]||

下面定理 30.3 中的各形式定理是涉及合取词，析取词，和等值词的性质的，例如定理 30.3 [1] 中的公式就是 $A \wedge B \to A$，[7] 中公式就是 $A \to A \vee B$.

定理 30.3 [P]:

[1] $\vdash \neg(A \to \neg B) \to A$

[2] $\vdash \neg(A \to \neg B) \to B$

[3] $\vdash A \to \cdot B \to \neg(A \to \neg B)$

[4] $\vdash A \to B\cdot \to :A \to C\cdot \to \cdot A \to \neg(B \to \neg C)$

[5] $\vdash A \to (B \to C)\cdot \to \cdot\neg(A \to \neg B) \to C$

[6] $\vdash \neg(A \to \neg B) \to C\cdot \to \cdot A \to (B \to C)$

[7] $\vdash A \to (\neg A \to B)$

[8] $\vdash B \to (\neg A \to B)$[1)]

[9] $\vdash A \to C\cdot \to :B \to C\cdot \to \cdot(\neg A \to B) \to C$

[10] $\vdash \neg[(A \to B) \to \neg(B \to A)] \to (A \to B)$

[11] $\vdash \neg[(A \to B) \to \neg(B \to A)] \to (B \to A)$

[12] $\vdash A \to B\cdot \to \cdot(B \to A) \to \neg[(A \to B) \to \neg(B \to A)]$

证 [1]

(1)	$\neg A \to (A \to \neg B)$	(H)
(2)	$\neg(A \to \neg B) \to A$	定理 30.2 [1](1)[$\to$]

证 [2]

(1)	$\neg B \to (A \to \neg B)$	($\to_1$)
(2)	$\neg(A \to \neg B) \to B$	定理 30.2 [1](1)[$\to$]

证 [3]

(1)	$(A \to \neg B) \to (A \to \neg B)$	定理 30.1 [1]
(2)	$A \to \cdot(A \to \neg B) \to \neg B$	定理 30.1 [6](1)[$\to$]
(3)	$(A \to \neg B) \to \neg B\cdot \to \cdot B \to \neg(A \to \neg B)$	(M)
(4)	$A \to \cdot B \to \neg(A \to \neg B)$	($\to_0$)(2)(3)[$\to$]

1) 定理 30.3 [7] 就是定理 30.1 [41]，定理 30.3 [8] 属于模式 ($\to_1$)，我们把这两个定理又放在这里是为了定理 30.3 的完整，便于参考.

证 [4]

(1) $B \rightarrow \cdot C \rightarrow \neg(B \rightarrow \neg C)$ [3]

(2) $A \rightarrow B \cdot \rightarrow : A \rightarrow \cdot C \rightarrow \neg(B \rightarrow \neg C)$ 定理 30.1 [7] (1)[→]

(3) $A \rightarrow \cdot C \rightarrow \neg(B \rightarrow \neg C) : \rightarrow :$
$A \rightarrow C \cdot \rightarrow \cdot A \rightarrow \neg(B \rightarrow \neg C)$ 定理 30.1 [10]

(4) $A \rightarrow B \cdot \rightarrow : A \rightarrow C \cdot \rightarrow \cdot A$
$\rightarrow \neg(B \rightarrow \neg C)$ $(\rightarrow_0)$(2)(3)[→]

证 [5]

(1) $B \rightarrow C \cdot \rightarrow \cdot \neg C \rightarrow \neg B$ 定理 30.1 [29]

(2) $A \rightarrow (B \rightarrow C) \cdot \rightarrow \cdot A \rightarrow (\neg C \rightarrow \neg B)$ 定理 30.1 [7] (1)[→]

(3) $A \rightarrow (\neg C \rightarrow \neg B) \cdot \rightarrow \cdot \neg C$
$\rightarrow (A \rightarrow \neg B)$ 定理 30.1 [6]

(4) $A \rightarrow (B \rightarrow C) \cdot \rightarrow \cdot \neg C \rightarrow (A \rightarrow \neg B)$ $(\rightarrow_0)$(2)(3)[→]

(5) $\neg C \rightarrow (A \rightarrow \neg B) \cdot \rightarrow \cdot \neg(A \rightarrow \neg B) \rightarrow C$ 定理 30.2 [1]

(6) $A \rightarrow (B \rightarrow C) \cdot \rightarrow \cdot \neg(A \rightarrow \neg B) \rightarrow C$ $(\rightarrow_0)$(4)(5)[→]

证 [6]

(1) $A \rightarrow \cdot B \rightarrow \neg(A \rightarrow \neg B)$ [3]

(2) $\neg(A \rightarrow \neg B) \rightarrow C \cdot \rightarrow \cdot A \rightarrow (B \rightarrow C)$ 定理 30.1 [12] (1)[→]

[7] 就是定理 30.1 [41], [8] 就是 $(\rightarrow_1)$.

证 [9]

(1) $\neg C \rightarrow \neg A \cdot \rightarrow : \neg C \rightarrow \neg B \cdot \rightarrow \cdot$
$\neg C \rightarrow \neg(\neg A \rightarrow \neg\neg B)$ [4]

(2) $\neg C \rightarrow \neg(\neg A \rightarrow \neg\neg B) \cdot$
$\rightarrow \cdot (\neg A \rightarrow \neg\neg B) \rightarrow C$ 定理 30.1 [55]

(3) $\neg C\to\neg A\centerdot\to:(\neg C\to\neg B)$
$\to\centerdot(\neg A\to\neg\neg B)\to C$ 定理 30.1 [12]
(1)(2)[→]

(4) $B\to\neg\neg B$ 定理 30.1 [34]

(5) $(\neg A\to B)\to(\neg A\to\neg\neg B)$ 定理 30.1 [7]
(4)[→]

(6) $(\neg A\to\neg\neg B)\to C\centerdot$
$\to\centerdot(\neg A\to B)\to C$ $(\to_0)$(5)[→]

(7) $\neg C\to\neg A\centerdot\to:(\neg C\to\neg B)$
$\to\centerdot(\neg A\to B)\to C$ 定理 30.1 [12]
(3)(6)[→]

(8) $(B\to C)\to(\neg C\to\neg B)$ 定理 30.1 [29]

(9) $(\neg C\to\neg B)\to\centerdot(\neg A\to B)\to C:\to:$
$(B\to C)\to\centerdot(\neg A\to B)\to C$ $(\to_0)$(8)[→]

(10) $\neg C\to\neg A\centerdot\to:(B\to C)$
$\to\centerdot(\neg A\to B)\to C$ $(\to_0)$(7)(9)
[→]

(11) $(A\to C)\to(\neg C\to\neg A)$ 定理 30.1 [29]

(12) $A\to C\centerdot\to:B\to C\centerdot\to\centerdot(\neg A\to B)\to C$ $(\to_0)$(11)(10)
[→]

最后,[10],[11],[12] 分别就是 [1],[2],[3]. ||

[P] 的形式定理的集合和 P 的重言式的集合相等，这就是重言式定理,它将在 § 34 中证明.

下面我们来构造同 [P] 等价(即同它有相同的形式定理集)的重言式系统 $[P]_0$, $[P]_1$ 和 $[P]_2$. 它们的公理模式和推理规则如下:

$[P]_0$: $(\to_1),(\to_2),(\to_0),(\neg_1),(\neg_2),(\neg_0)$; [→]

$[P]_1$: $(\to_1),(\to_{11}),(\neg_{11})$; [→]

$[P]_2$: $(\to_1),(\to_{11}),(\neg_{12})$; [→]

$(\neg_1)$ $\vdash (A \to B) \to (\neg B \to \neg A)$

$(\neg_2)$ $\vdash A \to \neg\neg A$

$(\neg_0)$ $\vdash \neg\neg A \to A$

$(\to_{11})$ $\vdash A \to (B \to C) \cdot \to \cdot (A \to B) \to (A \to C)$

$(\neg_{11})$ $\vdash (\neg A \to \neg B) \to (B \to A)$

$(\neg_{12})$ $\vdash \neg A \to B \cdot \to \cdot (\neg A \to \neg B) \to A$

定理 30.4 [P], $[P]_0$, $[P]_1$ 和 $[P]_2$ 都是互相等价的，即 P 中任何 A，恒有

[1] [P]: $\vdash A \Longleftrightarrow [P]_0$: $\vdash A$

[2] [P]: $\vdash A \Longleftrightarrow [P]_1$: $\vdash A$

[3] [P]: $\vdash A \Longleftrightarrow [P]_2$: $\vdash A$ ‖

我们再介绍一个 P 的重言式系统 $[P]_Ł$. 这是由符卡希维奇[1)]构造的很简单的系统，它的公理模式和推理规则如下：

$[P]_Ł$: $(\to_0)$, $(Ł_0)$, $(Ł_1)$; $[\to]$

$(\to_0)$ $\vdash A \to B \cdot \to \cdot (B \to C) \to (A \to C)$

$(Ł_0)$ $\vdash (\neg A \to A) \to A$

$(Ł_1)$ $\vdash A \to (\neg A \to B)$

$[P]_Ł$ 同 [P] 也是等价的.

习　　题

30.1 证 [P] 与 $[P]_0$ 等价(定理 30.4 [1]).

30.2 证 [P] 与 $[P]_1$ 等价(定理 30.4 [2]).

30.3 证 [P] 与 $[P]_2$ 等价(定理 30.4 [3]).

30.4 设 $[P]_3$ 是由 [P] 把 (H) 改为

$$\neg\neg A \to (\neg A \to A)$$

而得. 证 [Ł] 与 $[Ł]_3$ 等价.

30.5 设 $[P]_4$ 是由 [P] 把 (M), (H), (C) 三条改为

$$(A \to \neg B) \to (B \to \neg A)$$

1) J. Łukasiewicz.

$$\neg\neg A\to(\neg A\to A)$$

$$(A\to\neg A)\to A\blacksquare\to A$$

而得. 证 $[\mathbb{P}]$ 与 $[\mathbb{P}]_4$ 等价.

30.6 设 $[\mathbb{P}]_5$ 包含以下五个公理模式:

[1] $A\to(B\to A)$

[2] $A\to(B\to C)\blacksquare\to\blacksquare(A\to B)\to(A\to C)$

[3] $(A\to B)\to(\neg B\to\neg A)$

[4] $A\to\neg\neg A$

[5] $\neg\neg A\to A$

和推理规则[→]. 证 $[\mathbb{P}]$ 与 $[\mathbb{P}]_5$ 等价1).

30.7 设 $[\mathbb{P}]_6$ 有以下五个公理模式:

[1] $A\to(B\to A)$

[2] $A\to B\blacksquare\to\blacksquare(B\to C)\to(A\to C)$

[3] $(A\to\neg A)\to\neg A$

[4] $\neg A\to(A\to B)$

[5] $\neg\neg A\to A$

和推理规则[→]. 证 $[\mathbb{P}]_5$ 与 $[\mathbb{P}]_6$ 等价.

30.8 设 $[\mathbb{P}]_7$ 是由 $[\mathbb{P}]_6$ 把 [3] 和 [5] 两条换为

$$A\to B\blacksquare\to\blacksquare(\neg A\to B)\to B$$

而得. 证 $[\mathbb{P}]_6$ 与 $[\mathbb{P}]_7$ 等价.

30.9 设 $[\mathbb{P}]_8$ 是由 $[\mathbb{P}]_6$ 把 [3] 和 [5] 两条换为

$$(\neg A\to A)\to A$$

而得. 证 $[\mathbb{P}]_6$ 与 $[\mathbb{P}]_8$ 等价.

30.10 设 $[\mathbb{P}]_9$ 有以下四个公理模式:

[1] $A\to(B\to A)$

[2] $A\to B\blacksquare\to\blacksquare\blacksquare A\to(B\to C)\blacksquare\to\blacksquare A\to C$

[3] $A\to B\blacksquare\to\blacksquare(A\to\neg B)\to\neg A$

[4] $\neg\neg A\to A$

和推理规则[→]. 证 $[\mathbb{P}]_6$ 与 $[\mathbb{P}]_9$ 等价2).

---

1) 这取自弗雷格 (G. Frege) 1879. 弗雷格的系统中还包含公理模式 $A\to(B\to C)\blacksquare\to\blacksquare B\to(A\to C)$, 符卡希维奇证明它是不独立的. 由 $[\mathbb{P}]_5$ 再简化为 $[\mathbb{P}]_1$ 也是符卡希维奇的工作,见符卡希维奇与塔尔斯基 (A. Tarski) 1930.

2) $[\mathbb{P}]_9$ 是克利尼 1952 年中的系统.

30.11 证 $[\mathbf{P}]$ 与 $[\mathbf{P}]_{\text{Ł}}$ 等价.

提示 在 $[\mathbf{P}]_{\text{Ł}}$ 中依次证明以下各形式定理:

[1] $(\neg A\to B)\to(\neg B\to B)\bullet\to\bullet A\to(\neg B\to B)$

[2] $\neg B\to\neg A\bullet\to\bullet A\to(\neg B\to B)$

[3] $\neg B\to\neg A\bullet\to:(\neg B\to B)\to B\bullet\to(A\to B)$

[4] $B\to:(\neg B\to B)\to B\bullet\to(A\to B)$

[5] $A\to\bullet(\neg B\to B)\to B$

[6] $(\neg B\to B)\to B\bullet\to(A\to B):\to\bullet\neg(A\to B)\to(A\to B)$

[7] $(\neg B\to B)\to B\bullet\to(A\to B):\to\bullet A\to B$

[8] $B\to(A\to B)$

[9] $(\neg B\to\neg A)\to(A\to B)$

[10] $\neg A\to(A\to B)$

[11] $(A\to B)\to A\bullet\to A$

[12] $A\to(A\to B)\bullet\to\bullet A\to B$

[13] $A\to\bullet(A\to B)\to B$

[14] $A\to(B\to C)\bullet\to\bullet B\to(A\to C)$

[15] $B\to C\bullet\to\bullet(A\to B)\to(A\to C)$

[16] $A\to(B\to C)\bullet\to\bullet(A\to B)\to(A\to C)$

由 [8], [9] 和 [16] 就证明了在 $[\mathbf{P}]_{\text{Ł}}$ 中能证明 $[\mathbf{P}]_1$ 的公理模式. 再由定理 30.4 和定理 30.1, 就证明了 $[\mathbf{P}]$ 与 $[\mathbf{P}]_{\text{Ł}}$ 等价.

§ 31 $\mathbf{P}^*$ 等的重言式系统

在本节中我们要构造 $\mathbf{P}^*$ 和其他一些命题逻辑的重言式系统以及它们的等价系统. 我们先构造 $\mathbf{P}^*$ 的重言式系统 $[\mathbf{P}^*]$.

$[\mathbf{P}^*]$ 的符号和形成规则都和 $\mathbf{P}^*$ 的相同. 它有以下的十五个形式公理模式:

$(\to_1)$ $\vdash A\to(B\to A)$

$(\to_2)$ $\vdash A\to(A\to B)\bullet\to\bullet A\to B$

$(\to_0)$ $\vdash A\to B\bullet\to\bullet(B\to C)\to(A\to C)$

$(\wedge_1)$ $\vdash A\wedge B\to A$

($\wedge_2$) $\vdash A\wedge B\rightarrow B$

($\wedge_0$) $\vdash A\rightarrow B\centerdot\rightarrow\centerdot(A\rightarrow C)\rightarrow(A\rightarrow B\wedge C)$

($\vee_1$) $\vdash A\rightarrow A\vee B$

($\vee_2$) $\vdash B\rightarrow A\vee B$

($\vee_0$) $\vdash A\rightarrow C\centerdot\rightarrow\centerdot(B\rightarrow C)\rightarrow(A\vee B\rightarrow C)$

($\leftrightarrow_1$) $\vdash (A\leftrightarrow B)\rightarrow(A\rightarrow B)$

($\leftrightarrow_2$) $\vdash (A\leftrightarrow B)\rightarrow(B\rightarrow A)$

($\leftrightarrow_0$) $\vdash A\rightarrow B\centerdot\rightarrow\centerdot(B\rightarrow A)\rightarrow(A\leftrightarrow B)$

(M) $\vdash (A\rightarrow\neg B)\rightarrow(B\rightarrow\neg A)$

(H) $\vdash \neg A\rightarrow(A\rightarrow B)$

(C) $\vdash (A\rightarrow\neg A)\rightarrow B\centerdot\rightarrow\centerdot(A\rightarrow B)\rightarrow B$

[**P***]的形式推理规则也是[→]一条.

在第一章中讲自然推理系统时,我们说过,如果一个逻辑演算是另一个逻辑演算的子系统,则小系统中的推理关系模式在大系统中都是成立的,而且,当被看作大系统中的推理关系时,其中的合式公式都是大系统中的合式公式. 现在,重言式系统也有这种情况. 因此,比方说,我们在下面证明[P*]中的形式定理时,就可以使用[P]中已经证明的形式定理.

定理 31.1 [**P***]:

[1] $\vdash A\rightarrow A\wedge A$

[2] $\vdash A\wedge B\rightarrow B\wedge A$

[3] $\vdash A\rightarrow(B\rightarrow A\wedge B)$

[4] $\vdash A\wedge B\rightarrow C\centerdot\rightarrow\centerdot A\rightarrow(B\rightarrow C)$

[5] $\vdash A\rightarrow(B\rightarrow C)\centerdot\rightarrow\centerdot A\wedge B\rightarrow C$

[6] $\vdash (A\rightarrow B)\wedge(A\rightarrow C)\rightarrow(A\rightarrow B\wedge C)$

[7] $\vdash (A\rightarrow B)\rightarrow(A\wedge C\rightarrow B\wedge C)$

[8] $\vdash (A\rightarrow B)\wedge(B\rightarrow C)\rightarrow(A\rightarrow C)$

[9] $\vdash A\wedge(A\rightarrow B)\rightarrow B$

[10] $\vdash (A\rightarrow B)\wedge(C\rightarrow D)\rightarrow(A\wedge C\rightarrow B\wedge D)$

[21] $\vdash A\vee B\to B\vee A$

[22] $\vdash (A\to C)\wedge(B\to C)\to(A\vee B\to C)$

[31] $\vdash (A\leftrightarrow B)\to(A\to B)\wedge(B\to A)$

[32] $\vdash (A\to B)\wedge(B\to A)\to(A\leftrightarrow B)$

[41] $\vdash (A\to B)\wedge(A\to\neg B)\to\neg A$

$(\wedge_M)$ $\vdash \neg(A\wedge\neg A)$ **(无矛盾律)**[1]

[42] $\vdash \neg\neg(A\vee\neg A)$

[51] $\vdash A\wedge\neg A\to B$

[52] $\vdash A\vee\neg A\to(\neg\neg A\to A)$

[53] $\vdash A\vee B\to(\neg A\to B)$

[54] $\vdash \neg A\vee B\to(A\to B)$

$(\vee_C)$ $\vdash A\vee\neg A$ **(排中律)**[2]

定理还要求证明 [1]—[42] 时不使用(H)和(C),证明 [51]—[54] 时不使用 (C).

证 我们要在 [$\mathbb{P}$*] 中证明下面的形式定理(1°)—(34°):

(1°) $A\to A\wedge A$

(2°) $A\wedge B\to B\wedge A$

(3°) $A\to(B\to C)\centerdot\to\centerdot A\wedge B\to(B\to C)$

(4°) $(B\to C)\to(A\wedge B\to C)$

(5°) $A\wedge B\to(B\to C)\centerdot\to\centerdot A\wedge B\to(A\wedge B\to C)$

(6°) $A\wedge B\to(B\to C)\centerdot\to\centerdot A\wedge B\to C$

(7°) $(A\to B)\to(A\to A\wedge B)$

(8°) $B\to(A\to A\wedge B)$

---

1) 无矛盾律是可以在极小系统中证明的,证明时不用到 (H) 和 (C),因此记作"$(\wedge_M)$".

2) 排中律是在古典系统才能证明的,证明时用到 (C),因此记作"$(\vee_C)$".

(9°) $A \to (B \to A \wedge B)$

(10°) $A \wedge B \to C \boldsymbol{\cdot} \to \boldsymbol{\cdot} A \to (B \to C)$

(11°) $A \to (B \to C) \boldsymbol{\cdot} \to \boldsymbol{\cdot} A \wedge B \to C$

(12°) $(A \to B) \wedge (A \to C) \to (A \to B \wedge C)$

(13°) $(A \to B) \to (A \wedge C \to B)$

(14°) $(A \to B) \to (A \wedge C \to C)$

(15°) $(A \to B) \to (A \wedge C \to B) \wedge (A \wedge C \to C)$

(16°) $(A \to B) \to (A \wedge C \to B \wedge C)$

(17°) $(A \to B) \wedge (B \to C) \to (A \to C)$

(18°) $A \wedge (A \to B) \to B$

(19°) $(A \to B) \wedge (C \to D) \to (A \wedge C \to B \wedge D)$

(20°) $A \vee B \to B \vee A$

(21°) $(A \to C) \wedge (B \to C) \to (A \vee B \to C)$

(22°) $(A \leftrightarrow B) \to (A \to B) \wedge (B \to A)$

(23°) $(A \to B) \wedge (B \to A) \to (A \leftrightarrow B)$

(24°) $(A \to B) \wedge (A \to \neg B) \to \neg A$

(25°) $\neg (A \wedge \neg A)$

(26°) $\neg (A \vee \neg A) \to \neg A$

(27°) $\neg (A \vee \neg A) \to \neg\neg A$

(28°) $\neg\neg (A \vee \neg A)$

(29°) $A \wedge \neg A \to B$

(30°) $A \vee \neg A \to (\neg\neg A \to A)$

(31°) $A \vee B \to (\neg A \to B)$

(32°) $\neg A \vee B \to (A \to B)$

(33°) $(A \to \neg A) \to A \vee \neg A$

(34°) $A \vee \neg A$

定理 32.1 中的形式定理就包括在 (1)—(34) 之中．下面证明 (1°)—(28°) 和 (33°) 时没有使用 (H) 和 (C)，证明(29°)—(32°) 时没有使用 (C)．

证 (1°)

(1) $A \to A$ 定理 30.1 [1]

(2) $A \to A$ 同上

(3) $A \to A \wedge A$ $(\wedge_0)(1)(2)[\to]$[1]

证(2°)

(1) $A \wedge B \to B$ $(\wedge_2)$

(2) $A \wedge B \to A$ $(\wedge_1)$

(3) $A \wedge B \to B \wedge A$ $(\wedge_0)(1)(2)[\to]$

证(3°)

(1) $A \wedge B \to A$ $(\wedge_1)$

(2) $A \to (B \to C) \cdot \to \cdot A \wedge B \to (B \to C)$ $(\to_0)(1)[\to]$

证(4°)

(1) $A \wedge B \to B$ $(\wedge_2)$

(2) $(B \to C) \to (A \wedge B \to C)$ $(\to_0)(1)[\to]$

证(5°)

(1) $(B \to C) \to (A \wedge B \to C)$ (4°)

(2) $A \wedge B \to (B \to C) \cdot \to \cdot A \wedge B$
$\to (A \wedge B \to C)$ 定理 30.1[7]
(1)[→]

证(6°)

(1) $A \wedge B \to (B \to C) \cdot \to \cdot A \wedge B \to (A \wedge B \to C)$ (5°)

(2) $A \wedge B \to (A \wedge B \to C) \cdot \to \cdot A \wedge B \to C$ $(\to_2)$

(3) $A \wedge B \to (B \to C) \cdot \to \cdot A \wedge B \to C$ $(\to_0)(1)$
(2) [→]

证(7°)

(1) $A \to A$ 定理 30.1 [1]

(2) $(A \to B) \to (A \to A \wedge B)$ $(\wedge_0)(1)[\to]$

证(8°)

(1) $(A \to B) \to (A \to A \wedge B)$ (7°)

---

1) 这里的$(\wedge_0)$是$(1) \to \cdot (2) \to (3)$，以下的情况是类似的。

(2) $B \to (A \to B)$ $(\to_1)$

(3) $B \to (A \to A \wedge B)$ 定理 30.1 [7](1)(2)[→]

证(9°)

(1) $B \to (A \to A \wedge B)$ (8°)

(2) $A \to (B \to A \wedge B)$ 定理 30.1 [6](1)[→]

证(10°)

(1) $A \to (B \to A \wedge B)$ (9°)

(2) $A \wedge B \to C \cdot \to \cdot A \to (B \to C)$ 定理 30.1 [12](1)[→]

证(11°)

(1) $A \to (B \to C) \cdot \to \cdot A \wedge B \to (B \to C)$ (3°)

(2) $A \wedge B \to (B \to C) \cdot \to \cdot A \wedge B \to C$ (6°)

(3) $A \to (B \to C) \cdot \to \cdot A \wedge B \to C$ $(\to_0)$(1)(2)[→]

证(12°)

(1) $A \to B \cdot \to \cdot (A \to C) \to (A \to B \wedge C)$ $(\wedge_0)$

(2) $(A \to B) \wedge (A \to C) \to (A \to B \wedge C)$ (11°)(1)[→]

证(13°)

(1) $A \wedge C \to A$ $(\wedge_1)$

(2) $A \to B \cdot \to \cdot A \wedge C \to B$ $(\to_0)$(1)[→]

证(14°)

(1) $A \wedge C \to C$ $(\wedge_2)$

(2) $A \to B \cdot \to \cdot A \wedge C \to C$ $(\to_1)$(1)[→]

证(15°)

(1) $(A \to B) \to (A \wedge C \to B)$ (13°)

(2) $(A \to B) \to (A \wedge C \to C)$ (14°)

(3) $(A \to B) \to (A \wedge C \to B) \wedge (A \wedge C \to C)$ $(\wedge_0)$(1)(2)[→]

证(16°)

(1) $(A \to B) \to (A \wedge C \to B) \wedge (A \wedge C \to C)$ (15°)

(2) $(A \wedge C \to B) \wedge (A \wedge C \to C) \to (A \wedge C \to B \wedge C)$ (12°)

(3) $(A \to B) \to (A \wedge C \to B \wedge C)$ $(\to_0)$(1)(2)[→]

证 (17°)

(1) $A \to B \cdot \to \cdot (B \to C) \to (A \to C)$ $(\to_0)$

(2) $(A \to B) \wedge (B \to C) \to (A \to C)$ (11°)(1)[→]

证 (18°)

(1) $A \to \cdot (A \to B) \to B$ 定理 30.1[4]

(2) $A \wedge (A \to B) \to B$ (11°)(1)[→]

证 (19°)

(1) $(A \to B) \to (A \wedge C \to B)$ (13°)

(2) $(A \to B) \wedge (C \to D) \to (A \wedge C \to B)$ (13°)(1)[→][1)]

(3) $A \wedge C \to C \wedge A$ (2°)

(4) $(C \wedge A \to D) \to (A \wedge C \to D)$ $(\to_0)$(3)[→]

(5) $(C \to D) \to (C \wedge A \to D)$ (13°)

(6) $(C \to D) \to (A \wedge C \to D)$ $(\to_0)$(5)(4)[→]

(7) $(A \to B) \wedge (C \to D) \to (A \wedge C \to D)$ (6)(6)[→][2)]

(8) $(A \to B) \wedge (C \to D) \to (A \wedge C \to B) \wedge (A \wedge C \to D)$ $(\wedge_0)$(2)(7)[→]

(9) $(A \to B) \wedge (C \to D) \to (A \wedge C \to B \wedge D)$ $(\to_0)$(8)(12°)[→]

证 (20°)

(1) $A \to B \vee A$ $(\vee_2)$

(2) $B \to B \vee A$ $(\vee_1)$

(3) $A \vee B \to B \vee A$ $(\vee_0)$(1)(2)[→]

证 (21°)

(1) $A \to C \cdot \to \cdot (B \to C) \to (A \vee B \to C)$ $(\vee_0)$

(2) $(A \to C) \wedge (B \to C) \to (A \vee B \to C)$ (11°)(1)[→]

证 (22°)

(1) $(A \leftrightarrow B) \to (A \to B)$ $(\leftrightarrow_1)$

---

1) 这里的 (13°) 是 (1)→(2).

2) 这里的第一个 (6) 是指 (6)→(7)，第二个 (6) 就是上面的 (6).

(2) $(A\leftrightarrow B)\to(B\to A)$ $(\leftrightarrow_2)$

(3) $(A\leftrightarrow B)\to(A\to B)\wedge(B\to A)$ $(\wedge_0)$(1)(2)[→]

证(23°)

(1) $A\to B\cdot\to\cdot(B\to A)\to(A\leftrightarrow B)$ $(\leftrightarrow_0)$

(2) $(A\to B)\wedge(B\to A)\to(A\leftrightarrow B)$ (11°)(1)[→]

证(24°)

(1) $A\to B\cdot\to\cdot(A\to\neg B)\to\neg A$ 定理 30.1 [28]

(2) $(A\to B)\wedge(A\to\neg B)\to\neg A$ (11°)(1)[→]

证(25°)

(1) $A\wedge\neg A\to A$ $(\wedge_1)$

(2) $A\wedge\neg A\to\neg A$ $(\wedge_2)$

(3) $\neg(A\wedge\neg A)$ 定理 30.1 [28](1)(2)[→]

证(26°)

(1) $A\to A\vee\neg A$ $(\vee_1)$

(2) $\neg(A\vee\neg A)\to\neg A$ 定理 30.1 [29](1)[→]

证(27°)

(1) $\neg A\to A\vee\neg A$ $(\vee_2)$

(2) $\neg(A\vee\neg A)\to\neg\neg A$ 定理 30.1 [29](1)[→]

证(28°)

(1) $\neg(A\vee\neg A)\to\neg A$ (26°)

(2) $\neg(A\vee\neg A)\to\neg\neg A$ (27°)

(3) $\neg\neg(A\vee\neg A)$ 定理 30.1 [28](1)(2)[→]

证(29°)

(1) $A\to(\neg A\to B)$ 定理 30.1 [41]

(2) $A\wedge\neg A\to B$ (11°)(1)[→]

证(30°)

(1) $A\to(\neg\neg A\to A)$ $(\to_1)$

(2) $\neg A\to(\neg\neg A\to A)$ 定理 30.1 [41]

(3) $A\vee\neg A\to(\neg\neg A\to A)$ $(\vee_0)$(1)(2)[→]

证(31°)

(1) $A \to (\neg A \to B)$ 定理 30.1 [41]

(2) $B \to (\neg A \to B)$ $(\to_1)$

(3) $A \vee B \to (\neg A \to B)$ $(\vee_0)(1)(2)[\to]$

证(32°)

(1) $\neg A \to (A \to B)$ (H)

(2) $B \to (A \to B)$ $(\to_1)$

(3) $\neg A \vee B \to (A \to B)$ $(\vee_0)(1)(2)[\to]$

证(33°)

(1) $(A \to \neg A) \to \neg A$ 定理 30.1 [31]

(2) $\neg A \to A \vee \neg A$ $(\vee_2)$

(3) $(A \to \neg A) \to A \vee \neg A$ $(\to_0)(1)(2)[\to]$

证(34°)

(1) $(A \to \neg A) \to A \vee \neg A$ (33°)

(2) $A \to A \vee \neg A$ $(\vee_1)$

(3) $A \vee \neg A$ (C)(1)(2)[→]‖

定理 31.2 [P*]:

[1] $\vdash (A \wedge B \to C) \wedge (A \wedge B \to \neg C) \to (A \to \neg B)$

[2] $\vdash (A \wedge \neg B \to C) \wedge (A \wedge \neg B \to \neg C) \to (A \to B)$

[11] $\vdash A \to (B \to C) \boldsymbol{\cdot} \to \boldsymbol{:} A \to (C \to B) \boldsymbol{\cdot} \to \boldsymbol{\cdot} A \to (B \leftrightarrow C)$

[12] $\vdash A \wedge B \to (A \leftrightarrow B)$

[13] $\vdash (A \leftrightarrow B) \leftrightarrow (B \leftrightarrow A)$

[14] $\vdash (A \leftrightarrow B) \leftrightarrow (\neg A \leftrightarrow \neg B)$

[15] $\vdash (A \leftrightarrow \neg B) \leftrightarrow (\neg A \leftrightarrow B)$

[16] $\vdash (A \leftrightarrow \neg B) \leftrightarrow \neg (A \leftrightarrow B)$

[21] $\vdash A \wedge B \leftrightarrow \neg ((\neg A \vee \neg B)$

[22] $\vdash A \wedge B \leftrightarrow \neg (A \to \neg B)$

[23] $\vdash A \vee B \leftrightarrow \neg (\neg A \wedge \neg B)$

[24] $\vdash A \vee B \leftrightarrow \neg A \to B$

[25] $\vdash A \to B \leftrightarrow \neg(A \wedge \neg B)$

[26] $\vdash A \to B \leftrightarrow \neg A \vee B$

[31] $\vdash A \vee B \leftrightarrow (A \to B) \to B$

[32] $\vdash A \vee B \leftrightarrow (B \to A) \to A$

证 [1]

(1)	$A \wedge B \to C \bullet \to \bullet A \to (B \to C)$	定理 31.1 [4]
(2)	$A \wedge B \to \neg C \bullet \to \bullet A \to (B \to \neg C)$	同上
(3)	$(A \wedge B \to C) \wedge (A \wedge B \to \neg C) \to \bullet$ $A \to (B \to C) \bullet \wedge \bullet A \to (B \to \neg C)$	定理 31.1 [10] (1)(2)[→]
(4)	$A \to (B \to C) \bullet \to \vdots A \to$ $(B \to \neg C) \bullet \to \bullet A \to \neg B$	定理 30.2 [5]
(5)	$A \to (B \to C) \bullet \wedge \bullet A \to$ $(B \to \neg C) \bullet \to \bullet A \to \neg B$	定理 31.1 [5] (4)[→]
(6)	$(A \wedge B \to C) \wedge (A \wedge B \to \neg C)$ $\to (A \to \neg B)$	$(\to_0)$(3)(5) [→]

证 [2]

(1)	$(A \wedge \neg B \to C) \wedge (A \wedge \neg B \to \neg C)$ $\to (A \to \neg\neg B)$	[1]
(2)	$\neg\neg B \to B$	定理 30.1 [57]
(3)	$(A \wedge \neg B \to C) \wedge (A \wedge \neg B \to \neg C)$ $\to (A \to B)$	定理 30.1 [12] (1)(2)[→]

证 [11]

(1) $B \to C \bullet \to \bullet (C \to B) \to (B \leftrightarrow C)$ $(\leftrightarrow_0)$

(2) $A \to (B \to C) \bullet \to \vdots A \to \bullet (C \to B)$ $\to (B \leftrightarrow C)$ 定理 30.1[7](1)[→]

(3) $A \rightarrow \cdot (C \rightarrow B) \rightarrow (B \leftrightarrow C) : \rightarrow :$

$A \rightarrow (C \rightarrow B) \cdot \rightarrow \cdot A \rightarrow (B \leftrightarrow C)$ 定理 30.1 [10]

(4) $A \rightarrow (B \rightarrow C) \cdot \rightarrow : A \rightarrow (C \rightarrow B) \cdot$

$\rightarrow \cdot A \rightarrow (B \leftrightarrow C)$ $(\rightarrow_0)(2)(3)[\rightarrow]$

证 [12]

(1) $B \rightarrow (A \rightarrow B)$ $(\rightarrow_1)$

(2) $A \rightarrow (B \rightarrow A)$ $(\rightarrow_1)$

(3) $B \wedge A \rightarrow (A \rightarrow B) \wedge (B \rightarrow A)$ 定理 31.1 [10]

(1)(2)[→]

(4) $(A \rightarrow B) \wedge (B \rightarrow A) \rightarrow (A \leftrightarrow B)$ 定理 31.1 [32]

(5) $B \wedge A \rightarrow (A \leftrightarrow B)$ $(\rightarrow_0)(3)(4)[\rightarrow]$

(6) $A \wedge B \rightarrow B \wedge A$ 定理 31.1 [2]

(7) $A \wedge B \rightarrow (A \leftrightarrow B)$ $(\rightarrow_0)(6)(5)[\rightarrow]$

证 [13]

(1) $(A \leftrightarrow B) \rightarrow (B \rightarrow A)$ $(\leftrightarrow_2)$

(2) $(A \leftrightarrow B) \rightarrow (A \rightarrow B)$ $(\leftrightarrow_1)$

(3) $(A \leftrightarrow B) \rightarrow (B \leftrightarrow A)$ [11](1)(2)[→]

(4) $(B \leftrightarrow A) \rightarrow (A \leftrightarrow B)$ (3)

(5) $(A \leftrightarrow B) \leftrightarrow (B \leftrightarrow A)$ $(\leftrightarrow_0)(3)(4)[\rightarrow]$

证 [14]

(1) $(A \leftrightarrow B) \rightarrow (B \rightarrow A)$ $(\leftrightarrow_2)$

(2) $(B \rightarrow A) \rightarrow (\neg A \rightarrow \neg B)$ 定理 30.1 [29]

(3) $(A \leftrightarrow B) \rightarrow (\neg A \rightarrow \neg B)$ $(\rightarrow_0)(1)(2)[\rightarrow]$

(4) $(A \leftrightarrow B) \rightarrow (A \rightarrow B)$ $(\leftrightarrow_1)$

(5) $(A \rightarrow B) \rightarrow (\neg B \rightarrow \neg A)$ 定理 30.1 [29]

(6) $(A \leftrightarrow B) \rightarrow (\neg B \rightarrow \neg A)$ $(\rightarrow_0)(4)(5)[\rightarrow]$

(7) $(A \leftrightarrow B) \rightarrow (\neg A \leftrightarrow \neg B)$ [11](3)(6)[→]

(8) $(\neg A \leftrightarrow \neg B) \rightarrow (\neg B \rightarrow \neg A)$ $(\leftrightarrow_2)$

(9) $(\neg B \rightarrow \neg A) \rightarrow (A \rightarrow B)$ 定理 30.1 [55]

(10) $(\neg A \leftrightarrow \neg B) \rightarrow (A \rightarrow B)$ $(\rightarrow_0)(8)(9)[\rightarrow]$

(11) $(\neg A\leftrightarrow\neg B)\to(\neg A\to\neg B)$ $(\leftrightarrow_1)$

(12) $(\neg A\to\neg B)\to(B\to A)$ 定理 30.1 [55]

(13) $(\neg A\leftrightarrow\neg B)\to(B\to A)$ $(\to_0)$(11)(12)[→]

(14) $(\neg A\leftrightarrow\neg B)\to(A\leftrightarrow B)$ [11](10)(13)[→]

(15) $(A\leftrightarrow B)\leftrightarrow(\neg A\leftrightarrow\neg B)$ $(\leftrightarrow_0)$(7)(14)[→]

证 [15]

(1) $(A\leftrightarrow\neg B)\to(\neg B\to A)$ $(\leftrightarrow_2)$

(2) $(\neg B\to A)\to(\neg A\to B)$ 定理 30.2 [1]

(3) $(A\leftrightarrow\neg B)\to(\neg A\to B)$ $(\to_0)$(1)(2)[→]

(4) $(A\leftrightarrow\neg B)\to(A\to\neg B)$ $(\leftrightarrow_1)$

(5) $(A\to\neg B)\to(B\to\neg A)$ (M)

(6) $(A\leftrightarrow\neg B)\to(B\to\neg A)$ $(\leftrightarrow_0)$(4)(5)[→]

(7) $(A\leftrightarrow\neg B)\to(\neg A\leftrightarrow B)$ [11](3)(6)[→]

(8) $(\neg A\leftrightarrow B)\to(B\to\neg A)$ $(\leftrightarrow_2)$

(9) $(B\to\neg A)\to(A\to\neg B)$ (M)

(10) $(\neg A\leftrightarrow B)\to(A\to\neg B)$ $(\to_0)$(8)(9)[→]

(11) $(\neg A\leftrightarrow B)\to(\neg A\to B)$ $(\leftrightarrow_1)$

(12) $(\neg A\to B)\to(\neg B\to A)$ 定理 30.2 [1]

(13) $(\neg A\leftrightarrow B)\to(\neg B\to A)$ $(\to_0)$(11)(12)[→]

(14) $(\neg A\leftrightarrow B)\to(A\leftrightarrow\neg B)$ [11](10)(13)[→]

(15) $(A\leftrightarrow\neg B)\leftrightarrow(\neg A\leftrightarrow B)$ $(\leftrightarrow_0)$(7)(14)[→]

证 [16]

(1) $(A\leftrightarrow\neg B)\wedge(A\leftrightarrow B)\to(A\leftrightarrow B)$ $(\wedge_2)$

(2) $(A\leftrightarrow B)\to(A\to B)$ $(\leftrightarrow_1)$

(3) $(A\leftrightarrow\neg B)\wedge(A\leftrightarrow B)\to(A\to B)$ $(\to_0)$(1)(2)[→]

(4) $A\to A$ 定理 30.1 [1]

(5) $[(A\leftrightarrow\neg B)\wedge(A\leftrightarrow B)]\wedge A$
$\to(A\to B)\wedge A$ 定理 31.1 [10]
(3)(4)[→]

(6) $(A\to B)\wedge A\to A\wedge(A\to B)$ 定理 31.1 [2]

(7)	$[(A\leftrightarrow\neg B)\wedge(A\leftrightarrow B)]\wedge A \to A\wedge(A\to B)$	$(\to_0)$(5)(6)[→]
(8)	$A\wedge(A\to B)\to B$	定理 31.1 [9]
(9)	$[(A\leftrightarrow\neg B)\wedge(A\leftrightarrow B)]\wedge A\to B$	$(\to_0)$(7)(8)[→]
(10)	$[(A\leftrightarrow\neg B)\wedge(A\leftrightarrow B)]\wedge A\to\neg B$	与 (9) 的证明相似
(11)	$(A\leftrightarrow\neg B)\wedge(A\leftrightarrow B)\to\neg A$	[1](9)(10)[→]
(12)	$(A\leftrightarrow\neg B)\wedge(A\leftrightarrow B)\to(A\leftrightarrow\neg B)$	$(\wedge_1)$
(13)	$(A\leftrightarrow\neg B)\to(\neg B\to A)$	$(\leftrightarrow_2)$
(14)	$(A\leftrightarrow\neg B)\wedge(A\leftrightarrow B)\to(\neg B\to A)$	$(\to_0)$(12)(13)[→]
(15)	$(A\leftrightarrow\neg B)\wedge(A\leftrightarrow B)\to(\neg B\to A)\wedge\neg A$	$(\wedge_0)$(14)(11)[→]
(16)	$(\neg B\to A)\to(\neg A\to B)$	定理 30.2 [1]
(17)	$(\neg B\to A)\wedge\neg A\to B$	定理 31.1 [5](16)[→]
(18)	$(A\leftrightarrow\neg B)\wedge(A\leftrightarrow B)\to B$	$(\to_0)$(15)(17)[→]
(19)	$(A\leftrightarrow\neg B)\wedge(A\leftrightarrow B)\to\neg B$	与(18)的证明相似
(20)	$(A\leftrightarrow\neg B)\to\neg(A\leftrightarrow B)$	[1](18)(19)[→]
(21)	$\neg(A\leftrightarrow B)\wedge A\to A$	$(\wedge_2)$
(22)	$B\to B$	定理 30.1 [1]
(23)	$[\neg(A\leftrightarrow B)\wedge A]\wedge B\to A\wedge B$	定理 31.1 [10](21)(22)[→]
(24)	$A\wedge B\to(A\leftrightarrow B)$	[12]
(25)	$[\neg(A\leftrightarrow B)\wedge A]\wedge B\to(A\leftrightarrow B)$	$(\to_0)$(23)(24)[→]
(26)	$[\neg(A\leftrightarrow B)\wedge A]\wedge B\to\neg(A\leftrightarrow B)\wedge A$	$(\wedge_1)$

(27) $\neg(A\leftrightarrow B)\wedge A\to\neg(A\leftrightarrow B)$ ($\wedge_1$)

(28) $[\neg(A\leftrightarrow B)\wedge A]\wedge B\to\neg(A\leftrightarrow B)$ ($\to_0$)(26)(27)[→]

(29) $\neg(A\leftrightarrow B)\wedge A\to\neg B$ [1](25)(28)[→]

(30) $\neg(A\leftrightarrow B)\to(A\to\neg B)$ 定理 31.1 [4] (29)[→]

(31) $\neg(A\leftrightarrow B)\to(\neg B\to A)$ 与(30)的证明相似

(32) $\neg(A\leftrightarrow B)\to(A\leftrightarrow\neg B)$ [11](30)(31)[→]

(33) $(A\leftrightarrow\neg B)\leftrightarrow\neg(A\leftrightarrow B)$ ($\leftrightarrow_0$)(20)(32)[→]

证 [21]

(1) $A\wedge B\to A$ ($\wedge_1$)

(2) $\neg A\to\neg(A\wedge B)$ 定理 30.1 [29] (1)[→]

(3) $A\wedge B\to B$ ($\wedge_2$)

(4) $\neg B\to\neg(A\wedge B)$ 定理 30.1 [29] (3)[→]

(5) $\neg A\vee\neg B\to\neg(A\wedge B)$ ($\vee_0$)(2)(4)[→]

(6) $A\wedge B\to\neg(\neg A\vee\neg B)$ (M)(5)[→]

(7) $\neg A\to\neg A\vee\neg B$ ($\vee_1$)

(8) $\neg(\neg A\vee\neg B)\to A$ 定理 30.2 [1]

(9) $\neg B\to\neg A\vee\neg B$ ($\vee_2$)

(10) $\neg(\neg A\vee\neg B)\to B$ 定理 30.2 [1]

(11) $\neg(\neg A\vee\neg B)\to A\wedge B$ ($\wedge_0$)(8)(10)[→]

(12) $A\wedge B\leftrightarrow\neg(\neg A\vee\neg B)$ ($\leftrightarrow_0$)(6)(11)[→]

证 [22]

(1)	$(A\wedge B)\wedge(A\to\neg B)\to A\wedge B$	$(\wedge_1)$
(2)	$A\wedge B\to A$	$(\wedge_1)$
(3)	$(A\wedge B)\wedge(A\to\neg B)\to A$	$(\to_0)$(1)(2)[→
(4)	$(A\wedge B)\wedge(A\to\neg B)\to B$	与 (3) 的证明相似
(5)	$(A\wedge B)\wedge(A\to\neg B)\to(A\to\neg B)$	$(\wedge_2)$
(6)	$(A\wedge B)\wedge(A\to\neg B)\to A\wedge(A\to\neg B)$	$(\wedge_0)$(3)(5)[→]
(7)	$A\wedge(A\to\neg B)\to\neg B$	定理 31.1 [9]
(8)	$(A\wedge B)\wedge(A\to\neg B)\to\neg B$	$(\to_0)$(6)(7)[→]
(9)	$(A\wedge B)\wedge(A\to\neg B)\to B\cdot\wedge\cdot$ $(A\wedge B)\wedge(A\to\neg B)\to\neg B$	定理 31.1 [3] (4)(8)[→]
(10)	$A\wedge B\to\neg(A\to\neg B)$	[1](9)[→]
(11)	$\neg(A\to\neg B)\to A$	定理 30.3 [1]
(12)	$\neg(A\to\neg B)\to B$	定理 30.3 [2]
(13)	$\neg(A\to\neg B)\to A\wedge B$	$(\wedge_0)$(11)(12) [→]
(14)	$A\wedge B\leftrightarrow\neg(A\to\neg B)$	$(\leftrightarrow_0)$(10)(13) [→]

证 [23]

(1)	$\neg A\wedge\neg B\to\neg A$	$(\wedge_1)$
(2)	$A\to\neg(\neg A\wedge\neg B)$	(M)(1)[→]
(3)	$\neg A\wedge\neg B\to\neg B$	$(\wedge_2)$
(4)	$B\to\neg(\neg A\wedge\neg B)$	(M)(3)[→]
(5)	$A\vee B\to\neg(\neg A\wedge\neg B)$	$(\vee_0)$(2)(4)[→]
(6)	$A\to A\vee B$	$(\vee_1)$
(7)	$\neg(A\vee B)\to\neg A$	定理 30.1 [29](6)[→]
(8)	$B\to A\vee B$	$(\vee_2)$
(9)	$\neg(A\vee B)\to\neg B$	定理 30.1 [29](8)[→]
(10)	$\neg(A\vee B)\to(\neg A\wedge\neg B)$	$(\wedge_0)$(7)(8)[→]

(11) $\neg(\neg A \wedge \neg B) \to A \vee B$　　定理 30.2 [1]

(12) $A \vee B \leftrightarrow \neg(\neg A \wedge \neg B)$　　$(\leftrightarrow_0)$(5)(11)$[\to]$

证 [24]

(1) $A \to (\neg A \to B)$　　定理 30.3 [7]

(2) $B \to (\neg A \to B)$　　$(\to_1)$

(3) $A \vee B \to (\neg A \to B)$　　$(\vee_0)$(1)(2)$[\to]$

(4) $\neg(\neg A \wedge \neg B) \to A \vee B$　　证 [23] 的 (11)

(5) $\neg(A \vee B) \to \neg A \wedge \neg B$　　定理 30.2 [1](4)$[\to]$

(6) $\neg A \wedge \neg B \to \neg(\neg A \to \neg\neg B)$　　证 [22] 的 (10)

(7) $\neg(A \vee B) \to \neg(\neg A \to \neg\neg B)$　　$(\to_0)$(5)(6)$[\to]$

(8) $B \to \neg\neg B$　　定理 30.1 [34]

(9) $\neg A \to B \cdot \to \cdot \neg A \to \neg\neg B$　　定理 30.1 [7](8)$[\to]$

(10) $\neg(\neg A \to \neg\neg B) \to \neg(\neg A \to B)$　　定理 30.1[29](9)$[\to]$

(11) $\neg(A \vee B) \to \neg(\neg A \to B)$　　$(\to_0)$(7)(10)$[\to]$

(12) $(\neg A \to B) \to A \vee B$　　定理 30.1 [55](11)$[\to]$

(13) $A \vee B \leftrightarrow \neg A \to B$　　$(\leftrightarrow_0)$(3)(12)$[\to]$

证 [25]

(1) $(A \to B) \wedge (A \wedge \neg B) \to A \wedge \neg B$　　$(\wedge_2)$

(2) $A \wedge \neg B \to A$　　$(\wedge_1)$

(3) $(A \to B) \wedge (A \wedge \neg B) \to A$　　$(\to_0)$(1)(2)$[\to]$

(4) $(A \to B) \wedge (A \wedge \neg B) \to \neg B$　　与 (3) 的证明相似

(5) $(A \to B) \wedge (A \wedge \neg B) \to (A \to B)$　　$(\wedge_1)$

(6) $(A \to B) \wedge (A \wedge \neg B) \to A \wedge (A \to B)$　　$(\wedge_0)$(3)(5)$[\to]$

(7) $A \wedge (A \to B) \to B$　　定理 31.1 [9]

(8) $(A \to B) \wedge (A \wedge \neg B) \to B$　　$(\to_0)$(6)(7)$[\to]$

(9) $(A \to B) \wedge (A \wedge \neg B) \to B \cdot \wedge \cdot (A \to B) \wedge (A \wedge \neg B) \to \neg B$　　定理 31.1 [3](8)(4)$[\to]$

(10) $(A \to B) \to \neg(A \wedge \neg B)$　　[1](9)$[\to]$

(11)	$\neg A \to (A \to B)$	(H)
(12)	$\neg(A \to B) \to A$	定理 30.2 [1](11)[→]
(13)	$B \to (A \to B)$	$(\to_1)$
(14)	$\neg(A \to B) \to \neg B$	定理 30.1 [29](13)[→]
(15)	$\neg(A \to B) \to A \wedge \neg B$	$(\wedge_0)$(12)(14)[→]
(16)	$\neg(A \wedge \neg B) \to (A \to B)$	定理 30.2 [1](15)[→]
(17)	$(A \to B) \leftrightarrow \neg(A \wedge \neg B)$	$(\leftrightarrow_0)$(10)(16)[→]

证 [26]

(1)	$\neg(\neg A \vee \neg B) \to A \wedge B$	证 [21] 的 (11)
(2)	$\neg(A \wedge B) \to \neg A \vee \neg B$	定理 30.2 [1]
(3)	$(A \to B) \to \neg(A \wedge \neg B)$	证 [25] 的 (10)
(4)	$\neg(A \wedge \neg B) \to \neg A \vee \neg\neg B$	(2)
(5)	$(A \to B) \to \neg A \vee \neg\neg B$	$(\to_0)$(3)(4)[→]
(6)	$\neg\neg B \to B$	定理 30.1 [57]
(7)	$B \to \neg A \vee B$	$(\vee_2)$
(8)	$\neg\neg B \to \neg A \vee B$	$(\to_0)$(6)(7)[→]
(9)	$\neg A \to \neg A \vee B$	$(\vee_1)$
(10)	$\neg A \vee \neg\neg B \to \neg A \vee B$	$(\vee_0)$(9)(8)[→]
(11)	$(A \to B) \to \neg A \vee B$	$(\to_0)$(5)(10)[→]
(12)	$\neg A \to (A \to B)$	(H)
(13)	$B \to (A \to B)$	$(\to_1)$
(14)	$\neg A \vee B \to (A \to B)$	$(\vee_0)$(12)(13)[→]
(15)	$A \to B \leftrightarrow \neg A \vee B$	$(\leftrightarrow_0)$(11)(14)[→]

证 [31]

(1)	$A \to \cdot(A \to B) \to B$	定理 30.1 [4]
(2)	$B \to \cdot(A \to B) \to B$	$(\to_1)$
(3)	$A \vee B \to \cdot(A \to B) \to B$	$(\vee_0)$(1)(2)[→]

(4) $\neg A \to (A \to B)$ (H)

(5) $(A \to B) \to B\cdot \to \cdot \neg A \to B$ $(\to_0)(4)[\to]$

(6) $\neg A \to B\cdot \to \cdot A \vee B$ 证 [24] 的 (12)

(7) $(A \to B) \to B\cdot \to A \vee B$ $(\to_0)(5)(6)[\to]$

(8) $A \vee B \leftrightarrow (A \to B) \to B$ $(\leftrightarrow_0)(3)(7)[\to]$

证 [32]

(1) $A \vee B \to B \vee A$ 定理 31.1 [21]

(2) $B \vee A \to \cdot (B \to A) \to A$ 证 [31] 的 (3)

(3) $A \vee B \to \cdot (B \to A) \to A$ $(\to_0)(1)(2)[\to]$

(4) $(B \to A) \to A\cdot \to B \vee A$ 证 [31] 的 (7)

(5) $B \vee A \to A \vee B$ 定理 31.1 [21]

(6) $(B \to A) \to A\cdot \to A \vee B$ $(\to_0)(4)(5)[\to]$

(7) $A \vee B \leftrightarrow (B \to A) \to A$ $(\leftrightarrow_0)(3)(6)[\to]$ ||

现在我们来构造同 [**P***] 等价的重言式系统.

[**P***]$_0$ 是由 [**P***] 把 (M), (H), (C) 三条换为 $(\neg_1)$, $(\neg_2)$, $(\neg_0)$三条而得(与由 [**P**] 得到 [**P**]$_0$ 相同,见 § 30):

$(\neg_1)$ $\vdash (A \to B) \to (\neg B \to \neg A)$

$(\neg_2)$ $\vdash A \to \neg\neg A$

$(\neg_0)$ $\vdash \neg\neg A \to A$

这三条在形式上比 (M), (H), (C) 更为简单，它们的涵义也比较清楚[1]. [**P***]$_0$ 和 [**P***] 是等价的.

[**P***] 和 [**P***]$_0$的一个重要特点是排中律 $(\vee_C)$ 在其中成立. 这是古典系统的特点. 在非古典的系统中,$(\vee_C)$是不成立的. 我们可以在构造 **P*** 的重言式系统时把$(\vee_C)$突出出来. 令 [**P***]$_\vee$ 是由 [**P***] 把 (C) 改为 $(\vee_C)$ 而得,则 [**P***]$_\vee$ 和 [**P***] 也是等价的.

定理 31.3 [**P***], [**P***]$_0$ 和 [**P***]$_\vee$ 互相等价. ||

我们在第一章中还构造了命题逻辑 $\mathbf{P}^\wedge$, $\mathbf{P}^\vee$, $\mathbf{P}^f$, $\mathbf{P}^l$ 和 $\mathbf{P}^i$ 等，它们都有自己的重言式系统. 我们在本节中选择 $\mathbf{P}^\vee$ 和 $\mathbf{P}^i$，构造

---

1) [**P***]$_0$就是希尔伯特与贝尔奈斯最早构造的系统,见希尔伯特与贝尔奈斯1934.

它们的重言式系统 [$\mathbf{P}^{\vee}$] 和 [$\mathbb{P}^{i}$] 以及几个等价的系统.

[$\mathbf{P}^{\vee}$], [$\mathbf{P}^{\vee}$]$_0$, [$\mathbf{P}^{\vee}$]$_1$ 有以下的公理模式和推理规则:

[$\mathbf{P}^{\vee}$]: $(\neg\vee_0),(\neg\vee_1),(\neg\vee_6)$; [$\neg\vee$]

[$\mathbf{P}^{\vee}$]$_0$: $(\neg\vee_0),(\neg\vee_2),(\neg\vee_3),(\neg\vee_5)$; [$\neg\vee$]

[$\mathbf{P}^{\vee}$]$_1$: $(\neg\vee_0),(\neg\vee_1),(\neg\vee_4),(\neg\vee_5)$; [$\neg\vee$]

$(\neg\vee_0)$ $\vdash \neg(A\vee A)\vee A$

$(\neg\vee_1)$ $\vdash \neg A\vee(A\vee B)$

$(\neg\vee_2)$ $\vdash \neg B\vee(A\vee B)$

$(\neg\vee_3)$ $\vdash \neg(A\vee B)\vee(B\vee A)$

$(\neg\vee_4)$ $\vdash \neg(A\vee\centerdot B\vee C)\vee(B\vee\centerdot A\vee C)$

$(\neg\vee_5)$ $\vdash \neg(\neg B\vee C)\vee\centerdot\neg(A\vee B)\vee(A\vee C)$

$(\neg\vee_6)$ $\vdash \neg(\neg B\vee C)\vee\centerdot\neg(A\vee B)\vee(C\vee A)$

[$\neg\vee$] 由 $\neg A\vee B$ 和 A 推出 B

如果在这些系统中引进定义:

$D^{\vee}(\rightarrow)$ $A\rightarrow B =_{df} \neg A\vee B$

那么上面的公理模式可以写成下面的形式:

$(\neg\vee_0)$ $\vdash A\vee A\rightarrow A$

$(\neg\vee_1)$ $\vdash A\rightarrow A\vee B$

$(\neg\vee_2)$ $\vdash B\rightarrow A\vee B$

$(\neg\vee_3)$ $\vdash A\vee B\rightarrow B\vee A$

$(\neg\vee_4)$ $\vdash A\vee(B\vee C)\rightarrow B\vee(A\vee C)$

$(\neg\vee_5)$ $\vdash B\rightarrow C\centerdot\rightarrow\centerdot A\vee B\rightarrow A\vee C$

$(\neg\vee_6)$ $\vdash B\rightarrow C\centerdot\rightarrow\centerdot A\vee B\rightarrow C\vee A$

而 [$\neg\vee$] 就与 [$\rightarrow$] 相同.

[$\mathbf{P}^{\vee}$], [$\mathbf{P}^{\vee}$]$_0$ 和 [$\mathbf{P}^{\vee}$]$_1$ 是互相等价的. [$\mathbf{P}^{\vee}$] 中的$(\neg\vee_6)$不能改为$(\neg\vee_5)$,因为 $(\neg\vee_0),(\neg\vee_1),(\neg\vee_5)$ 三条是不够的.

蕴涵命题逻辑 $\mathbf{P}^{i}$ 的重言式系统 [$\mathbf{P}^{i}$] 和 [$\mathbf{P}^{i}$]$_0$ 有以下的公理模式和推理规则:

$[P^i]$:　$(\to_1),(\to_{11}),(\to_p)$;　$[\to]$

$[P^i]_0$:　$(\to_1),(\to_0),(\to_p)$;　$[\to]$

$(\to_1)$　$\vdash A \to (B \to A)$

$(\to_{11})$　$\vdash A \to (B \to C)\centerdot \to \centerdot(A \to B) \to (A \to C)$

$(\to_0)$　$\vdash A \to B\centerdot \to \centerdot(B \to C) \to (A \to C)$

$(\to_p)$　$\vdash (A \to B) \to A\centerdot \to A$　**(皮尔斯律)**

$[\to]$　由 $A \to B$ 和 A 推出 B

$(\to_1)$ 和 $(\to_{11})$ 两条与 $(\to_1)$，$(\to_2)$ 和 $(\to_0)$ 三条在以 $[\to]$ 为推理规则的情形下是等价的，故 $(\to_1)$ 和 $(\to_0)$ 两条比 $(\to_1)$ 和 $(\to_{11})$ 两条更弱. 但由于 $(\to_p)$ 的存在，$(\to_1)$ 和 $(\to_0)$ 两条也够了，结果是 $[P^i]$ 与 $[P^i]_0$ 等价.

P^i 的重言式系统中有一个形式上很精致的系统 $[P^i]_Ł$，它的公理模式只有 $(\to_Ł)$ 一条:

$(\to_Ł)$　$\vdash (A \to B) \to C\centerdot \to \centerdot(C \to A) \to (D \to A)$

推理规则仍是 $[\to]$ 一条. 这是符卡希维奇构造的，公理模式不能再短的系统[1]. 他把 $[A \to B]$ 写作 $C\,AB$，并且他不用公理模式，而在推理规则中加进代入规则(参看 § 33). 这样，他把公理模式 $(\to_Ł)$ 换为单独的形式公理:

$$\vdash\ CCC\,pqr\,CC\,rp\,C\,sp$$

这是一个有十三个符号的公式. 符卡希维奇证明，如果公理系统中只有一条形式公理，那么上述公理是最短的，即蕴涵命题逻辑中的任何比它更短的重言式都不能单独构成公理系统，而在其中能推出蕴涵命题逻辑中的全部重言式.

习　　题

31.1　证 $[P^*]$ 与 $[P^*]_0$ 等价.

---

1) 见符卡希维奇 1948.

31.2 证 $[\mathbb{P}^*]$ 与 $[\mathbb{P}^*]_\vee$ 等价.

31.3 证 $[\mathbb{P}^\vee]$ 与 $[\mathbb{P}^\vee]_0$ 等价.

31.4 证 $[\mathbb{P}^\vee]$ 与 $[\mathbb{P}^\vee]_1$ 等价.

31.5 证 $[\mathbb{P}^i]$ 与 $[\mathbb{P}^i]_0$ 等价.

31.6 证明:任何只有 → 一个连接词的命题逻辑重言式系统,如果在其中证明了

[1] $\vdash (A\rightarrow B)\rightarrow D$

[2] $\vdash D\rightarrow\blacksquare(B\rightarrow C)\rightarrow(A\rightarrow C)$

那么就能证明 $(\rightarrow_0)$. 试举出五个 D, 使得 D 不是 $A\rightarrow B$, 并且 [1] 和 [2] 在 $[\mathbb{P}^i]$ 中成立,并且这五个例子不能一个是另一个的特例.

31.7 证明 $[\mathbb{P}^i]_0$ 与 $[\mathbb{P}^i]_z$ 等价.

提示 在 $[\mathbf{P}^i]_z$ 中依次证明:

[1] $\vdash (A\rightarrow B)\rightarrow A\blacksquare\rightarrow\blacksquare C\rightarrow A$

[2] $\vdash (C\rightarrow B)\rightarrow A\blacksquare\rightarrow\blacksquare B\rightarrow A$

[3] $\vdash C\rightarrow\blacksquare(C\rightarrow A)\rightarrow(B\rightarrow A)$

[4] $\vdash (A_1\rightarrow C)\rightarrow(D\rightarrow A)\blacksquare\rightarrow\overset{\blacksquare}{\blacksquare}(C\rightarrow B)\rightarrow A\blacksquare\rightarrow\blacksquare D\rightarrow A$

[5] $\vdash (C\rightarrow B)\rightarrow(D\rightarrow A)\blacksquare\rightarrow\overset{\blacksquare}{\blacksquare}(C\rightarrow A)\rightarrow(D\rightarrow A)$

[6] $\vdash (C\rightarrow A)\rightarrow(D\rightarrow A)\blacksquare\rightarrow\overset{\blacksquare}{\blacksquare}(A\rightarrow B)\rightarrow C\blacksquare\rightarrow A_1\blacksquare\overset{\blacksquare}{\blacksquare}\rightarrow\overset{\blacksquare}{\blacksquare}\blacksquare B_1\rightarrow\overset{\blacksquare}{\blacksquare}$
$(A\rightarrow B)\rightarrow C\blacksquare\rightarrow A_1$

[7] $\vdash (C\rightarrow A)\rightarrow A\blacksquare\rightarrow\blacksquare D\rightarrow A\overset{\blacksquare}{\blacksquare}\rightarrow\overset{\blacksquare}{\blacksquare}(A\rightarrow B)\rightarrow C\blacksquare\rightarrow\blacksquare D\rightarrow A$

[8] $\vdash (A\rightarrow C)\rightarrow B\blacksquare\rightarrow B\overset{\blacksquare}{\blacksquare}\rightarrow\blacksquare(B\rightarrow C)\rightarrow(A\rightarrow C)$

[9] $\vdash A\rightarrow B\blacksquare\rightarrow\overset{\blacksquare}{\blacksquare}(A\rightarrow C)\rightarrow B\blacksquare\rightarrow B$

然后$(\rightarrow_0)$用上题的结果证明,$(\rightarrow_I)$ 在证 [2] 之后证明,$(\rightarrow_P)$ 在证 [9] 之后证明. 在 $[\mathbf{P}^i]_0$ 中证明 $(\rightarrow_z)$ 比较容易.

§32 非古典命题逻辑的重言式系统

我们在第一章中构造了两种非古典的逻辑演算系统: 海丁系统和极小系统. 它们都有各自的重言式系统. 对于命题逻辑 P 来说,它有海丁系统 P_H 和极小系统 P_M (见 §11). P_H 的重言式系统 $[P_H]$ 的公理模式是由 $[P]$ 的公理模式去掉 (C) 而得, P_M 的重言式系统 $[P_M]$ 的公理模式是由 $[P_H]$ 的公理模式再去掉 (H) 而得.

推理规则都是[→]一条．这些重言式系统的公理模式和推理规则列出如下：

[P]: $(\to_1),(\to_2),(\to_0),(M),(H),(C)$; [→]

[P_H]: $(\to_1),(\to_2),(\to_0),(M),(H)$; [→]

[P_M]: $(\to_1),(\to_2),(\to_0),(M)$; [→]

下面我们来构造与[P_H]，[P_M]等价的系统．在第一章中我们讲过，反证律和归谬律形式上相似而作用不同．与此类似，在重言式系统中也有反证律(定理 30.1[58])和归谬律(定理 30.1[28])[1]．我们把归谬律记作"(red)"．在[P]$_2$中把反证律改为(red)，就不再同[P]等价，然而却同[P_M]等价，成为一个极小命题逻辑．我们可以构造包含(red)的重言式系统[P]$_r$，[P_H]$_r$和[P_M]$_r$，它们的公理模式和推理规则如下：

[P]$_r$: $(\to_1),(\to_{11}),(red),(\neg_0)$; [→]

[P_H]$_r$: $(\to_1),(\to_{11}),(red),(H)$; [→]

[P_M]$_r$: $(\to_1),(\to_{11}),(red)$; [→]

$(\to_1)$ $\vdash A\to(B\to A)$

$(\to_{11})$ $\vdash A\to(B\to C)\cdot\to\cdot(A\to B)\to(A\to C)$

(red) $\vdash A\to B\cdot\to\cdot(A\to\neg B)\to\neg A$

$(\neg_0)$ $\vdash \neg\neg A\to A$

(H) $\vdash \neg A\to(A\to B)$

定理 32.1 [P]，[P_H]，[P_M]分别同[P]$_r$，[P_H]$_r$，[P_M]$_r$等价，即 P 中的任何 A，恒有

[1] [P]: $\vdash A \Longleftrightarrow$ [P]$_r$: $\vdash A$

[2] [P_H]: $\vdash A \Longleftrightarrow$ [P_H]$_r$: $\vdash A$

[3] [P_M]: $\vdash A \Longleftrightarrow$ [P_M]$_r$: $\vdash A$ ||

正像由[P]去掉公理模式(C)而得到[P_H]，又由[P_H]再去掉公理模式(H)而得到[P_M]，我们可以类似地构造非古典命题逻

1) 重言式系统中的反证律和归谬律与自然推理系统中的反证律和归谬律虽然不同，然而它们在逻辑演算中所起的作用实质上是相同的．

辑 P_H^* 和 P_M^* 的重言式系统 [P_H^*] 和 [P_M^*]. [P_H^*] 就是由 [P^*] 去掉 (C) 而得，[P_M^*] 就是由 [P_H^*] 再去掉 (H) 而得.

但是，[P_H^*] 不是海丁原来构造的命题逻辑系统，[P_M^*] 也不是最初由约翰逊[1]构造的极小命题逻辑系统. 我们令 $[P_H^*]_H$ 是海丁原来构造的系统，它有以下十三条公理模式:

1) $A \to (B \to A)$

2) $A \to A \wedge A$

3) $A \wedge B \to B \wedge A$

4) $(A \to B) \to (A \wedge C \to B \wedge C)$

5) $(A \to B) \wedge (B \to C) \to (A \to C)$

6) $A \wedge (A \to B) \to B$

7) $A \to A \vee B$

8) $A \vee B \to B \vee A$

9) $(A \to C) \wedge (B \to C) \to (A \vee B \to C)$

10) $(A \leftrightarrow B) \to (A \to B) \wedge (B \to A)$

11) $(A \to B) \wedge (B \to A) \to (A \leftrightarrow B)$

12) $(A \to B) \wedge (A \to \neg B) \to \neg A$

13) $\neg A \to (A \to B)$

和 [→] 一条推理规则. 海丁原来的系统中，除 [→] 外还有一条推理规则

14) 由 A 和 B 推出 $A \wedge B$

可是 14) 在 $[P_H^*]_H$ 中是可以证明的，因此是不必要的. 我们以"$[P_H^*]_H$"中括号外面的"H"表示这是海丁原来的系统[2].

令 $[P_M^*]_J$ 是由 $[P_H^*]_H$ 去掉 13) (即 (H)) 而得. $[P_M^*]_J$ 就是约翰逊最初构造的极小命题逻辑系统. 约翰逊原来的系统中也有 14) 这一条推理规则，但是它在 $[P_M^*]_J$ 中也是可以证明的，所以是

1) I. Johansson.

2) 海丁原来的系统见海丁 1930. 它用了单独的公理而不是用公理模式，另外加进代入规则 (参看 §33) 作为推理规则. 此外，↔在其中不是原始的命题连接词，而是定义出的. 显然，$[P_H^*]_H$ 和海丁原来的系统是等价的.

不必要的．“$[P_M^*]_J$”中的“J”表示这是约翰逊构造的系统[1]．

在 $[P_H^*]_H$ 或 $[P_M^*]_J$ 中可以证明 14)．由 1)，2)，4) 分别可得

由 A 推出 $B \to A$

由 B 推出 $B \wedge B$

由 $B \to A$ 推出 $B \wedge B \to A \wedge B$

由这些应用 [→] 就得到 14)．

应用 5)，可以由 $A \to B$ 和 $B \to C$ 推出 $A \to C$，因为由 $A \to B$ 和 $B \to C$ 根据 14) 可以推出 $(A \to B) \wedge (B \to C)$，由此和 5) 应用 [→] 就推出 $A \to C$．这个证明过程可以写成下面的形式：

(1)　$A \to B$

(2)　$B \to C$

(3)　$A \to C$　　　5)(1)(2)[→]

上面 (3) 中右方的“5)(1)(2)[→]”表示由 (1) 和 (2) 应用 14) 可推出 (1)∧(2)，然后由 5) 和 (1)∧(2) 应用 [→] 就推出 (3)．这里的 5) 实际上就是 (1)∧(2)→(3)．

$[P_M^*]$ 与 $[P_M^*]_J$ 是等价的．由于 $[P_H^*]$ 比 $[P_M^*]$ 多一条 (H)，$[P_H^*]_H$ 比 $[P_M^*]_J$ 也是多一条 (H)，所以由 $[P_M^*]$ 与 $[P_M^*]_J$ 的等价性就能证明 $[P_H^*]$ 与 $[P_H^*]_H$ 的等价性．在 $[P_M^*]$ 与 $[P_M^*]_J$ 的等价性中，由 $[P_M^*]$ 能证明 $[P_M^*]_J$ 的公理模式这一点已经包含在定理 31.1 之中；由 $[P_M^*]_J$ 证明 $[P_M^*]$ 的公理模式就是下面定理 32.2 的内容．

定理 32.2　$[P_M^*]_J$：

[1]　$\vdash A \to (A \to B) \cdot \to \cdot A \to B$

[2]　$\vdash A \to B \cdot \to \cdot (B \to C) \to (A \to C)$

[3]　$\vdash A \wedge B \to A$

[4]　$\vdash A \wedge B \to B$

[5]　$\vdash A \to B \cdot \to \cdot (A \to C) \to (A \to B \wedge C)$

[6]　$\vdash B \to A \vee B$

---

1) 约翰逊原来的系统见约翰逊 1936．

[7] $\vdash A\to C\cdot\to\cdot(B\to C)\to(A\vee B\to C)$

[8] $\vdash (A\leftrightarrow B)\to(A\to B)$

[9] $\vdash (A\leftrightarrow B)\to(B\to A)$

[10] $\vdash A\to B\cdot\to\cdot(B\to A)\to(A\leftrightarrow B)$

[11] $\vdash (A\to\neg B)\to(B\to\neg A)$

证 在 $[P_M^*]_J$ 中可以证明下面的 (1°)—(56°) 这些形式定理:

(1°) $A\wedge B\to(B\to A)\wedge B$

(2°) $(B\to A)\wedge B\to A$

(3°) $A\wedge B\to A$

(4°) $A\wedge B\to B$

(5°) $A\to A$

(6°) $B\to A\vee B$

(7°) $(A\leftrightarrow B)\to(A\to B)$

(8°) $(A\leftrightarrow B)\to(B\to A)$

(9°) $(A\to B)\to(B\wedge C\to C\wedge B)$

(10°) $(A\to B)\wedge(A\to B)\to(B\wedge C\to C\wedge B)\wedge(A\to B)$

(11°) $(A\to B)\to(B\wedge C\to C\wedge B)\wedge(A\to B)$

(12°) $(A\to B)\to(A\to B)\wedge(B\wedge C\to C\wedge B)$

(13°) $(A\to B)\wedge(B\wedge C\to C\wedge B)\to(A\wedge C$
$\to B\wedge C)\wedge(B\wedge C\to C\wedge B)$

(14°) $(A\to B)\wedge(B\wedge C\to C\wedge B)\to(A\wedge C\to C\wedge B)$

(15°) $(A\to B)\to(A\wedge C\to C\wedge B)$

(16°) $(A\to B)\wedge(C\to D)\to(C\to D)\wedge(A\wedge C\to C\wedge B)$

(17°) $(C\to D)\wedge(A\wedge C\to C\wedge B)\to(A\wedge C$
$\to C\wedge B)\wedge(C\wedge B\to B\wedge D)$

(18°) $(C\to D)\wedge(A\wedge C\to C\wedge B)\to(A\wedge C\to B\wedge D)$

(19°) $(A\to B)\wedge(C\to D)\to(A\wedge C\to B\wedge D)$

(20°) $(A\to B)\wedge(A\to C)\to(A\to A\wedge A)$

(21°) $(A\to B)\wedge(A\to C)\cdot\wedge\cdot(A\to B)\wedge(A\to C)\cdot\to\cdot$

$(A \to B) \wedge (A \to C) \cdot \wedge \cdot A \to A \wedge A$

(22°) $(A \to B) \wedge (A \to C) \cdot \to \cdot (A \to B) \wedge$
$(A \to C) \cdot \wedge \cdot A \to A \wedge A$

(23°) $(A \to B) \wedge (A \to C) \cdot \wedge \cdot A \to A \wedge A \cdot \to \cdot$
$(A \to A \wedge A) \wedge (A \wedge A \to B \wedge C)$

(24°) $(A \to B) \wedge (A \to C) \cdot \wedge \cdot A \to A \wedge A \cdot \to \cdot A \to B \wedge C$

(25°) $(A \to B) \wedge (A \to C) \to (A \to B \wedge C)$

(26°) $B \wedge (A \to C) \to (A \to B) \wedge (A \to C)$

(27°) $B \wedge (A \to C) \to (A \to B \wedge C)$

(28°) $B \to (A \to A)$

(29°) $B \to (A \to A) \wedge (A \to B)$

(30°) $B \to (A \to A \wedge B)$

(31°) $(A \to B \wedge C) \to (A \to B \wedge C) \wedge (B \wedge C \to C \wedge B)$

(32°) $(A \to B \wedge C) \to (A \to C \wedge B)$

(33°) $B \wedge (A \to C) \to (A \to C \wedge B)$

(34°) $A \to (B \to A) \wedge (B \to B)$

(35°) $A \to (B \to A \wedge B)$

(36°) $A \wedge B \to C \cdot \to \cdot A \wedge B \to C \cdot \wedge \cdot A \to (B \to A \wedge B)$

(37°) $A \wedge B \to C \cdot \to \cdot A \to (B \to A \wedge B) \wedge (A \wedge B \to C)$

(38°) $A \to (B \to A \wedge B) \wedge (A \wedge B \to C) \cdot \to \cdot$
$A \to (B \to A \wedge B) \wedge (A \wedge B \to C) \cdot \wedge \cdot$
$(B \to A \wedge B) \wedge (A \wedge B \to C) \to (B \to C)$

(39°) $A \to (B \to A \wedge B) \wedge (A \wedge B \to C) \cdot \to \cdot A \to (B \to C)$

(40°) $A \wedge B \to C \cdot \to \cdot A \to (B \to C)$

(41°) $A \to B \cdot \to \cdot (B \to C) \to (A \to C)$

(42°) $A \to B \cdot \to \cdot (A \to C) \to (A \to B \wedge C)$

(43°) $A \to C \cdot \to \cdot (B \to C) \to (A \vee B \to C)$

(44°) $A \to B \cdot \to \cdot (B \to A) \to (A \leftrightarrow B)$

(45°) $(B \to C) \wedge (A \to B) \to (A \to C)$

(46°) $B \to C \cdot \to \cdot (A \to B) \to (A \to C)$

(47°)　$(B \to C) \wedge B \to C$

(48°)　$A \to (B \to C) \wedge B \cdot \to \cdot A \to C$

(49°)　$A \to (B \to C) \cdot \wedge \cdot A \to B \cdot \to \cdot A \to C$

(50°)　$A \to (B \to C) \cdot \to \cdot (A \to B) \to (A \to C)$

(51°)　$A \to (A \to B) \cdot \to \cdot A \to A$

(52°)　$A \to (A \to B) \cdot \to \cdot A \to B$

(53°)　$(A \to B) \to \neg A \cdot \to \cdot B \to \neg A$

(54°)　$(A \to \neg B) \wedge (A \to B) \to \neg A$

(55°)　$A \to \neg B \cdot \to \cdot (A \to B) \to \neg A$

(56°)　$(A \to \neg B) \to (B \to \neg A)$

其中的(52°),(41°),(3°),(4°),(42°),(6°),(43°),(7°),(8°),(44°),(56°)依次就是定理中的[1]—[11],其中的D是P^*中的任意合式公式.

证(1°)

(1)　$A \to (B \to A)$　　1)

(2)　$A \wedge B \to (B \to A) \wedge B$　　4) 1) [→]

证(2°)

(1)　$(B \to A) \wedge B \to B \wedge (B \to A)$　　3)

(2)　$B \wedge (B \to A) \to A$　　6)

(3)　$(B \to A) \wedge B \to A$　　5)(1)(2)[→]

证(3°)

(1)　$A \wedge B \to (B \to A) \wedge B$　　(1°)

(2)　$(B \to A) \wedge B \to A$　　(2°)

(3)　$A \wedge B \to A$　　5)(1)(2)[→]

证(4°)

(1)　$A \wedge B \to B \wedge A$　　3)

(2)　$B \wedge A \to B$　　(3°)

(3)　$A \wedge B \to B$　　5)(1)(2)[→]

证(5°)

(1)　$A \to A \wedge A$　　2)

(2) $A\wedge A\rightarrow A$ (3°)

(3) $A\rightarrow A$ 5)(1)(2)[→]

证(6°)

(1) $B\rightarrow B\vee A$ 7)

(2) $B\vee A\rightarrow A\vee B$ 8)

(3) $B\rightarrow A\vee B$ 5)(1)(2)[→]

证(7°)

(1) $(A\leftrightarrow B)\rightarrow(A\rightarrow B)\wedge(B\rightarrow A)$ 10)

(2) $(A\rightarrow B)\wedge(B\rightarrow A)\rightarrow(A\rightarrow B)$ (3°)

(3) $(A\leftrightarrow B)\rightarrow(A\rightarrow B)$ 5)(1)(2)[→]

证(8°)

(1) $(A\leftrightarrow B)\rightarrow(A\rightarrow B)\wedge(B\rightarrow A)$ 10)

(2) $(A\rightarrow B)\wedge(B\rightarrow A)\rightarrow(B\rightarrow A)$ (4°)

(3) $(A\leftrightarrow B)\rightarrow(B\rightarrow A)$ 5)(1)(2)[→]

证(9°)

(1) $B\wedge C\rightarrow C\wedge B$ 3)

(2) $(A\rightarrow B)\rightarrow(B\wedge C\rightarrow C\wedge B)$ 1)(1)[→]

证(10°)

(1) $(A\rightarrow B)\rightarrow(B\wedge C\rightarrow C\wedge B)$ (9°)

(2) $(A\rightarrow B)\wedge(A\rightarrow B)\rightarrow(B\wedge C\rightarrow C\wedge B)\wedge(A\rightarrow B)$ 4)(1)[→]

证(11°)

(1) $(A\rightarrow B)\rightarrow(A\rightarrow B)\wedge(A\rightarrow B)$ 2)

(2) $(A\rightarrow B)\wedge(A\rightarrow B)\rightarrow(B\wedge C$

$\rightarrow C\wedge B)\wedge(A\rightarrow B)$ (10°)

(3) $(A\rightarrow B)\rightarrow(B\wedge C\rightarrow C\wedge B)\wedge(A\rightarrow B)$ 5)(1)(2)[→]

证(12°)

(1) $(A\rightarrow B)\rightarrow(B\wedge C\rightarrow C\wedge B)\wedge(A\rightarrow B)$ (11°)

(2) $(B\wedge C\rightarrow C\wedge B)\wedge(A\rightarrow B)$

$\rightarrow(A\rightarrow B)\wedge(B\wedge C\rightarrow C\wedge B)$ 3)

(3) $(A\rightarrow B)\rightarrow(A\rightarrow B)\wedge(B\wedge C\rightarrow C\wedge B)$ 5)(1)(2)[→]

证(13°)

(1) $(A\to B)\to(A\wedge C\to B\wedge C)$ 4)

(2) $(A\to B)\wedge(B\wedge C\to C\wedge B)\to$
$(A\wedge C\to B\wedge C)\wedge(B\wedge C\to C\wedge B)$ 4)(1)[→]

证(14°)

(1) $(A\to B)\wedge(B\wedge C\to C\wedge B)\to$
$(A\wedge C\to B\wedge C)\wedge(B\wedge C\to C\wedge B)$ (13°)

(2) $(A\wedge C\to B\wedge C)\wedge(B\wedge C\to C\wedge B)\to$
$(A\wedge C\to C\wedge B)$ 5)

(3) $(A\to B)\wedge(B\wedge C\to C\wedge B)\to(A\wedge C\to C\wedge B)$ 5)(1)(2)[→]

证(15°)

(1) $(A\to B)\to(A\to B)\wedge(B\wedge C\to C\wedge B)$ (12°)

(2) $(A\to B)\wedge(B\wedge C\to C\wedge B)\to$
$(A\wedge C\to C\wedge B)$ (14°)

(3) $(A\to B)\to(A\wedge C\to C\wedge B)$ 5)(1)(2)[→]

证(16°)

(1) $(A\to B)\to(A\wedge C\to C\wedge B)$ (15°)

(2) $(A\to B)\wedge(C\to D)\to$
$(C\to D)\wedge(A\wedge C\to C\wedge B)$ (15°)(1)[→]

证(17°)

(1) $(C\to D)\to(C\wedge B\to B\wedge D)$ (15°)

(2) $(C\to D)\wedge(A\wedge C\to C\wedge B)\to$
$(A\wedge C\to C\wedge B)\wedge(C\wedge B\to B\wedge D)$ (15°)(1)[→]

证(18°)

(1) $(C\to D)\wedge(A\wedge C\to C\wedge B)\to$
$(A\wedge C\to C\wedge B)\wedge(C\wedge B\to B\wedge D)$ (17°)

(2) $(A\wedge C\to C\wedge B)\wedge(C\wedge B\to B\wedge D)\to$
$(A\wedge C\to B\wedge D)$ 5)

(3) $(C\to D)\wedge(A\wedge C\to C\wedge B)\to$
$(A\wedge C\to B\wedge D)$ 5)(1)(2)[→]

证（19°）

(1) $(A\to B)\wedge(C\to D)\to$

$(C\to D)\wedge(A\wedge C\to C\wedge B)$ （16°）

(2) $(C\to D)\wedge(A\wedge C\to C\wedge B)\to$

$(A\wedge C\to B\wedge D)$ （18°）

(3) $(A\to B)\wedge(C\to D)\to(A\wedge C\to B\wedge D)$ 5)(1)(2)[→]

证（20°）

(1) $A\to A\wedge A$ 2)

(2) $(A\wedge B)\to(A\to C)\cdot\to\cdot A\to A\wedge A$ 1)(1)[→]

证（21°）

(1) $(A\to B)\wedge(A\to C)\to(A\to A\wedge A)$ （20°）

(2) $(A\to B)\wedge(A\to C)\cdot\wedge\cdot(A\to B)\wedge(A\to C)$

$\cdot\to\cdot(A\to B)\wedge(A\to C)\cdot\wedge\cdot(A\to A\wedge A)$ （15°）(1)[→]

证（22°）

(1) $(A\to B)\wedge(A\to C)\cdot\to\cdot$

$(A\to B)\wedge(A\to C)\cdot\wedge\cdot(A\to B)\wedge(A\to C)$ 2)

(2) $(A\to B)\wedge(A\to C)\cdot\wedge\cdot(A\to B)\wedge$

$(A\to C)\cdot\to\cdot(A\to B)\wedge(A\to C)\cdot\wedge\cdot$

$A\to A\wedge A$ （21°）

(3) $(A\to B)\wedge(A\to C)\cdot\to\cdot$

$(A\to B)\wedge(A\to C)\cdot\wedge\cdot A\to A\wedge A$ 5)(1)(2)[→]

证（23°）

(1) $(A\to B)\wedge(A\to C)\to(A\to A)\wedge(B\to C)$ （19°）

(2) $(A\to B)\wedge(A\to C)\cdot\wedge\cdot A\to A\wedge A\cdot\to\cdot$

$A\to A\wedge A\cdot\wedge\cdot(A\to A)\wedge(B\to C)$ （15°）(1)[→]

证（24°）

(1) $(A\to B)\wedge(A\to C)\cdot\wedge\cdot A\to A\wedge A\cdot\to\cdot$

$(A\to A\wedge A)\wedge(A\wedge A\to B\wedge C)$ （23°）

(2) $(A\to A\wedge A)\wedge(A\wedge A\to B\wedge C)\to$

$(A\to B\wedge C)$ 5)

(3) $(A \to B) \wedge (A \to C) \cdot \wedge \cdot A \to$

$A \wedge A \cdot \to \cdot A \to B \wedge C$ 5)(1)(2)[→]

证(25°)

(1) $(A \to B) \wedge (A \to C) \cdot \to \cdot (A \to B) \wedge$

$(A \to C) \cdot \wedge \cdot A \to A \wedge A$ (22°)

(2) $(A \to B) \wedge (A \to C) \cdot \wedge \cdot A \to A \wedge A \cdot \to \cdot$

$A \to B \wedge C$ (24°)

(3) $(A \to B) \wedge (A \to C) \cdot \to \cdot A \to B \wedge C$ 5)(1)(2)[→]

证(26°)

(1) $B \to (A \to B)$ 1)

(2) $B \wedge (A \to C) \to (A \to B) \wedge (A \to C)$ 4)(1)[→]

证(27°)

(1) $B \wedge (A \to C) \to (A \to B) \wedge (A \to C)$ (26°)

(2) $(A \to B) \wedge (A \to C) \to (A \to B \wedge C)$ (25°)

(3) $B \wedge (A \to C) \to (A \to B \wedge C)$ 5)(1)(2)[→]

证(28°)

(1) $A \to A$ (5°)

(2) $B \to (A \to A)$ 1)(1)[→]

证(29°)

(1) $B \to (A \to A)$ (28°)

(2) $B \to (A \to B)$ 1)

(3) $B \to (A \to A) \wedge (A \to B)$ (25°)(1)(2)[→]

证(30°)

(1) $B \to (A \to A) \wedge (A \to B)$ (29°)

(2) $(A \to A) \wedge (A \to B) \to (A \to A \wedge B)$ (25°)

(3) $B \to (A \to A \wedge B)$ 5)(1)(2)[→]

证(31°)

(1) $B \wedge C \to C \wedge B$ 3)

(2) $(A \to B \wedge C) \to (A \to B \wedge C) \wedge$

$(B \wedge C \to C \wedge B)$ (30°)(1)[→]

证(32°)

(1) $(A\to B\wedge C)\to(A\to B\wedge C)\wedge$
$(B\wedge C\to C\wedge B)$ (31°)

(2) $(A\to B\wedge C)\wedge(B\wedge C\to C\wedge B)\to$
$(A\to C\wedge B)$ 5)

(3) $(A\to B\wedge C)\to(A\to C\wedge B)$ 5)(1)(2)[→]

证(33°)

(1) $B\wedge(A\to C)\to(A\to B\wedge C)$ (27°)

(2) $(A\to B\wedge C)\to(A\to C\wedge B)$ (32°)

(3) $B\wedge(A\to C)\to(A\to C\wedge B)$ 5)(1)(2)[→]

证(34°)

(1) $A\to(B\to B)\wedge(B\to A)$ (29°)

(2) $(B\to B)\wedge(B\to A)\to(B\to A)\wedge(B\to B)$ 3)

(3) $A\to(B\to A)\wedge(B\to B)$ 5)(1)(2)[→]

证(35°)

(1) $A\to(B\to A)\wedge(B\to B)$ (34°)(34)

(2) $(B\to A)\wedge(B\to B)\to(B\to A\wedge B)$ (25°)(25)

(3) $A\to(B\to A\wedge B)$ 5)(1)(2)[→]

证(36°)

(1) $A\to(B\to A\wedge B)$ (35°)

(2) $(A\wedge B\to C)\to(A\wedge B\to C)\wedge$
$(A\to\centerdot B\to A\wedge B)$ (30°)(1)[→]

证(37°)

(1) $(A\wedge B\to C)\to\centerdot A\wedge B\to C\centerdot\wedge\centerdot A\to$
$(B\to A\wedge B)$ (36°)

(2) $A\wedge B\to C\centerdot\wedge\centerdot A\to(B\to A\wedge B)\centerdot\to\centerdot$
$A\to(B\to A\wedge B)\wedge(A\wedge B\to C)$ (33°)

(3) $A\wedge B\to C\centerdot\to\centerdot A\to(B\to A\wedge B)\wedge$
$(A\wedge B\to C)$ 5)(1)(2)[→]

证(38°)

(1) $(B\to A\wedge B)\wedge(A\wedge B\to C)\to(B\to C)$ 5)

(2) $A\to(B\to A\wedge B)\wedge(A\wedge B\to C)\cdot\to\cdot$
$A\to(B\to A\wedge B)\wedge(A\wedge B\to C)\cdot\wedge\cdot$
$(B\to A\wedge B)\wedge(A\wedge B\to C)\to(B\to C)$ (30°)(1)[→]

证(39°)

(1) $A\to(B\to A\wedge B)\wedge(A\wedge B\to C)\cdot\to\cdot$
$A\to(B\to A\wedge B)\wedge(A\wedge B\to C)\cdot\wedge\cdot$
$(B\to A\wedge B)\wedge(A\wedge B\to C)\to(B\to C)$ (38°)

(2) $A\to(B\to A\wedge B)\wedge(A\wedge B\to C)\cdot\wedge\cdot$
$(B\to A\wedge B)\wedge(A\wedge B\to C)\to(B\to C)\cdot\to\cdot$
$A\to(B\to C)$ 5)

(3) $A\to(B\to A\wedge B)\wedge(A\wedge B\to C)\cdot\to\cdot$
$A\to(B\to C)$ 5)(1)(2)[→]

证(40°)

(1) $A\wedge B\to C\cdot\to\cdot A\to$
$(B\to A\wedge B)\wedge(A\wedge B\to C)$ (37°)

(2) $A\to(B\to A\wedge B)\wedge(A\wedge B\to C)\cdot\to\cdot$
$A\to(B\to C)$ (39°)

(3) $A\wedge B\to C\cdot\to\cdot A\to(B\to C)$ 5)(1)(2)[→]

证(41°)

(1) $(A\to B)\wedge(B\to C)\to(A\to C)$ 5)

(2) $A\to B\cdot\to\cdot(B\to C)\to(A\to C)$ (40°)(1)[→]

证(42°)

(1) $(A\to B)\wedge(A\to C)\to(A\to B\wedge C)$ (25°)

(2) $A\to B\cdot\to\cdot(A\to C)\to(A\to B\wedge C)$ (40°)(1)[→]

证(43°)

(1) $(A\to C)\wedge(B\to C)\to(A\vee B\to C)$ 9)

(2) $A\to C\cdot\to\cdot(B\to C)\to(A\vee B\to C)$ (40°)(1)[→]

证(44°)

(1) $(A\to B)\wedge(B\to A)\to(A\leftrightarrow B)$ 11)

(2) $A \to B \cdot \to \cdot (B \to A) \to (A \leftrightarrow B)$ (40°)(1)[→]

证(45°)

(1) $(B \to C) \wedge (A \to B) \to (A \to B) \wedge (B \to C)$ 3)

(2) $(A \to B) \wedge (B \to C) \to (A \to C)$ 5)

(3) $(B \to C) \wedge (A \to B) \to (A \to C)$ 5)(1)(2)[→]

证(46°)

(1) $(B \to C) \wedge (A \to B) \to (A \to C)$ (45°)

(2) $B \to C \cdot \to \cdot (A \to B) \to (A \to C)$ (40°)(1)[→]

证(47°)

(1) $(B \to C) \wedge B \to B \wedge (B \to C)$ 3)

(2) $B \wedge (B \to C) \to C$ 6)

(3) $(B \to C) \wedge B \to C$ 5)(1)(2)[→]

证(48°)

(1) $(B \to C) \wedge B \to C$ (47°)

(2) $A \to (B \to C) \wedge B \cdot \to \cdot A \to C$ (46°)(1)[→]

证(49°)

(1) $A \to (B \to C) \cdot \wedge \cdot A \to B \cdot \to \cdot$

$A \to (B \to C) \wedge B$ (25°)

(2) $A \to (B \to C) \wedge B \cdot \to \cdot A \to C$ (48°)

(3) $A \to (B \to C) \cdot \wedge \cdot A \to B \cdot \to \cdot A \to C$ 5)(1)(2)[→]

证(50°)

(1) $A \to (B \to C) \cdot \wedge \cdot A \to B \cdot \to \cdot A \to C$ (49°)

(2) $A \to (B \to C) \cdot \to \cdot (A \to B) \to (A \to C)$ (40°)(1)(2)[→]

证(51°)

(1) $A \to A$ (5°)

(2) $A \to (A \to B) \cdot \to \cdot A \to A$ 1)(1)[→]

证(52°)

(1) $A \to (A \to B) \cdot \to \cdot (A \to A) \to (A \to B)$ (50°)

(2) $A \to (A \to B) \cdot \to \cdot A \to A$ (51°)

(3) $A \to (A \to B) \cdot \to \cdot A \to B$ (50°)(1)(2)[→]

证 (53°)

(1) $B \to (A \to B)$ 1)

(2) $(A \to B) \to \neg A \cdot \to \cdot B \to \neg A$ (41°)(1)[→]

证 (54°)

(1) $(A \to \neg B) \wedge (A \to B) \to (A \to B) \wedge (A \to \neg B)$ 3)

(2) $(A \to B) \wedge (A \to \neg B) \to \neg A$ 12)

(3) $(A \to \neg B) \wedge (A \to B) \to \neg A$ 5)(1)(2)[→]

证 (55°)

(1) $(A \to \neg B) \wedge (A \to B) \to \neg A$ (54°)

(2) $A \to \neg B \cdot \to \cdot (A \to B) \to \neg A$ (40°)(1)[→]

证 (56°)

(1) $A \to \neg B \cdot \to \cdot (A \to B) \to \neg A$ (55°)

(2) $(A \to B) \to \neg A \cdot \to \cdot B \to \neg A$ (53°)

(3) $A \to \neg B \cdot \to \cdot B \to \neg A$ 5)(1)(2)[→] ‖

前面已经说过，由定理 31.1 和定理 32.2 就证明了 $[P_M^*]$ 与 $[P_M^*]_J$ 的等价性，由此又可得到 $[P_H^*]$ 与 $[P_H^*]_H$ 的等价性；因此有下面的定理 32.3.

定理 32.3 $[P_M^*]$，$[P_H^*]$ 分别与 $[P_M^*]_J$，$[P_H^*]_H$ 等价. ‖

$[P_H^*]$ 和 $[P_M^*]$ 还有其他的等价的系统. 我们在上节中讲过 $[P^*]_\vee$，它与 $[P^*]$ 是等价的，它是一个古典的系统. 与 $[P^*]_\vee$ 相应的非古典系统有 $[P_H^*]_\wedge$ 和 $[P_M^*]_\wedge$. $[P_H^*]_\wedge$ 是由 $[P^*]_\vee$ 把 (M) 和 ($\vee_C$) 两条换为 ($\neg_I$) 和 ($\wedge_M$) 而得，$[P_M^*]_\wedge$ 是由 $[P_H^*]_\wedge$ 去掉 (H) 而得. 这两个系统的特点是突出了无矛盾律.

定理 32.4 $[P_M^*]$，$[P_H^*]$ 分别与 $[P_M^*]_\wedge$，$[P_H^*]_\wedge$ 等价. ‖

$[P^*]_\vee$ 和 $[P_H^*]_\wedge$ 之间有一种关系，我们要在这里特别说明一下. 如果把 $[P^*]_\vee$ 中的排中律换为无矛盾律，那么所得到的系统是与 $[P_H^*]_\wedge$ 等价的，也就是与 $[P_H^*]$ 等价的(根据定理 32.4)，因此与 $[P^*]$，$[P^*]_\vee$ 是不等价的. 这也说明了排中律比无矛盾律更强，无矛盾律是不能代替排中律的.

使用归谬律 (red)，可以构造 $[P^*]_r$，$[P_H^*]_r$ 和 $[P_M^*]_r$，方法与构

造 $[P]_r$, $[P_H]_r$ 和 $[P_M]_r$ 的方法相同. $[P^*]_r$, $[P_H^*]_r$, $[P_M^*]_r$ 分别与 $[P^*]$, $[P_H^*]$, $[P_M^*]$ 等价.

习　　题

32.1 证定理 32.1.

32.2 证定理 32.4.

§ 33　谓词逻辑的重言式系统

在本节中我们要构造谓词逻辑的重言式系统. 这与命题逻辑重言式系统的构造是相似的,所以我们陈述得比较简略.

我们先构造 F 和 F* 的重言式系统 [F] 和 [F*], 以及它们的等价系统. [F*] 的符号和形成规则都与 F* 的相同. [F*] 有下面的十九个公理模式和两条推理规则:

$(\to_1)$ $\vdash A\to(B\to A)$

$(\to_2)$ $\vdash A\to(A\to B)\cdot\to\cdot A\to B$

$(\to_0)$ $\vdash A\to B\cdot\to\cdot(B\to C)\to(A\to C)$

$(\wedge_1)$ $\vdash A\wedge B\to A$

$(\wedge_2)$ $\vdash A\wedge B\to B$

$(\wedge_0)$ $\vdash A\to B\cdot\to\cdot(A\to C)\to(A\to B\wedge C)$

$(\vee_1)$ $\vdash A\to A\vee B$

$(\vee_2)$ $\vdash B\to A\vee B$

$(\vee_0)$ $\vdash A\to C\cdot\to\cdot(B\to C)\to(A\vee B\to C)$

$(\leftrightarrow_1)$ $\vdash (A\leftrightarrow B)\to(A\to B)$

$(\leftrightarrow_2)$ $\vdash (A\leftrightarrow B)\to(B\to A)$

$(\leftrightarrow_0)$ $\vdash A\to B\cdot\to\cdot(B\to A)\to(A\leftrightarrow B)$

(M) $\vdash (A\to\neg B)\to(B\to\neg A)$

(H) $\vdash \neg A\to(A\to B)$

(C) $\vdash (A\to\neg A)\to B\cdot\to\cdot(A\to B)\to B$

$(\forall_1)$ $\vdash \forall xA(x)\to A(a)$

($\forall_0$)　⊢ $\forall x[A \to B(x)] \to \cdot A \to \forall x B(x)$

($\exists_1$)　⊢ $A(a) \to \exists x A(x)$,其中的 $A(x)$ 是由 $A(a)$ 把 a 在其中的某些出现替换为 x 而得

($\exists_0$)　⊢ $\forall x[A(x) \to B] \to \cdot \exists x A(x) \to B$

[→]　由 $A \to B$ 和 A 推出 B

[∀]　由 $A(a)$ 推出 $\forall x A(x)$

其中的 [∀] 是**普遍化规则**. 在 [∀] 中是对 a 应用普遍化规则的.

在 [F*] 的公理模式中去掉关于∧,∨,⟷,∃ 的部分，就得到 [F] 的八个公理模式. [F] 的推理规则也是[→]和 [∀] 两条.

[F] 和 [F*] 中的形式定理的定义不再陈述.

在 [F*] 的形式定理中,凡是只包含全称量词的都是 [F] 中的形式定理.

定理 33.1　[F*]:

[1]　⊢ $A \to B(a) \Longrightarrow$ ⊢ $A \to \forall x B(x)$ (a 不在 A 中出现)

[2]　⊢ $A(a) \to B \Longrightarrow$ ⊢ $\exists x A(x) \to B$ (a 不在 B 中出现) ||

定理 33.1 的 [1] 和 [2] 都是推理规则. 它们在形式上分别与 ($\forall_0$) 和 ($\exists_0$) 相似,故使用时分别记作“[$\forall_0$]”和“[$\exists_0$]”.

定理 33.2　[F*]:

[1]　⊢ $\forall x A(x) \longleftrightarrow \forall y A(y)$

[2]　⊢ $\exists x A(x) \longleftrightarrow \exists y A(y)$

[3]　⊢ $\forall xy A(x, y) \longleftrightarrow \forall yx A(x, y)$

[4]　⊢ $\exists xy A(x, y) \longleftrightarrow \exists yx A(x, y)$

[5]　⊢ $\forall x A(x) \to \exists x A(x)$

[6]　⊢ $\exists x \forall y A(x, y) \to \forall y \exists x A(x, y)$

定理还要求证明时不使用 (H) 和 (C). ||

定理 33.3　[F*]:

[1]　⊢ $\forall x A(x) \to \neg \exists x \neg A(x)$

[2] $\vdash \exists x A(x) \rightarrow \neg \forall x \neg A(x)$

[3] $\vdash \exists x \neg A(x) \rightarrow \neg \forall x A(x)$

[4] $\vdash \forall x \neg A(x) \rightarrow \neg \exists x A(x)$

[5] $\vdash \neg \exists x \neg A(x) \rightarrow \forall x A(x)$

[6] $\vdash \neg \forall x \neg A(x) \rightarrow \exists x A(x)$

[7] $\vdash \neg \forall x A(x) \rightarrow \exists x \neg A(x)$

[8] $\vdash \neg \exists x A(x) \rightarrow \forall x \neg A(x)$

定理还要求在证明 [1]—[4] 时不使用 (H) 和 (C).

我们选证 [1] 和 [4].

证 [1]

(1)	$\forall x A(x) \rightarrow A(a)$	$(\forall_1)$ 取 a 不在 A(x) 中出现
(2)	$\neg A(a) \rightarrow \neg \forall x A(x)$	定理 30.1 [29](1)[→]
(3)	$\exists x \neg A(x) \rightarrow \neg \forall x A(x)$	(2)[$\exists_0$]
(4)	$\forall x A(x) \rightarrow \neg \exists x \neg A(x)$	(M)(3)[→]

证 [4]

(1)	$\exists x A(x) \rightarrow \neg \forall x \neg A(x)$	[2]
(2)	$\forall x \neg A(x) \rightarrow \neg \exists x A(x)$	(M)(1)[→]
(3)	$A(a) \rightarrow \exists x A(x)$	$(\exists_1)$ 取 a 不在 A(x) 中出现
(4)	$\neg \exists x A(x) \rightarrow \neg A(a)$	定理 30.1 [29](3)[→]
(5)	$\neg \exists x A(x) \rightarrow \forall x \neg A(x)$	(4)[$\forall_0$]
(6)	$\forall x \neg A(x) \leftrightarrow \neg \exists x A(x)$	(2)(5) 由 [P_M^*]‖

定理 33.4 [F*]:

[1] $\vdash \forall x[A(x) \rightarrow B(x)] \rightarrow \centerdot \forall x A(x) \rightarrow \forall x B(x)$

[2] $\vdash \forall x[A(x) \rightarrow B(x)] \rightarrow \centerdot \exists x A(x) \rightarrow \exists x B(x)$

[3] $\vdash A \rightarrow \forall x B(x) \leftrightarrow \forall x[A \rightarrow B(x)]$

[4] $\vdash \exists x A(x) \rightarrow B \leftrightarrow \forall x[A(x) \rightarrow B]$

[5] $\vdash \exists x[A \rightarrow B(x)] \rightarrow \centerdot A \rightarrow \exists x B(x)$

[6] $\vdash \exists x[A(x) \rightarrow B] \rightarrow \centerdot \forall x A(x) \rightarrow B$

[7] $\vdash A \wedge \forall x B(x) \leftrightarrow \forall x[A \wedge B(x)]$

[8] $\vdash A \wedge \exists x B(x) \leftrightarrow \exists x[A \wedge B(x)]$

[9] $\vdash \forall xA(x) \wedge \forall xB(x) \leftrightarrow \forall x[A(x) \wedge B(x)]$

[10] $\vdash \exists x[A(x) \wedge B(x)] \rightarrow \exists xA(x) \wedge \exists xB(x)$

[11] $\vdash A \vee \forall xB(x) \rightarrow \forall x[A \vee B(x)]$

[12] $\vdash A \vee \exists xB(x) \leftrightarrow \exists x[A \vee B(x)]$

[13] $\vdash \forall xA(x) \vee \forall xB(x) \rightarrow \forall x[A(x) \vee B(x)]$

[14] $\vdash \exists xA(x) \vee \exists xB(x) \leftrightarrow \exists x[A(x) \vee B(x)]$

[15] $\vdash \forall x[A(x) \leftrightarrow B(x)] \rightarrow \cdot \forall xA(x) \leftrightarrow \forall xB(x)$

[16] $\vdash \forall x[A(x) \leftrightarrow B(x)] \rightarrow \cdot \exists xA(x) \leftrightarrow \exists xB(x)$

[17] $\vdash A \rightarrow \exists xB(x) \cdot \rightarrow \exists x[A \rightarrow B(x)]$

[18] $\vdash \forall xA(x) \rightarrow B \cdot \rightarrow \exists x[A(x) \rightarrow B]$

[19] $\vdash \forall x[A \vee B(x)] \rightarrow A \vee \forall xB(x)$

定理还要求,在证明 [1]—[16] 时不使用 (H) 和 (C). ||

定理 33.5 [F*]:

[1] $\vdash \neg\neg\forall x\neg\neg A(x) \rightarrow \forall x\neg\neg A(x)$

[2] $\vdash \neg\neg\forall xA(x) \rightarrow \forall x\neg\neg A(x)$

[3] $\vdash \exists xA(x) \rightarrow \exists x\neg\neg A(x)$

[4] $\vdash \exists x\neg\neg A(x) \rightarrow \neg\neg\exists xA(x)$

[5] $\vdash \neg\neg[\neg\neg\forall xA(x) \rightarrow \forall xA(x)]$

[6] $\vdash \neg\neg[\neg\neg\exists xA(x) \rightarrow \exists xA(x)]$

[7] $\vdash \neg\neg[\exists x\neg\neg A(x) \rightarrow \exists xA(x)]$

[8] $\vdash \forall x\neg\neg A(x) \rightarrow \neg\neg\forall xA(x)$

[9] $\vdash \exists x\neg\neg A(x) \rightarrow \exists xA(x)$

[10] $\vdash \neg\neg\exists xA(x) \rightarrow \exists x\neg\neg A(x)$

定理还要求, 在证明 [1]—[4] 时不使用 (H) 和 (C), 在证明 [5]—[7] 时不使用 (C). ||

非古典的谓词逻辑 $\mathbf{F}_{\mathrm{H}}^{*}$ 和 $\mathbf{F}_{\mathrm{M}}^{*}$ 的重言式系统 [$\mathbf{F}_{\mathrm{H}}^{*}$] 是由 [$\mathbf{F}^{*}$] 去掉 (C) 而得, [$\mathbf{F}_{\mathrm{M}}^{*}$] 是由 [$\mathbf{F}_{\mathrm{H}}^{*}$] 再去掉 (H) 而得.

使用归谬律 (red), 可以构造分别与 [$\mathbf{F}^{*}$], [$\mathbf{F}_{\mathrm{H}}^{*}$], [$\mathbf{F}_{\mathrm{M}}^{*}$] 等价的 $[\mathbf{F}^{*}]_{r}$, $[\mathbf{F}_{\mathrm{H}}^{*}]_{r}$, $[\mathbf{F}_{\mathrm{M}}^{*}]_{r}$, 情况与构造 $[\mathbf{P}]_{r}$, $[\mathbf{P}_{\mathrm{H}}]_{r}$, $[\mathbf{P}_{\mathrm{M}}]_{r}$ 的相同 (见 § 32), 故不再述.

由 $[\mathbf{F}^*]$, $[\mathbf{F}^*_H]$, $[\mathbf{F}^*_M]$, $[\mathbf{F}^*]_r$, $[\mathbf{F}^*_H]_r$, $[\mathbf{F}^*_M]_r$ 去掉公理模式中的 $(\forall_0)$ 和 $(\exists_0)$，并把推理规则 $[\forall]$ 换为 $[\forall_0]$ 和 $[\exists_0]$ 两条，就得到它们各自的等价系统.

在谓词逻辑的重言式系统中，加进关于等词的两个公理模式：

(I_1) $\vdash a \equiv a$

(I_0) $\vdash a \equiv b \rightarrow \cdot A(a) \rightarrow A(b)$，其中的 $A(b)$ 是由 $A(a)$ 把 a 在其中的某些出现替换为 b 而得

就得到带等词的谓词逻辑的重言式系统. 在不带函数词的系统中，(I_1) 和 (I_0) 中的 a, b 都是个体词.

带函数词的重言式系统中的公理模式 $(\forall_1)$ 和 $(\exists_1)$ 与前面讲过的不同. 例如 $[\mathbf{F}^*]$，它有 $[\mathbf{P}^*]$ 的十五个公理模式和 $(\forall_1)$、$(\forall_0)$，$(\exists_1)$，$(\exists_0)$，(I_1)，(I_0) 六个公理模式，以及 $[\rightarrow]$ 和 $[\forall]$ 两条推理规则，其中的 $(\forall_1)$ 和 $(\exists_1)$ 是下面的模式：

$(\forall_1)$ $\vdash \forall x A(x) \rightarrow A(a)$

$(\exists_1)$ $\vdash A(a) \rightarrow \exists x A(x)$，其中的 $A(x)$ 是由 $A(a)$ 把 a 在其中的某些出现替换为 x 而得

$[\mathbf{F}^{*!}]$ 又是由 $[\mathbf{F}^*]$ 把 $(\forall_1)$，$(\exists_1)$，(I_1) 三条换为 $(\forall_1^!)$，$(\exists_1^!)$，$(I_1^!)$ 并加进 $(E_1^!)$ 而得：

$(\forall_1^!)$ $\vdash \forall x A(x) \wedge E!a \rightarrow A(a)$

$(\exists_1^!)$ $\vdash A(a) \wedge E!a \rightarrow \exists x A(x)$，其中的 $A(x)$ 是由 $A(a)$ 把 a 在其中的某些出现替换为 x 而得

$(I_1^!)$ $\vdash E!a \rightarrow a \equiv a$

$(E_1^!)$ $\vdash E!a$

$\vdash F(a_1, \cdots, a_n) \rightarrow E!a$，其中 a 是任一 $a_i(i = 1, \cdots, n)$ 的子项

$[\mathbf{F}^*]$ 和 $[\mathbf{F}^{*!}]$ 的非古典系统我们不再陈述.

定理 33.6 $[\mathbf{F}^{!*}_M]$：

[1] $\vdash a \equiv b \rightarrow b \equiv a$

[2] $\vdash a \equiv b \wedge b \equiv c \rightarrow a \equiv c$

[3] $\vdash A(a) \wedge b \equiv a \rightarrow A(b)$

[4] $\vdash A(a) \wedge \neg A(b) \to a \neq b$

[5] $\vdash A(a) \leftrightarrow \forall x[a \equiv x \to A(x)]$

[6] $\vdash A(a) \leftrightarrow \exists x[a \equiv x \wedge A(x)]$

[7] $\vdash E!a$ ‖

定理 33.7 $[F_M^{*'}]$:

[1] $\vdash a \equiv b \to b \equiv a$

[2] $\vdash a \equiv b \wedge b \equiv c \to a \equiv c$

[3] $\vdash A(a) \wedge b \equiv a \to A(b)$

[4] $\vdash A(a) \wedge \neg A(b) \to a \neq b$

[5] $\vdash A(a) \leftrightarrow \forall x[a \equiv x \to A(x)]$

[6] $\vdash A(a) \leftrightarrow \exists x[a \equiv x \wedge A(x)]$

[7] $\vdash E!a$ ‖

定理 33.8 $[F_M^{*'}]$:

[1] $\vdash a \equiv b \to b \equiv a$

[2] $\vdash a \equiv b \wedge b \equiv c \to a \equiv c$

[3] $\vdash A(a) \wedge b \equiv a \to A(b)$

[4] $\vdash A(a) \wedge \neg A(b) \to a \neq b$

[5] $\vdash A(a) \to \forall x[a \equiv x \to A(x)]$

[6] $\vdash \exists x[a \equiv x \wedge A(x)] \to A(a)$

[7] $\vdash \forall x[a \equiv x \to A(x)] \wedge E!a \to A(a)$

[8] $\vdash A(a) \wedge E!a \to \exists x[a \equiv x \wedge A(x)]$

[9] $\vdash E!a \to E!b$ (b 是 a 的子项) ‖

习　　题

33.1 证定理 33.2.

33.2 证定理 33.3 [2], [3], [5], [6], [7].

33.3 证定理 33.4.

33.4 证定理 33.5.

33.5 证明：如果由 $[F^*]$ 去掉公理模式中的 $(\forall_0)$ 和 $(\exists_0)$，并把推理规则中的 $[\forall]$ 换为 $[\forall_0]$ 和 $(\exists_0)$ 两条而得到 $[F^*]_1$，则 $[F^*]$ 与 $[F^*]_1$ 等价.

33.6 证定理 33.8.

§34 重言式系统和自然推理系统的关系

在第一章中我们构造了命题逻辑和谓词逻辑的自然推理系统. 在本章中构造了相应的重言式系统. 现在我们来研究这两种系统之间的关系. 为此,先要作一些准备.

本节中所要建立的概念和定理，对于各个重言式系统都是适用的. 我们首先要把重言式系统中的形式定理和形式证明的概念推广为有一定前提的形式定理和形式证明.

定义 34.1 (形式定理) A 是以 Γ 为前提的**形式定理**,记作

$$\Gamma \vdash A$$

当且仅当,A 是由形式公理,Γ 中合式公式,和形式推理规则生成,即A是形式公理，或是 Γ 中的合式公式，或是由已经生成的以 Γ 为前提的形式定理经应用形式推理规则而得(但规定,当应用普遍化规则时,使它普遍化的个体词不在 Γ 中出现).

在生成以 Γ 为前提的形式定理A的过程中，我们得到一系列的以Γ为前提的形式定理 $A_1, \cdots, A_n$,其中每个 $A_i(i=1,\cdots,n)$ 是形式公理或在Γ中或是由在它之前已经生成的以Γ为前提的形式定理经应用推理规则而得,并且 A_n 就是 A. 这个序列称为以Γ为前提的A的**形式证明**.

例 1 [1] [P]: $A \to (B \to C), A \to B, A \vdash C$

[2] [F]: $\forall x[A(x) \to B(x)], \forall x A(x) \vdash \forall x B(x)$

证 [1]

(1)	$A \to (B \to C)$	前提
(2)	$A \to B$	同上
(3)	A	同上
(4)	$B \to C$	(1)(3)[→]
(5)	B	(2)(3)[→]
(6)	C	(4)(5)[→]

证 [2]

(1)	$\forall x[A(x) \to B(x)]$	前提

(2)	$\forall x[A(x) \to B(x)] \to$	
	$\cdot A(a) \to B(a)$	$(\forall_1)$ 取 a 不在(1)中出现
(3)	$A(a) \to B(a)$	(2)(1)[→]
(4)	$\forall x A(x) \to A(a)$	$(\forall_1)$
(5)	$\forall x A(x)$	前提
(6)	$A(a)$	(4)(5)[→]
(7)	$B(a)$	(3)(6)[→]
(8)	$\forall x B(x)$	(7)[∀]

定义 34.1 包括 Γ 是空序列的情形. 当 Γ 是空序列时, 定义 34.1 中定义的形式定理就是 §30 中所定义的形式定理(见定义 30.1). 因此有下面的定理.

定理 34.1 $\vdash A$,当且仅当,$\phi \vdash A$. ‖

在数理逻辑文献中称为**演绎定理**的是重言式系统中的下面的定理:

$$\text{如果 } \Gamma, A \vdash B, \text{ 则 } \Gamma \vdash A \to B.$$

有了演绎定理,可以使得重言式系统中的形式证明大为简化.

例 1(续) 在定理 30.1 的证明中,证

$$[P]: \vdash A \to (B \to C) \cdot \to \cdot (A \to B) \to (A \to C)$$

是经过相当多的步骤的. 如果有了演绎定理,则在[P]中可由[1]依次得到下面的

$$A \to (B \to C), A \to B \vdash A \to C$$

$$A \to (B \to C) \vdash (A \to B) \to (A \to C)$$

$$\vdash A \to (B \to C) \cdot \to \cdot (A \to B) \to (A \to C)$$

这样的证明显然简单得多. 又如,根据演绎定理可以通过[2]证明

$$[F]: \vdash \forall x[A(x) \to B(x)] \to \cdot \forall x A(x) \to \forall x B(x)$$

这也可以比定理 33.4 中的证明更为简单.

下面我们要建立定理 34.5,它是说明自然推理系统和重言式系统之间的关系的,而演绎定理是它的一个特殊情形. 我们先证明几个引理作为准备.

引理 34.2 如果 $\vdash A$,则 $\vdash\!\!\!\!-\; A$.

证 我们取 F^I 和 $[F^I]$ 作为例子. $[F^I]$ 的形式公理有 $(\to_1)$, $(\to_2)$, $(\to_0)$, (M), (H), (C), $(\forall_1)$, $(\forall_0)$, (I_1), (I_0) 共十条, 它们都很容易证明是 F^I 中的重言式. $[F^I]$ 的推理规则是 $[\to]$ 和 $[\forall]$ 两条. 显然, 如果 $A\to B$ 和 A 都是重言式, 则由它们经应用 $[\to]$ 而得到的 B 也是重言式; 如果 A(a) 是重言式, 则由它经应用 $[\forall]$ 而得到的 $\forall xA(x)$ 也是重言式. 因此, 凡 $[F^I]$ 中的形式定理都是 F^I 中的重言式. ‖

引理 34.3 如果 $\Gamma \vdash A$, 则 $\Gamma \models A$.

证 我们仍取 F^I 和 $[F^I]$ 为例. 设 $\Gamma \vdash A$, 就有以 Γ 为前提的 A 的形式证明 $A_1, \cdots, A_n$. 如果能证明

(1) $$F^I:\ \Gamma \models A_k \quad (k = 1, \cdots, n)$$

那么就证明了引理 34.3. (1)的证明用归纳法,施归纳于 k.

基始: $k = 1$. A_1 是 $[F^I]$ 中的公理或者在 Γ 中. 由引理34.2 和 $(\in)$ 可得 (1).

归纳: 设对于 $1,\cdots,k-1 (k = 2,\cdots,n)$, (1)已经成立. 如果 A_k 是 $[F^I]$ 中的公理或者在 Γ 中,则像在基始中证明的那样,(1)是成立的. 此外, A_k 可以是经应用 $[\to]$ 或 $[\forall]$ 而得. 如果 A_k 是经应用 $[\to]$ 而得,就有 A_i, $A_j (i < k, j < k)$,使得 $A_i = A_j \to A_k$. 由归纳假设, 有 $\Gamma \models A_i, A_j$. 由此经应用 $(\to_-)$ 和 (τ), 可得 (1).

如果 A_k 是经应用 $[\forall]$ 而得,就有 $A_j = A_j(a) (j < k)$, a 不在 Γ 中出现,使得 $A_k = \forall xA_j(x)$. 由归纳假设,有 $\Gamma \models A_j(a)$. 由此经应用 $(\forall_+)$, 可得 (1).

由基始和归纳,就证明了 (1). ‖

引理 34.4 如果 $\Gamma \models A$, 则 $\Gamma \vdash A$.

证 我们仍以 F^I 和 $[F^I]$ 为例. 根据定理 19.6, F^I 与 F^I_0 等价. 因此,如果能证明

(1) $$F^I_0:\ \Gamma \models A \Longrightarrow [F^I]:\ \Gamma \vdash A$$

那么就证明了引理 34.4. (1) 的证明是施归纳于 F^I_0 中形式推理关系的结构.

F_0^I 的推理规则有 (∈), (¬), [$\rightarrow_-$], ($\rightarrow_+$), [$\forall_-$], ($\forall_+$), [I_-], (I_+) 共八条，我们逐一给以证明.

关于 (∈)，我们要证明的是

$$[F^I]:\ A_1, \cdots, A_n \vdash A_i\ (i = 1, \cdots, n)$$

这是显然成立的.

下面我们先作关于蕴涵词的推理规则[$\rightarrow_-$]和 ($\rightarrow_+$) 的证明. 关于[$\rightarrow_-$]，要证明的是

(2) $$[F^I]: \Gamma \vdash A \rightarrow B,\ \Gamma \vdash A \Longrightarrow \Gamma \vdash B$$

根据 $\Gamma \vdash A \rightarrow B$ 和 $\Gamma \vdash A$，就有以 Γ 为前提的 $A \rightarrow B$ 的形式证明 $C_1, \cdots, C_k$ (即 $A \rightarrow B$) 和 A 的形式证明 $D_1, \cdots, D_l$ (即 A). 于是，序列 $C_1, \cdots, C_k, D_1, \cdots, D_l$, B 就是以 Γ 为前提的 B 的形式证明，因此 (2) 成立.

关于($\rightarrow_+$)，所要证明的是

(3) $$[F^I]:\ \Gamma, A \vdash B \Longrightarrow \Gamma \vdash A \rightarrow B$$

由 $\Gamma, A \vdash B$，有以 Γ, A 为前提的 B 的形式证明

(4) $$B_1, \cdots, B_n\ (\text{即 } B)$$

构造序列

(5) $$A \rightarrow B_1, \cdots, A \rightarrow B_n\ (\text{即 } A \rightarrow B)$$

下面我们要证明：可以在 (5) 中添进一些合式公式，使得经过添加而得到的新序列有以下的性质：

(6) 新序列的由第一个合式公式起到 $A \rightarrow B_k$ ($k = 1, \cdots, n$) 止的子序列，构成 [F^I] 中的以 Γ 为前提的 $A \rightarrow B_k$ 的形式证明.

(6) 的证明是施归纳于 k.

基始：$k = 1$. (4) 中的 B_1 或者是 [F^I] 中的公理，或者在 Γ 中，或者是 A. 如果 B_1 是形式公理或者在 Γ 中，则在 (5) 中 $A \rightarrow B_1$ 的左方添进

$$B_1,\ B_1 \rightarrow (A \rightarrow B_1)$$

两个合式公式后，(6) 是显然成立的. 如果 B_1 是 A，则 $A \rightarrow B_1$ 就是 $A \rightarrow A$. 这样，可以在(5)中 $A \rightarrow B_1$ 即 $A \rightarrow A$ 的左方添进

$$A \to (A \to A) \cdot \to \cdot A \to A, \ A \to (A \to A)$$
两个合式公式而使得(6)成立．这就证明了基始的部分．

归纳：设对于 $1, \cdots, k-1 (k \leqslant n)$，命题(6)已经成立．这时，(4)中的 B_k 可以是 $[F^1]$ 中的形式公理，或者在 Γ 中，或者是 A，或者还有其它的两种情形．如果是前面的三种情形，则在(5)中添进合式公式的方法与上面基始中所说的情形相同．对于另外两种情形，我们继续说明如下．

第一种情形，B_k 是经过使用 $[\to]$ 而得，即在(4)中有 B_i 和 $B_j (i, j < k)$，使得 $B_i = B_j \to B_k$．由归纳假设，可以在(5)中添进合式公式，使得，在添加之后由第一个合式公式起，到 $A \to B_{k-1}$ 止所构成的子序列

(7) $$C_1, \cdots, C_m, A \to B_{k-1}$$

是以 Γ 为前提的 $A \to B_{k-1}$ 的形式证明．

令序列 Δ 是形式定理

$$A \to (B_j \to B_k) \cdot \to \cdot (A \to B_j) \to (A \to B_k)$$

的形式证明．在(5)中，在 $A \to B_{k-1}$ 和 $A \to B_k$ 之间添进以下的序列

$$\Delta, (A \to B_j) \to (A \to B_k)$$

我们来看(5)中经过添加之后由第一个合式公式起，到 $A \to B_k$ 止所构成的子序列

(8) $C_1, \cdots, C_m, A \to B_{k-1}, \Delta, (A \to B_j) \to (A \to B_k), A \to B_k$

由于在(7)中有 $A \to B_i$（即 $A \to (B_j \to B_k)$）和 $A \to B_j$ 这两个合式公式，并且(7)的下面的两个子序列

$$C_1, \cdots, A \to B_i$$
$$C_1, \cdots, A \to B_j$$

就分别是以 Γ 为前提的关于这两个合式公式的形式证明，所以(8)是以 Γ 为前提的 $A \to B_k$ 的形式证明，因此(6)成立．

第二种情形，B_k 是经过使用 $[\forall]$ 而得，即在(4)中有 $B_j = B_j(a)$ $(j < k)$，使得 a 不在 Γ 和 A 中出现，并且 $B_k = \forall x B_j(x)$．由归纳假设，我们已经有上面的(7)，它是以 Γ 为前提的 $A \to B_{k-1}$ 的形

式证明. 在 (5) 中, 在 $A \to B_{k-1}$ 和 $A \to B_k$ 之间, 添进

$$\forall x[A \to B_j(x)],\ \forall x[A \to B_j(x)] \to \cdot A \to B_k$$

两个合式公式, 其中第二个合式公式就是 $\forall x[A \to B_j(x)] \to \cdot A \to \forall x B_j(x)$. 我们再来看 (5) 中经过添加之后由第一个合式公式起, 到 $A \to B_k$ 止所构成的子序列

$$(9) \qquad C_1, \cdots, C_m, A \to B_{k-1}, \forall x[A \to B_j(x)],\ \forall x[A \to B_j(x)] \to \cdot A \to B_k, A \to B_k$$

由于在 (7) 中有 $A \to B_j(a)$, a 不在 Γ 和 A 中出现, 并且(7)的子序列

$$C_1, \cdots, A \to B_j(a)$$

是以 Γ 为前提的 $A \to B_j(a)$ 的形式证明, 所以 (9) 是以 Γ 为前提的 $A \to B_k$ 的形式证明, 因此(6) 成立. 这样就完成了关于 (6) 的归纳证明中的归纳的部分.

由以上的基始和归纳, 就证明了 (6). 由 (6) 可得

$$\Gamma \vdash A \to B_k \ (k = 1, \cdots, n)$$

由此就得到 (3), 于是证完了关于($\to_+$)的部分.

下面继续证 (1).

关于($\neg$), 要证明的是

$$(10) \qquad \Gamma, \neg A \vdash B; \Gamma, \neg A \vdash \neg B \Longrightarrow \Gamma \vdash A$$

由 $\Gamma, \neg A \vdash B$ 和 $\Gamma, \neg A \vdash \neg B$, 根据 (3) 可得 $\Gamma \vdash \neg A \to B$ 和 $\Gamma \vdash \neg A \to \neg B$. 于是有以 Γ 为前提的 $\neg A \to B$ 的形式证明

$$C_1, \cdots, C_k \text{ (即 } \neg A \to B)$$

和 $\neg A \to \neg B$ 的形式证明

$$D_1, \cdots, D_l \text{ (即 } \neg A \to \neg B)$$

令 Δ 是形式定理

$$\neg A \to B \cdot \to \cdot (\neg A \to \neg B) \to A$$

的形式证明. 那么, 序列

$$C_1, \cdots, C_k, D_1, \cdots, D_l, \Delta, (\neg A \to \neg B) \to A, A$$

就是以 Γ 为前提的 A 的形式证明, 这就证明了 (10).

关于 $[\forall_-]$, 要证明

(11) $$\Gamma \vdash \forall x A(x) \Longrightarrow \Gamma \vdash A(a)$$

在使得 $\Gamma \vdash \forall x A(x)$ 成立的形式证明后面加上

$$\forall x A(x) \to A(a), \ A(a)$$

两个合式公式，就得到使得 $\Gamma \vdash A(a)$ 成立的形式证明，因此有(11).

关于 $(\forall_+)$，要证明的是

(12) $$\Gamma \vdash A(a)\ (a \text{ 不在 } \Gamma \text{ 中出现}) \Longrightarrow \Gamma \vdash \forall x A(x)$$

由于 a 不在 Γ 中出现，所以在使得 $\Gamma \vdash A(a)$ 成立的形式证明后面加上公式 $\forall x A(x)$，就得到使得 $\Gamma \vdash \forall x A(x)$ 成立的形式证明，因此 (12) 成立.

关于 $[I_-]$，要证明的是

(13) $$\Gamma \vdash A(a), \Gamma \vdash a = b \Longrightarrow \Gamma \vdash A(b)$$

把使得 $\Gamma \vdash A(a)$ 和 $\Gamma \vdash a = b$ 成立的两个形式证明并列起来，并在后面加上以下三个合式公式:

$$a = b \to \cdot A(a) \to A(b), \ A(a) \to A(b), \ A(b)$$

就得到使得 $\Gamma \vdash A(b)$ 成立的形式证明，因此 (13) 成立.

关于 (I_+)，所要证明的是 $\vdash a = a$，这就是 (I_1).

这样就完成了 (1) 的证明. ||

由引理 34.3 和引理 34.4 就得到下面的定理.

定理 34.5 $\Gamma \vdash A$，当且仅当，$\Gamma \vdash A$. ||

根据定理 34.5，对应于自然推理系统中的蕴涵词引入律 $(\to_+)$，在重言式系统中就有

$$\Gamma, A \vdash B \Longrightarrow \Gamma \vdash A \to B$$

这就是演绎定理.

在定理 34.5 中令 Γ 是空序列，就得到重言式定理.

定理 34.6 (重言式定理) $\vdash A$，当且仅当，$\vdash A$. ||

重言式定理说明各个逻辑演算的自然推理系统中的重言式的集合和相应的重言式系统中的形式定理的集合是相等的.

根据定理 34.5 和重言式定理 34.6 可以知道，第二章中所讨论的逻辑演算的各个系统特征，如等值公式的可替换性，代入定理和

范式定理等，重言式系统也都是具备的. 这方面的内容不再一一陈述.

重言式系统的代入定理陈述如下(参看 § 23):

个体词代入定理 如果 $\vdash A(a)$，则 $\vdash A(b)$.

约束变元替换定理 如果 $\vdash A$，而B是由A经替换约束变元而得，则 $\vdash B$.

命题词代入定理 如果 $\vdash A$，则 $\vdash \mathfrak{S}^{p}_{B}A|$.

谓词代入定理 如果 $\vdash A$，则 $\vdash \tilde{\mathfrak{S}}^{F}_{B}A|$.

函数词代入定理 如果 $\vdash A$，则 $\vdash \tilde{\mathfrak{S}}^{f}_{g}A|$.

如果把代入定理作为形式推理规则加进重言式系统，并且加进命题词，就可以把原来的形式公理模式改为单独的形式公理，这和 § 23 中关于自然推理系统所讲的情况是相同的. 我们以 $[\mathbf{F}^{I}]$ 为例来说明这个问题.

$[\mathbf{F}^{I}]$ 有以下十个形式公理模式和两条形式推理规则:

$(\rightarrow_1)$ $\vdash A \rightarrow (B \rightarrow A)$

$(\rightarrow_2)$ $\vdash A \rightarrow (A \rightarrow B) \cdot \rightarrow \cdot A \rightarrow B$

$(\rightarrow_0)$ $\vdash A \rightarrow B \cdot \rightarrow \cdot (B \rightarrow C) \rightarrow (A \rightarrow C)$

(M) $\vdash (A \rightarrow \neg B) \rightarrow (B \rightarrow \neg A)$

(H) $\vdash \neg A \rightarrow (A \rightarrow B)$

(C) $\vdash (A \rightarrow \neg A) \rightarrow B \cdot \rightarrow \cdot (A \rightarrow B) \rightarrow B$

$(\forall_1)$ $\vdash \forall x A(x) \rightarrow A(a)$

$(\forall_0)$ $\vdash \forall x [A \rightarrow B(x)] \rightarrow \cdot A \rightarrow \forall x B(x)$

(I_1) $\vdash a \equiv a$

(I_0) $\vdash a \equiv b \rightarrow \cdot A(a) \rightarrow A(b)$

$[\rightarrow]$ 由 $A \rightarrow B$ 和 A 推出 B

$[\forall]$ 由 $A(a)$ 推出 $\forall x A(x)$

为了构造 $[\mathbf{F}^{I}]$ 的有穷系统，我们要在 $[\mathbf{F}^{I}]$ 中增加命题词，使之成为 $[\mathbf{F}^{pI}]$，它的形式公理模式和形式推理规则与 $[\mathbf{F}^{I}]$ 的相同.

然后把上述形式公理模式改为以下的单独的形式公理：

$\vdash p \to (q \to p)$

$\vdash p \to (p \to q) \cdot \to \cdot p \to q$

$\vdash p \to q \cdot \to \cdot (q \to r) \to (p \to r)$

$\vdash (p \to \neg q) \to (q \to \neg p)$

$\vdash \neg p \to (p \to q)$

$\vdash (p \to \neg p) \to q \cdot \to \cdot (p \to q) \to q$

$\vdash \forall x F(x) \to F(a)$

$\vdash \forall x [p \to F(x)] \to \cdot p \to \forall x F(x)$

$\vdash a = a$

$\vdash a = b \to \cdot F(a) \to F(b)$

其中的 p，q，r，a，b，x，F 是任意选择的特定的命题词，个体词，约束变元和谓词．推理规则除原有的 [→] 和 [∀] 两条外，再加进个体词代入规则(即个体词代入定理)，约束变元替换规则(即约束变元替换定理)，命题词代入规则(即命题词代入定理)以及谓词代入规则(即谓词代入定理)．因为在 [F^{pI}] 中没有函数词，故不需要加进函数词代入规则．这样改变后的系统与原来的系统是等价的．

第四章　可靠性和完备性[1)]

构造逻辑演算是为了通过研究其中的形式推理以研究非形式的演绎推理. 因此,我们一方面要求,凡是形式推理所反映的前提与结论之间的关系,在演绎推理中应当都是成立的(这是形式推理的可靠性,即形式推理与演绎推理是一致的,形式推理可靠地反映了演绎推理,它没有超出后者的范围);另一方面我们要求,凡是在演绎推理中成立的前提与结论之间的关系,形式推理应当都能反映(这是形式推理的完备性,即形式推理在反映演绎推理时并无遗漏).

在本章中首先要定义赋值的概念(§40);在赋值概念的基础上定义合式公式的恒真性(也称为有效性)和可真性(也称为可满足性)以及逻辑推论的概念,并且说明什么是形式推理的可靠性和完备性(§41);然后证明可靠性定理(§42)和完备性定理(§43—§46),以及有关的紧致性定理和勒文海姆–斯柯伦定理(§47). 本章在最后还要研究自然推理系统中形式推理规则的独立性和重言式系统中形式公理和推理规则的独立性问题(§48).

§40　赋　　值

我们在绪论(§01和§02)中讲过给逻辑演算中的形式符号和合式公式以解释的问题. 经过解释,合式公式成为命题. 本章所要讲的赋值就是绪论中讲过的解释[2)]. 当把合式公式解释为真命

1) 也称为"完全性". 本书上册的序和§22中的"完全性"应改为"完备性".

2) 在本书中,"解释"和"赋值"是同一个概念的两个不同的名称. "解释"是逻辑学名词,用于符号和公式;"赋值"则是数学名词,可以用于符号和公式,也可以用于其他的数学对象. 我们在本章中要给出这个概念的数学定义,故在这里用"赋值",而在绪论中用"解释".

题时，我们说**赋以真值**；当解释为假命题时，我们说**赋以假值**．给合式公式以赋值，就是赋以真值或假值．

赋值总是在一个不空的个体域中进行的．

我们还讲过命题词，个体词，函数词，和谓词统称为**指词**，因为当给以解释时，它们都是有所指称的．

在本节中我们要给出“赋值”的数学定义．为此，先要作一些直观的说明和规定．

我们曾令英文斜体大写字母 A，B 等表示任意的命题，又表示任意的属性或关系．给定不空的个体域 S． 设 $\alpha_1, \cdots, \alpha_n$ 是 S 中的元素，A 是 S 中元素之间的 n 元关系．那么，$A(\alpha_1, \cdots, \alpha_n)$ 是一个命题，它说 $\alpha_1, \cdots, \alpha_n$ 之间有 A 关系．因此，我们令 A 既表示命题，又表示关系．

我们自然可以令

$$1)\quad A(\alpha_1, \cdots, \alpha_n) = \begin{cases} \mathrm{t} & \text{如果 } A(\alpha_1, \cdots, \alpha_n) \text{ 是真命题} \\ \mathrm{f} & \text{否则} \end{cases}$$

设 $x_1, \cdots, x_n$ 是取不空的个体域 S 中元为值的变元，A 是 S 中元之间的 n 元关系．我们说过(见 § 15)，$A(x_1, \cdots, x_n)$ 不是命题而是命题函数． 当 $x_1, \cdots, x_n$ 取 S 中元为值时，根据 1)，命题函数 $A(x_1, \cdots, x_n)$ 的值就确定为 t 或 f，二者必居其一． 这样，$A(x_1, \cdots, x_n)$ 是一个以 S^n (S 的 n 次笛卡儿乘积) 为定义域，以 $\{\mathrm{t}, \mathrm{f}\}$ 为值域的 n 元函数，它称为 S 中的 (n 元) **命题函数**．

命题函数，同一般的函数一样，可以是零元的，这就是值域中的常元．因此，零元的命题函数只有两个，即 t 和 f．这一点可以像下面这样来加以说明． 设 $A_n(x_1, \cdots, x_n)$ 是 S 中的 n 元命题函数，又令

$$A_{n-1}(x_1, \cdots, x_{n-1}) = A_n(x_1, \cdots, x_{n-1}, \alpha)$$
$$A_{n-2}(x_1, \cdots, x_{n-2}) = A_{n-1}(x_1, \cdots, x_{n-2}, \alpha)$$
$$\vdots$$
$$A_2(x_1, x_2) = A_3(x_1, x_2, \alpha)$$

$$A_1(x_1) = A_2(x_1, \alpha)$$
$$A = A_1(\alpha)$$
其中的 α 是 S 中的元. 那么 $A_{n-1}, A_{n-2}, \cdots, A_2, A_1, A$ 分别是 S 中的 $n-1$ 元, $n-2$ 元, $\cdots$, 2 元, 1 元, 0 元的命题函数, 而 A 就是 t 或 f.

下面我们要作一些使用符号的规定. 给定不空的个体域 S. 我们以希腊文小写字母(或加下添标)
$$\alpha, \beta, \gamma, \alpha_i, \beta_i, \gamma_i \quad (i = 1, 2, 3, \cdots)$$
表示 S 中的任意的元. 以英文斜体小写字母(或加下添标)
$$x, y, z, x_i, y_i, z_i \quad (i = 1, 2, 3, \cdots)$$
表示以 S 中元为变域的变元. 令德文花体小写字母 u 表示不属于 S 的元. 以英文斜体小写字母(或加下添标)
$$f, g, h, f_i, g_i, h_i \ (i = 1, 2, 3, \cdots)$$
表示任意的由 $(S \cup \{\mathfrak{u}\})^n$ (即 $S \cup \{\mathfrak{u}\}$ 的 n 次笛卡儿乘积)到 $S \cup \{\mathfrak{u}\}$ 的 n 元函数 $(n > 0)$, 使得, 当 $\alpha_1, \cdots, \alpha_n$ 中有 u 出现时, 恒有 $f(\alpha_1, \cdots, \alpha_n) = \mathfrak{u}$. 当需要指明是 n 元函数时, 可以在右上角写上 n, 例如 f^n. 又以英文斜体大写字母(或加下添标)
$$F, G, H, F_i, G_i, H_i \quad (i = 1, 2, 3, \cdots)$$
表示任意的 $S \cup \{\mathfrak{u}\}$ 中的 n 元命题函数 $(n > 0)$, 使得, 当 $\alpha_1, \cdots, \alpha_n$ 中有 u 出现时, 恒有 $F(\alpha_1, \cdots, \alpha_n) = \mathfrak{f}$. 当需要指明是 n 元命题函数时, 可以在右上角写上 n, 例如 F^n.

我们还特别以英文斜体大写字母
$$I$$
表示 $S \cup \{\mathfrak{u}\}$ 中的这样一个二元命题函数, 使得, $I(\alpha, \beta) = \mathfrak{t}$, 当且仅当, $\alpha = \beta$ 并且 α, β 都属于 S.

我们还以英文斜体大写字母(或加下添标)
$$A, B, C, A_i, B_i, C_i \ (i = 1, 2, 3, \cdots)$$
表示任意的 $S \cup \{\mathfrak{u}\}$ 中的命题函数.

u 是表示无定义的. 当 $\alpha_1, \cdots, \alpha_n \in S$ 而 f 在 $(\alpha_1, \cdots, \alpha_n)$ 无定义即 $f(\alpha_1, \cdots, \alpha_n)$ 无定义时, 我们令

2) $$f(\alpha_1, \cdots, \alpha_n) = \mathfrak{u}$$

因此，如果有 $\alpha_1, \cdots, \alpha_n \in S$，使得 2) 成立，则 f 是 S 中的偏函数. 当 $\alpha_1, \cdots, \alpha_n$ 中有 u 时，2) 总是成立的，这时我们也说 $f(\alpha_1, \cdots, \alpha_n)$ 无定义.

如果 f 是 S 中的全函数，则对于任何 $\alpha_1, \cdots, \alpha_n \in S$，恒有 $f(\alpha_1, \cdots, \alpha_n) \in S$，因而 2) 恒不成立. 因此 S 中的 n 元全函数 f 是由 S^n 到 S 的函数，与 u 无关.

由此可见，上面的 f, g, h 等可以是 S 中的全函数或者是偏函数.

定义 40.1（拟逻辑词） 给定不空的个体域 S. 下面将定义的

$$\sim, \curlywedge, \curlyvee, \rightharpoonup, \leftrightharpoons, \langle x\rangle_S, \langle \ni x\rangle_S$$

称为**拟逻辑词.**

$\sim, \curlywedge, \curlyvee, \rightharpoonup, \leftrightharpoons$ 是以 {t,f} 为定义域和值域的函数，其中的 $\sim$ 是一元函数，其余四个都是二元函数，定义如下.

[1] $\sim \mathrm{t} = \mathrm{f}$

$\sim \mathrm{f} = \mathrm{t}$

[2] $u \curlywedge v = \begin{cases} \mathrm{t} & \text{如果 } u = v = \mathrm{t} \\ \mathrm{f} & \text{否则} \end{cases}$

[3] $u \curlyvee v = \begin{cases} \mathrm{f} & \text{如果 } u = v = \mathrm{f} \\ \mathrm{t} & \text{否则} \end{cases}$

[4] $u \rightharpoonup v = \begin{cases} \mathrm{f} & \text{如果 } u = \mathrm{t}, v = \mathrm{f} \\ \mathrm{t} & \text{否则} \end{cases}$

[5] $u \leftrightharpoons v = \begin{cases} \mathrm{t} & \text{如果 } u = v \\ \mathrm{f} & \text{否则} \end{cases}$

$\langle x\rangle_S$ 和 $\langle \ni x\rangle_S$ 是两个算子. 设 $A(x)$ 是 S 中的任何一元命题函数，则 $\langle x\rangle_S A(x)$ 和 $\langle \ni x\rangle_S A(x)$ 都是命题，定义如下.

[6] $\langle x\rangle_S A(x) = \begin{cases} \mathrm{t} & \text{如果所有 } \alpha \in S, A(\alpha) = \mathrm{t} \\ \mathrm{f} & \text{否则} \end{cases}$

[7] $\langle \ni x\rangle_S A(x) = \begin{cases} \mathrm{t} & \text{如果存在 } \alpha \in S, A(\alpha) = \mathrm{t} \\ \mathrm{f} & \text{否则} \end{cases}$

设 $A(x_1, \cdots, x_n)$ 是 S 中的 n 元命题函数 $(n \geqslant 1)$，则 $\langle x_i \rangle_S A(x_1, \cdots, x_n)$ 和 $\langle \partial x_i \rangle_S A(x_1, \cdots, x_n)$ 分别是 S 中的 $n-1$ 元命题函数 $A_1(x_1, \cdots, x_{i-1}, x_{i+1}, \cdots, x_n)$ 和 $A_2(x_1, \cdots, x_{i-1}, x_{i+1}, \cdots, x_n)(i = 1, \cdots, n)$，定义如下．令 $\alpha_1, \cdots, \alpha_{i-1}, \alpha_{i+1}, \cdots, \alpha_n$ 是 S 中的任何元素，那么

$$
\begin{aligned}
&A_1(\alpha_1, \cdots, \alpha_{i-1}, \alpha_{i+1}, \cdots, \alpha_n)\\
&= \langle x_i \rangle_S A(\alpha_1, \cdots, \alpha_{i-1}, x_i, \alpha_{i+1}, \cdots, \alpha_n)\\
&= \begin{cases} \mathrm{t} & \text{如果所有 } \beta \in S,\ A(\alpha_1, \cdots, \alpha_{i-1}, \beta, \alpha_{i+1}, \cdots, \alpha_n) = \mathrm{t} \\ \mathrm{f} & \text{否则} \end{cases}
\end{aligned}
$$

$$
\begin{aligned}
&A_2(\alpha_1, \cdots, \alpha_{i-1}, \alpha_{i+1}, \cdots, \alpha_n)\\
&= \langle \partial x_i \rangle_S A(\alpha_1, \cdots, \alpha_{i-1}, x_i, \alpha_{i+1}, \cdots, \alpha_n)\\
&= \begin{cases} \mathrm{t} & \text{如果存在 } \beta \in S,\ A(\alpha_1, \cdots, \alpha_{i-1}, \beta, \alpha_{i+1}, \cdots, \alpha_n) = \mathrm{t} \\ \mathrm{f} & \text{否则} \end{cases}
\end{aligned}
$$

此外，我们令

$$\langle x_1 \cdots x_n \rangle_S =_{\mathrm{df}} \langle x_1 \rangle_S \cdots \langle x_n \rangle_S.$$

$$\langle \partial x_1 \cdots x_n \rangle_S =_{\mathrm{df}} \langle \partial x_1 \rangle_S \cdots \langle \partial x_n \rangle_S$$

定义 40.2（赋值） 给定不空的个体域 S．以所有的指词，项形式，和命题形式所构成的集为定义域的函数 φ 称为 S 中的**赋值函数**，简称为 S 中的**赋值**，如果它满足以下的条件 [1]—[3]:

[1] 指词

(1) $\varphi(\mathrm{p}) \in \{\mathrm{t}, \mathrm{f}\}$

(2) $\varphi(\mathrm{a}) = \alpha$

(3) $\varphi(\mathrm{f}^n) = f^n$，其中的 f^n，当 f^n 是 $\mathrm{F}^{\mathrm{p}*}$（包括它的子系统）中的函数词时，是 S 中的全函数

(4) $\varphi(\mathrm{F}^n) = F^n$

(5) $\varphi(\mathrm{I}) = I$

[2] 项形式

(1) $\varphi(\mathrm{x}) = x$

(2) $\varphi(\mathrm{f}(a_1, \cdots, a_n)) = f(\varphi(a_1), \cdots, \varphi(a_n))$，其中的 $f = \varphi(\mathrm{f})$

[3] 命题形式

(1) $\varphi(F(a_1, \cdots, a_n)) = F(\varphi(a_1), \cdots, \varphi(a_n))$，其中的 $F = \varphi(F)$

(2) $\varphi(\neg A) = \sim\varphi(A)$

(3) $\varphi(A \wedge B) = \varphi(A) \curlywedge \varphi(B)$

(4) $\varphi(A \vee B) = \varphi(A) \curlyvee \varphi(B)$

(5) $\varphi(A \rightarrow B) = \varphi(A) \rightharpoonup \varphi(B)$

(6) $\varphi(A \longleftrightarrow B) = \varphi(A) \leftrightharpoons \varphi(B)$

(7) $\varphi(\forall x A(x)) = \langle x \rangle_S A(x)$，其中的 $A = \varphi(A)$

(8) $\varphi(\exists x A(x)) = \langle \partial x \rangle_S A(x)$，其中的 $A = \varphi(A)$

我们说 t 或 f 是 φ 给 p 所赋的值．当 $\varphi(a) = \alpha$，$\varphi(f) = f$，$\varphi(F) = F$，$\varphi(A) = A$ 时，我们说 α，f，F，A 分别是 φ 给 a，f，F，A 所赋的值．I 是 φ 给 I 所赋的值．

定义 40.2 的 [3] (7) 和 (8) 中的

$$A = \varphi(A)$$

需要加以说明．设其中的 A(x) 是一元命题形式

$$A(x) = G(a, b, x) \wedge \exists y H(x, y)$$

x 是其中的未经约束的约束变元；又令 $\varphi(a) = \alpha$，$\varphi(b) = \beta$，$\varphi(G) = G$，$\varphi(H) = H$．那么，根据定义 40.2，

$$\begin{aligned}\varphi(A(x)) &= \varphi(G(a, b, x) \wedge \exists y H(x, y)) \\ &= \varphi(G(a, b, x)) \curlywedge \varphi(\exists y H(x, y)) \\ &= G(\alpha, \beta, x) \curlywedge \langle \partial y \rangle_S H(x, y)\end{aligned}$$

这是一个 S 中的一元命题函数，它可以表示为 $A(x)$，就是说，可以令

$$A(x) = G(\alpha, \beta, x) \curlywedge \langle \partial y \rangle_S H(x, y)$$

其中的 A 是 S 中个体的一个性质．因此，A(x) 可以被看作相当于由某个一元谓词 F 构成的一元原子命题形式 F(x)，而 A 就相当于一元谓词 F．这样，$\varphi(A) = A$ 就相当于定义 40.2 中的 $\varphi(F) = F$．

又例如令 A(x, y) 是二元命题形式：

$$A(x, y) = G(a, b, x) \vee \exists z H(y, z)$$

x 和 y 是其中的未经约束的约束变元；令 φ 仍然是上面的那个赋值．那么

$$\varphi(A(x, y)) = \varphi(G(a, b, x) \vee \exists z H(y, z))$$
$$= G(\alpha, \beta, x) \curlyvee \langle \exists z \rangle_S H(y, z)$$

这是 S 中的二元命题函数，它可以表示为 $A(x, y)$，就是说，可以令

$$A(x, y) = G(\alpha, \beta, x) \curlyvee \langle \exists z \rangle_S H(y, z)$$

其中的 A 是 S 中的一个二元关系．因此，A(x, y) 可以被看作相当于由某个二元谓词 F 构成的二元原子命题形式 F(x, y)，而 A 就相当于二元谓词 F．这样，$\varphi(A) = A$ 也就相当于 $\varphi(F) = F$．

一般地，当 $A(x_1, \cdots, x_n)$ 是 n 元命题形式时，情况是类似的．$A(x_1, \cdots, x_n)$ 可以被看作相当于由某个 n 元谓词 F 构成的 n 元原子命题形式 $F(x_1, \cdots, x_n)$，而 A 就相当于 n 元谓词 F．这时，如果令 $\varphi(A) = A$，那么根据定义 40.2 中的 [2] (1) 和 [3] (1)，可得

$$\varphi(A(x_1, \cdots, x_n)) = A(x_1, \cdots, x_n)$$

其中的 A 是 S 中的一个 n 元关系．

定义 40.2 中的赋值是针对 $\mathbf{F}^{p*}$ 和 $\mathbf{F}^{p*l}$ 以及它们的子系统的．有些逻辑演算有定义 40.2 中所没有的符号，例如 $\mathbf{P}^{f}$ 中有 f，$\mathbf{P}^{|}$ 中有 | 等．我们可以令

$$\varphi(f) = f$$
$$\varphi(A|B) = \sim(\varphi(A) \wedge \varphi(B))$$

上面第一个等式中等号左方的 f 是 $\mathbf{P}^{f}$ 中的命题常元，右方的 f 则是假值．这样就可以作出关于 $\mathbf{P}^{f}$ 和 $\mathbf{P}^{|}$ 中的赋值的定义．

对于命题逻辑来说，“赋值”定义中的不空个体域 S 是用不到的，因为命题逻辑中没有个体词．所以，对于命题逻辑，我们只说 φ 是赋值而不说 φ 是 S 中的赋值．

设 φ 是不空个体域 S 中的赋值，a 和 b 分别是 $\mathbf{F}^{p*}$ 和 $\mathbf{F}^{p*l}$ 中的 n 元项形式，A 和 B 分别是 $\mathbf{F}^{p*}$ 和 $\mathbf{F}^{p*l}$ 中的 n 元命题形式．根

据定义 40.2，$\varphi(a)$ 是由 S^n 到 S 的 n 元函数，$\varphi(b)$ 是由 $(S\cup\{u\})^n$ 到 $S\cup\{u\}$ 的 n 元函数，$\varphi(A)$ 是 S 中的 n 元命题函数，$\varphi(B)$ 是 $S\cup\{u\}$ 中的 n 元命题函数.

定理 40.1 任何不空个体域 S 中的赋值 φ 和合式公式 A，$\varphi(A)\in\{t, f\}$. ‖

定理 40.2 任何不空个体域 S 中的赋值 φ 和 ψ，任何 A，如果 φ 和 ψ 对于 A 中指词都赋以相同的值，则 $\varphi(A)=\psi(A)$. ‖

定理 40.3 给定任何 A 和有相同基数的不空个体域 S 和 S'. 对于 S 中的任何赋值 φ，有 S' 中的赋值 φ'，使得 $\varphi(A)=\varphi'(A)$. ‖

定理 40.3 说明，赋值中的个体域只与它的基数有关，与它有怎样的元是无关的.

例 1 设 $A = p\to r\cdot\to\cdot(q\to r)\to(p\vee q\to r)$，$\varphi$ 是任意的赋值，则恒有 $\varphi(A)=t$. 如果 $\varphi(A)\neq t$，则

$$\varphi(A)=[\varphi(p)\rightharpoonup\varphi(r)]\rightharpoonup[[\varphi(q)\rightharpoonup\varphi(r)]\rightharpoonup [\varphi(p)\curlyvee\varphi(q)\rightharpoonup\varphi(r)]]=f$$

于是有

(1) $$\varphi(p)\rightharpoonup\varphi(r)=t$$

(2) $$\varphi(q)\rightharpoonup\varphi(r)=t$$

(3) $$\varphi(p)\curlyvee\varphi(q)=t$$

(4) $$\varphi(r)=f$$

由 (3)，$\varphi(p)$ 和 $\varphi(q)$ 中必有 t，这样，又由 (4)，(1) 和 (2) 不能都成立，于是得出矛盾，故 $\varphi(A)=t$.

例 2 设 $A=\forall x\exists yF(x, y)\to\exists y\forall xF(x, y)$，$N$ 是自然数集[1)]，φ 和 φ_1 都是 N 赋值，$\varphi(F)=F$，$\varphi_1(F)=F_1$，使得，任何 x，$y\in N$，

$$F(x, y)，当且仅当，x\geqslant y$$

$$F_1(x, y)，当且仅当，x<y$$

那么显然有

1) 今后我们总是令 N 是所有自然数构成的集.

$$\varphi(\mathrm{A}) = \langle x\rangle_N\langle \partial y\rangle_N F(x, y) \to \langle \partial y\rangle_N\langle x\rangle_N F(x, y) = \mathrm{t}$$

$$\varphi_1(\mathrm{A}) = \langle x\rangle_N\langle \partial y\rangle_N F_1(x, y) \to \langle \partial y\rangle_N\langle x\rangle_N F_1(x,y) = \mathrm{f}$$

因为 $\langle x\rangle_N\langle \partial y\rangle_N F(x, y)$，$\langle \partial y\rangle_N\langle x\rangle_N F(x, y)$，$\langle x\rangle_N\langle \partial y\rangle_N F_1(x, y)$ 的值都是 t，而 $\langle \partial y\rangle_N\langle x\rangle_N F_1(x,y)$ 的值是f.

例 3 设 $\mathrm{A} = \mathrm{F}(\mathrm{f}(\mathrm{g}(\mathrm{a}, \mathrm{b})))$，$\varphi$ 是 N 赋值，$\varphi(\mathrm{a}) = 2$，$\varphi(\mathrm{b}) = 3$，$\varphi(\mathrm{f}) = f$，$\varphi(\mathrm{g}) = g$，$\varphi(\mathrm{F}) = F$，其中 f 是一元函数，使得

$$f(\alpha) = \begin{cases} 5 & \text{如果 } \alpha \text{ 是奇数} \\ \text{无定义} & \text{否则} \end{cases}$$

g 是二元函数，使得 $g(\alpha, \beta) = \alpha^\beta$，$F$ 是一元命题函数，使得，$F(\alpha) = \mathrm{t}$ 当且仅当 α 是素数. 这样，

$$\begin{aligned} \varphi(\mathrm{f}(\mathrm{g}(\mathrm{a}, \mathrm{b}))) &= f(g(\varphi(\mathrm{a}), \varphi(\mathrm{b}))) \\ &= f(g(2, 3)) = f(8) = \mathrm{u} \end{aligned}$$

因此 $\varphi(\mathrm{A}) = F(\mathrm{u}) = \mathrm{f}$. 若 $\varphi(\mathrm{a}) = 3$，$\varphi(\mathrm{b}) = 2$，则 $\varphi(\mathrm{f}(\mathrm{g}(\mathrm{a}, \mathrm{b}))) = 5$，因而 $\varphi(\mathrm{A}) = F(5) = \mathrm{t}$.

习　题

40.1 证明，任何赋值 φ，对于以下各合式公式 A，都有 $\varphi(\mathrm{A}) = \mathrm{t}$（注意各个 A 都是重言式）:

[1] $\mathrm{A} = (\mathrm{B}\to\mathrm{C})\to\mathrm{B}_1{\blacksquare}\to{\blacksquare}(\mathrm{B}\to\mathrm{B}_1)\to\mathrm{B}_1$

[2] $\mathrm{A} = (\mathrm{B}\to\mathrm{C})\to\mathrm{B}_1{\blacksquare}\to{\blacksquare}(\mathrm{B}_1\to\mathrm{B})\to(\mathrm{C}_1\to\mathrm{B})$

[3] $\mathrm{A} = \mathrm{B}\to{\blacksquare}\mathrm{C}\leftrightarrow\mathrm{B}\wedge\mathrm{C}$

[4] $\mathrm{A} = \mathrm{B}\vee\mathrm{C}\leftrightarrow(\mathrm{B}\to\mathrm{C})\to\mathrm{C}$

[5] $\mathrm{A} = (\mathrm{B}_1\leftrightarrow\mathrm{C}_1)\wedge(\mathrm{B}_2\leftrightarrow\mathrm{C}_2)\to(\mathrm{B}_1\wedge\mathrm{B}_2\leftrightarrow\mathrm{C}_1\wedge\mathrm{C}_2)$

[6] $\mathrm{A} = \mathrm{B}\leftrightarrow(\mathrm{C}\to\neg\mathrm{B}_1)\to\neg\mathrm{B}{\blacksquare}\to\mathrm{B}_1$

[7] $\mathrm{A} = \forall x\mathrm{B}(x)\to\mathrm{C}\leftrightarrow\exists x[\mathrm{B}(x)\to\mathrm{C}]$

[8] $\mathrm{A} = \exists x\mathrm{B}(x)\to\mathrm{C}\leftrightarrow\forall x[\mathrm{B}(x)\to\mathrm{C}]$

[9] $\mathrm{A} = \forall x[\mathrm{B}(x)\wedge\mathrm{C}(x)]\leftrightarrow\forall x\mathrm{B}(x)\wedge\forall x\mathrm{C}(x)$

[10] $\mathrm{A} = \exists x[\mathrm{B}(x)\wedge\mathrm{C}(x)]\to\exists x\mathrm{B}(x)\wedge\exists x\mathrm{C}(x)$

[11] $\mathrm{A} = \exists x[\mathrm{B}(x)\vee\mathrm{C}(x)]\leftrightarrow\exists x\mathrm{B}(x)\vee\exists x\mathrm{C}(x)$

[12] $\mathrm{A} = \forall x\mathrm{B}(x)\vee\forall x\mathrm{C}(x)\to\forall x[\mathrm{B}(x)\vee\mathrm{C}(x)]$

[13]　$A = B(a) \wedge \neg B(b) \to a \equiv b$

[14]　$A = B(a) \leftrightarrow \forall x[a \equiv x \to B(x)]$

[15]　$A = B(a) \leftrightarrow \exists x[a \equiv x \wedge B(x)]$

[16]　$A = \exists ! x B(x) \leftrightarrow \exists x \forall y[B(y) \leftrightarrow y \equiv x]$

40.2　证明，任何赋值 φ，对以下的各对 Γ 和 A，都有 $\varphi(\Gamma) = t \Longrightarrow \varphi(A) = t$（$\varphi(\Gamma) = t$ 的意思是：任何 $B \in \Gamma$，都有 $\varphi(B) = t$；注意对于以下各对 Γ 和 A，都有 $\Gamma \vdash A$ 成立）：

[1]　$\Gamma = \neg B \to (B_1 \to C),\ B \to \neg B_1,\ C \to \neg C_1$

$A = C_1 \to \neg B_1$

[2]　$\Gamma = \neg B \to B_1,\ C \to (B \to \neg C_1),\ \neg(C_1 \to B_1)$

$A = \neg(\neg B_1 \to C)$

[3]　$\Gamma = C \to \cdot B \to (\neg B_1 \to C_1),\ (B \to \neg C) \to B_1$

$A = \neg B_1 \to C_1$

[4]　$\Gamma = C \to \cdot \neg B_1 \to (\neg C_1 \to B_1),\ B \to B_1,\ \neg B \to C$

$A = \neg B_1 \to C_1$

[5]　$\Gamma = B \to (\neg A_1 \to C),\ B_1 \to C_1,\ C \to \neg C_2,\ \neg B_1 \to B,$

$\neg C_2 \to (\neg A_1 \to B_1),\ A_1 \to \neg B$

$A = C_1$

[6]　$\Gamma = B \vee (B_1 \to C),\ B \to \neg B_1,\ \neg(C \wedge C_1)$

$A = \neg C_1 \vee \neg B_1$

[7]　$\Gamma = B_1 \to (B \to C)$

$A = B \leftrightarrow B \wedge (B_1 \leftrightarrow B_1 \wedge C)$

[8]　$\Gamma = C \to B_1 \vee (\neg C_1 \to B_1),\ \neg(B \wedge \neg B_1),\ B \vee C$

$A = \neg B_1 \to C_1$

[9]　$\Gamma = \forall x[B(x) \to C(x)],\ \exists x B(x)$

$A = \exists x[B(x) \wedge C(x)]$

[10]　$\Gamma = \forall x[B(x) \to C(x) \vee D(x)]$

$A = \forall x[B(x) \to C(x)] \vee \exists x[B(x) \wedge D(x)]$

[11]　$\Gamma = \exists xy[B(x) \wedge C(x, y)]$

$A = \exists x[B(x) \wedge \exists y C(x, y)]$

[12]　$\Gamma = \exists x[\exists y[B(x, y) \wedge C(y)] \wedge B_1(x)]$

$A = \exists y[\exists x[B(x, y) \wedge B_1(x)] \wedge C(y)]$

[13]　在 $\mathbf{F}^{*1}$ 中，

$\Gamma = \forall x[a \equiv x \rightarrow B(x)], E!a$

$A = B(a)$

[14] 在 $F^{*!}$ 中，

$\Gamma = B(a), E!a$

$A = \exists x[a \equiv x \wedge B(x)]$

40.3 构造赋值 φ 和 φ'，使得，对于以下各合式公式 A，$\varphi(A) = t$，$\varphi'(A) = f$：

[1] $A = B \wedge C \leftrightarrow (B \leftrightarrow C)$

[2] $A = (B \rightarrow C) \rightarrow (C \rightarrow B)$

[3] $A = B \wedge C \rightarrow B_1 \leftrightarrow (B \rightarrow B_1) \wedge (C \rightarrow B_1)$

[4] $A = B \vee C \rightarrow B_1 \leftrightarrow (B \rightarrow B_1) \vee (C \rightarrow B_1)$

[5] $A = \forall x \exists y B(x, y) \rightarrow \exists y \forall x B(x, y)$

[6] $A = \forall x[B(x) \vee C(x)] \rightarrow \forall x B(x) \vee \forall x C(x)$

[7] $A = \exists x B(x) \wedge \exists x C(x) \rightarrow \exists x[B(x) \wedge C(x)]$

[8] $A = \forall x B(x) \rightarrow C \leftrightarrow \forall x[B(x) \rightarrow C]$

[9] $A = \exists x B(x) \rightarrow C \leftrightarrow \exists x[B(x) \rightarrow C]$

[10] $A = B \rightarrow \forall x C(x) \leftrightarrow \exists x[B \rightarrow C(x)]$

[11] $A = B \rightarrow \exists x C(x) \leftrightarrow \forall x[B \rightarrow C(x)]$

[12] $A = \forall x[B_1(x) \leftrightarrow C_1(x)] \wedge \forall x[B_2(x) \leftrightarrow C_2(x)] \leftrightarrow \forall x[B_1(x) \wedge B_2(x) \leftrightarrow C_1(x) \wedge C_2(x)]$

40.4 证定理 40.2.

40.5 证定理 40.3.

§41 恒真性和可真性

为了说明什么是逻辑演算的可靠性和完备性，我们还需要在赋值概念的基础上定义恒真性和可真性[1]两个重要概念.

定义 41.1（恒真性） A 在不空个体域 S 中是**恒真的**，当且仅当，任何 S 中的赋值 φ，$\varphi(A) = t$.

1) 恒真性一词的英文是 validity，原意是有效性；可真性的英文是 satisfiability，原意是可满足性. 考虑到这两个概念的涵义，故采用上面的名词.

A是**恒真的**，当且仅当，A在任何不空个体域S中都是恒真的.

定义 41.2（可真性） A在不空个体域S中是**可真的**，当且仅当，存在S中的赋值φ，使得$\varphi(A)=t$.

A是**可真的**，当且仅当，存在不空个体域S，使得A在S中是可真的.

设$\mathfrak{A}$是合式公式的(有穷或无穷)集，φ是不空个体域S中的赋值. 我们令

$$\varphi(\mathfrak{A})=\begin{cases} t & \text{如果,任何 } A\in\mathfrak{A},\ \varphi(A)=t \\ f & \text{否则} \end{cases}$$

对于空集或空序列$\varnothing$，恒有$\varphi(\varnothing)=t$，因为$A\in\varnothing$永远是假的.

定义 41.3（一起可真性） 合式公式集$\mathfrak{A}$中的公式在不空个体域S中是**一起可真的**，当且仅当，有S中的赋值φ，使得$\varphi(\mathfrak{A})=t$.

$\mathfrak{A}$中公式是**一起可真的**，当且仅当，有不空个体域S，使得$\mathfrak{A}$中公式在S中是一起可真的.

显然，一起可真的合式公式中的每一个公式都是可真的；但是若干个可真公式不一定是一起可真的.

例 1 $\forall x\exists yF(x,y)\to\exists y\forall xF(x,y)$在$N$中是可真的，但不是恒真的(参看§40 例2).

例 2 $\exists x\forall yF(x,y)\to\forall y\exists xF(x,y)$是恒真的.

例 3 $\exists xF(x)\wedge\exists x\neg F(x)$在仅有一个元的个体域中不是可真的.

给定合式公式集$\mathfrak{A}$和不空个体域S中的赋值φ. 当$\varphi(\mathfrak{A})=t$时，我们称二元组$\langle S,\varphi\rangle$为$\mathfrak{A}$(即$\mathfrak{A}$中合式公式)的**模型**. 因此，$\mathfrak{A}$在S中是一起可真的，就是说有S中的赋值φ，使得$\langle S,\varphi\rangle$是$\mathfrak{A}$的模型.

$\mathfrak{A}$是一起可真的，就是说有不空个体域S和S中的赋值φ，使得$\langle S,\varphi\rangle$是$\mathfrak{A}$的模型.

我们说模型是有穷的，无穷的，或可数无穷的，就是说其中的不空个体域是有穷的，无穷的，或可数无穷的.

如果 $\mathfrak{A}$ 有模型，则 $\mathfrak{A}$ 中所有合式公式当然都有模型；但是逆命题并不成立.

定理 41.1

[1] A 在不空个体域 S 中是恒真的，当且仅当，¬A 在 S 中不是可真的.

[2] A 是恒真的，当且仅当，¬A 不是可真的.

证 A 在 S 中是恒真的

$\Longleftrightarrow S$ 中任何赋值 φ，$\varphi(\mathrm{A}) = \mathrm{t}$

$\Longleftrightarrow S$ 中任何赋值 φ，$\varphi(\neg \mathrm{A}) = \mathrm{f}$

$\Longleftrightarrow$ ¬A 在 S 中不是可真的

这就证明了 [1].

由 [1] 根据定义 41.1 和 41.2，可以证明 [2]. ||

定理 41.2

[1] A 在不空个体域 S 中是可真的，当且仅当，¬A 在 S 中不是恒真的.

[2] A 是可真的，当且仅当，¬A 不是恒真的.

证 A 在 S 中是可真的

$\Longleftrightarrow$ 有 S 中赋值 φ，使得 $\varphi(\mathrm{A}) = \mathrm{t}$

$\Longleftrightarrow$ 有 S 中赋值 φ，使得 $\varphi(\neg \mathrm{A}) = \mathrm{f}$

$\Longleftrightarrow$ ¬A 在 S 中不是恒真的

这就证明了 [1].

由 [1] 根据定义 41.1 和 41.2，可以证明 [2]. ||

定理 41.3

[1] $\mathrm{A}(\mathrm{a}_1, \cdots, \mathrm{a}_n)$ 在不空个体域 S 中是可真的，当且仅当，$\exists \mathrm{x}_1, \cdots \mathrm{x}_n \mathrm{A}(\mathrm{x}_1, \cdots, \mathrm{x}_n)$ 在 S 中是可真的.

[2] $\mathrm{A}(\mathrm{a}_1, \cdots, \mathrm{a}_n)$ 是可真的，当且仅当，$\exists \mathrm{x}_1 \cdots \mathrm{x}_n \mathrm{A}(\mathrm{x}_1, \cdots, \mathrm{x}_n)$ 是可真的.

证 我们只证明 $n = 1$ 的情形，在一般情形下定理的证明是类似的.

设 A(a) 在 S 中是可真的,即有 S 中的赋值 φ,使得 $\varphi(\mathrm{A}(\mathrm{a}))=\mathrm{t}$. 令 $\varphi(\mathrm{A})=A$, 可得 $A(\varphi(\mathrm{a}))=\mathrm{t}$; 因为 $\varphi(\mathrm{a})\in S$, 故 $\langle\exists x\rangle_S A(x)=\mathrm{t}$, 这就是 $\varphi(\exists \mathrm{x}\mathrm{A}(\mathrm{x}))=\mathrm{t}$,因此 $\exists$xA(x) 在 S 中是可真的,这就证明了条件是必要的.

设 $\exists$xA(x) 在 S 中是可真的, 即有 S 中的赋值 φ, 使得 $\varphi(\exists \mathrm{x}\mathrm{A}(\mathrm{x}))=\mathrm{t}$. 令 $\varphi(\mathrm{A})=A$,则 $\varphi(\exists \mathrm{x}\mathrm{A}(\mathrm{x}))=\langle\exists x\rangle_S A(x)=\mathrm{t}$, 即有 $\alpha\in S$, 使得 $A(\alpha)=\mathrm{t}$. 构造 S 中的赋值 ψ, 使得 $\psi(\mathrm{a})=\alpha$, 并且 ψ 给 a 以外的所有指词所赋的值都与 φ 所赋的值相同. 这样,由于 a 是与 A 无关的,故 $\psi(\mathrm{A})=\varphi(\mathrm{A})=A$, 因此 $\psi(\mathrm{A}(\mathrm{a}))=A(\psi(\mathrm{a}))=A(\alpha)=\mathrm{t}$. 所以 A(a) 在 S 中是可真的, 这就证明了条件是充分的,从而证明了 [1].

[2] 可以根据定义 41.2 由 [1] 得到证明. ||

定理 41.4

[1] $\mathrm{A}(\mathrm{a}_1,\cdots,\mathrm{a}_n)$ 在不空个体域 S 中是恒真的, 当且仅当, $\forall \mathrm{x}_1\cdots\mathrm{x}_n\mathrm{A}(\mathrm{x}_1,\cdots,\mathrm{x}_n)$ 是在 S 中是恒真的.

[2] $\mathrm{A}(\mathrm{a}_1,\cdots,\mathrm{a}_n)$ 是恒真的, 当且仅当, $\forall \mathrm{x}_1\cdots\mathrm{x}_n\mathrm{A}(\mathrm{x}_1,\cdots,\mathrm{x}_n)$ 是恒真的.

证 由定理 41.1 和 41.3 可证明本定理. ||

定理 41.5 设 S 和 T 是不空的个体域, S 的基数不大于 T 的基数;又设合式公式 A 中没有等词出现.

[1] 如果 A 在 S 中是可真的,则 A 在 T 中也是可真的.

[2] 如果 A 在 T 中是恒真的,则 A 在 S 中也是恒真的.

证 我们选择在 F 中证明本定理.

由于 S 的基数不大于 T 的基数,我们可以取 T 的子集 S',使得 S' 与 S 有相同的基数. 作 S 与 S' 之间的一一对应, 令 S 中的元 α 与 S' 中的元 α' 互相对应.

在 S 中任意取定一个元素 α^*. 然后,对于 T 中的任何元素 β, 确定 S 中元素 β° 如下:

$$\beta^\circ = \begin{cases} \alpha & 如果\ \beta = \alpha' \in S' \\ \alpha^* & 如果\ \beta \notin S' \end{cases}$$

然后,对于 S 中的任何赋值 φ,构造 T 中赋值 φ',使它满足以下的 (1) 和 (2):

(1) 对于任何个体词 a,有 $\varphi'(a) = \varphi(a)'$.

(2) 对于任何 n 元谓词 F,如果 $\varphi(F) = F$,则 $\varphi'(F) = F'$,使得,对于 T 中任何元素 $\beta_1, \cdots, \beta_n$,有 $F'(\beta_1, \cdots, \beta_n) = F(\beta_1^\circ, \cdots, \beta_n^\circ)$.

由 (1) 显然可得 $(\varphi'(a))^\circ = \varphi(a)$.

现在要证明

(3) 对于任何 A 和任何满足 (1), (2) 的 S 中赋值 φ 和 T 中赋值 φ', $\varphi(A) = \varphi'(A)$.

(3) 的证明用归纳法,施归纳于 A 的结构.

基始: A 是 F 中的原子公式 $F(a_1, \cdots, a_n)$. 设 $\varphi(F) = F$, $\varphi'(F) = F'$,则由 (1) 和 (2) 可得

$$\begin{aligned} \varphi'(A) &= \varphi'(F(a_1, \cdots, a_n)) \\ &= F'(\varphi'(a_1), \cdots, \varphi'(a_n)) \\ &= F((\varphi'(a_1))^\circ, \cdots, (\varphi'(a_n))^\circ) \\ &= F(\varphi(a_1), \cdots, \varphi(a_n)) \\ &= \varphi(F(a_1, \cdots, a_n)) = \varphi(A) \end{aligned}$$

归纳: $A = \neg B$ 或 $B \to C$ 或 $\forall x B(x)$. 如果 $A = \neg B$,则由归纳假设,有 $\varphi(B) = \varphi'(B)$. 由此可得

$$\begin{aligned} \varphi(A) &= \varphi(\neg B) = \sim\varphi(B) \\ &= \sim\varphi'(B) = \varphi'(\neg B) \\ &= \varphi'(A) \end{aligned}$$

如果 $A = B \to C$,则由归纳假设,有 $\varphi(B) = \varphi'(B)$ 和 $\varphi(C) = \varphi'(C)$. 由此可得

$$\begin{aligned} \varphi(A) &= \varphi(B \to C) = \varphi(B) \rightharpoonup \varphi(C) \\ &= \varphi'(B) \rightharpoonup \varphi'(C) = \varphi'(B \to C) \\ &= \varphi'(A) \end{aligned}$$

如果 A = $\forall$xB(x)，则 B(x) 是由某个 B(a) 经代入而得，即 B(x) = $\mathfrak{S}_x^a$B(a)|. 现在要证明，对于任何满足 (1) 和 (2) 的 S 中赋值 φ 和 T 中赋值 φ'，有 φ($\forall$xB(x)) = φ'($\forall$xB(x)). 令 φ(B) = B，φ'(B) = B'，那么所要证明的就是

(4) $$\langle x\rangle_S B(x) = \langle x\rangle_T B'(x)$$

下面我们来证明 (4).

设 $\langle x\rangle_S B(x)$ = t. 令 β 是 T 中的任一元素，要证明

(5) $$B'(\beta) = \mathrm{t}$$

由 $\beta \in T$ 可得 $\beta^\circ \in S$. 构造 S 中的另一个赋值 ψ，使得

(6) $$\psi(\mathrm{a}) = \beta^\circ$$

并且 ψ 给 a 以外的所有指词所赋的值都与 φ 所赋的值相同. 又构造 T 中的另一个赋值 ψ'，使得

(7) $$\psi'(\mathrm{a}) = \beta$$

并且 ψ' 给 a 以外的所有指词所赋的值都与 φ' 所赋的值相同. 这样，ψ 与 ψ' 的关系显然是满足 (1) 和 (2) 的. 因此，由归纳假设，可得

(8) $$\psi(\mathrm{B(a)}) = \psi'(\mathrm{B(a)})$$

又根据 ψ 和 ψ' 的构造，由于 a 是与 B 无关的，故有

(9) $$\psi(\mathrm{B}) = \varphi(\mathrm{B}) = B$$

(10) $$\psi'(\mathrm{B}) = \varphi'(\mathrm{B}) = B'$$

由 (6)—(10)，可得

(11) $$\begin{aligned} B(\beta^\circ) &= B(\psi(\mathrm{a})) = \psi(\mathrm{B(a)}) \\ &= \psi'(\mathrm{B(a)}) = B'(\psi'(\mathrm{a})) \\ &= B'(\beta) \end{aligned}$$

由于 $\langle x\rangle_S B(x)$ = t，而且 $\beta^\circ \in S$，故 $B(\beta^\circ)$ = t；因此根据 (11)，可得 $B'(\beta)$ = t. 因为 β 是 T 中的任何元素，故 $\langle x\rangle_T B'(x)$ = t.

类似地，可以由 $\langle x\rangle_T B'(x)$ = t 证明 $\langle x\rangle_S B(x)$ = t. 这样就证明了 (4)，至此归纳部分证完.

由以上的基始和归纳，就证明了 (3).

现在设 A 在 S 中是可真的，即有 S 中赋值 φ，使得 φ(A) = t.

由 φ 构造 T 中赋值 φ'，使它满足(1)和(2). 根据(3)，由 $\varphi(\mathrm{A})=\mathrm{t}$ 可以得到 $\varphi'(\mathrm{A})=\mathrm{t}$，即 A 在 T 中是可真的. 于是证明了定理中的 [1].

[2] 可以根据定理 41.1 由 [1] 得到证明. ‖

现在我们来说明什么是逻辑演算的可靠性和完备性问题.

我们在绪论中讲过，构造逻辑演算是为了通过其中的形式推理来研究非形式的演绎推理. 设 $A_1,\cdots,A_n$ 和 A 是任何命题. 在演绎推理中，我们研究

1) 由 $A_1,\cdots,A_n$ 能推出 A

也就是

2) 如果 $A_1,\cdots,A_n$ 真，则 A 真

是否成立的问题. 在逻辑演算中，命题 $A_1,\cdots,A_n$ 和 A 分别表示为合式公式 $\mathrm{A}_1,\cdots,\mathrm{A}_n$ 和 A. $A_1,\cdots,A_n$ 与 A 之间的演绎推理关系，也就是 1) 即 2) 这样的关系，反映在逻辑演算中，将是 $\mathrm{A}_1,\cdots\mathrm{A}_n$ 与 A 之间的怎样的关系呢？塔尔斯基[1] 1936 定义的逻辑推论的概念就是回答这个问题的.

定义 41.4（逻辑推论） 设 $\mathfrak{A}$ 是合式公式的集. A 是 $\mathfrak{A}$ 中合式公式的**逻辑推论**(简述为 A 是 $\mathfrak{A}$ 的**逻辑推论**)，记作

$$\mathfrak{A}\models \mathrm{A}$$

当且仅当，$\mathfrak{A}$ 的任何模型都是 A 的模型.

$\mathfrak{A}\models \mathrm{A}$ 是说，任何不空个体域 S 中的任何赋值 φ，都有

3) $$\varphi(\mathfrak{A})=\mathrm{t}\Longrightarrow\varphi(\mathrm{A})=\mathrm{t}$$

成立. 当在给定的不空个体域 S 中，任何赋值 φ 都使得 3) 成立时，我们说在 S 中 A 是 $\mathfrak{A}$ 的逻辑推论.

当 $\mathfrak{A}$ 是空集时，由于 $\varphi(\varnothing)=\mathrm{t}$，故 3) 就与 $\varphi(\mathrm{A})=\mathrm{t}$ 等价. 因此 $\varnothing\models \mathrm{A}$（或简写为 $\models \mathrm{A}$）就是说 A 是恒真的.

逻辑演算中 $\mathfrak{A}$ 与 A 之间的逻辑推论关系是反映前提与结论之间的演绎推理关系的. 因此，通过形式推理关系

---

1) A. Tarski.

4) $$A_1, \cdots, A_n \vdash A$$

来研究演绎推理关系 1)(或者就是 2)),就是通过 4) 来研究

5) $$A_1, \cdots, A_n \models A$$

我们考虑 4) 和 5) 之间的下面两个关系:

6) $$A_1, \cdots, A_n \vdash A \Longrightarrow A_1, \cdots, A_n \models A$$

7) $$A_1, \cdots, A_n \models A \Longrightarrow A_1, \cdots, A_n \vdash A$$

其中的 $A_1, \cdots, A_n$ 和 A 是任何合式公式. 6) 是说,凡是形式推理所反映的前提与结论之间的关系,在演绎推理中都是成立的,因此形式推理与演绎推理是一致的,它可靠地反映了演绎推理,它没有超出演绎推理的范围. 7) 就是说,凡是在演绎推理中成立的前提与结论之间的关系,形式推理都能够反映,因此形式推理在反映演绎推理时并没有遗漏,它完备地反映了演绎推理.

6) 是逻辑演算的**可靠性定理**. 一个逻辑演算称为**可靠的**,或称为具有**可靠性**,如果 6) 成立. 7) 是逻辑演算的**完备性定理**. 一个逻辑演算称为**完备的**,或称为具有**完备性**,如果 7) 成立.

当序列 $A_1, \cdots, A_n$ 是空序列 (即 $n=0$) 时, 6) 和 7) 就分别成为下面的 8) 和 9):

8) $$\vdash A \Longrightarrow \models A$$

9) $$\models A \Longrightarrow \vdash A$$

这样, 8) 和 9) 分别是 6) 和 7) 的特例. 反过来,由 8) 和 9) 分别可以得到 6) 和 7).

又根据重言式定理,由 8) 和 9) 可以分别得到

10) $$\vdash A \Longrightarrow \models A$$

11) $$\models A \Longrightarrow \vdash A$$

10) 和 11) 分别是重言式系统的**可靠性定理**和**完备性定理**.

以后, 为了方便, 我们把关于 $\vdash$ 的某些写法用于$\models$, 例如令

$$\mathfrak{A} \models A_1, \cdots, A_n =_{df} \mathfrak{A} \models A_1, \cdots, \mathfrak{A} \models A_n$$

$$\mathfrak{A} \models A_1, \cdots, A_n \models A =_{df} \mathfrak{A} \models A_1, \cdots, A_n$$

$$\text{并且 } A_1, \cdots, A_n \models A$$

$$A \models\!\!\dashv B =_{df} A \models B \text{ 并且 } B \models A$$

等.

当 A $\models\!\!\dashv$ B 成立时，A和B也称为等值公式. 为了区分，可以把 A $\vdash\!\dashv$ B 中的A和B称为语法等值公式，把 A $\models\!\!\dashv$ B 中的A和B称为语义等值公式.

习　　题

41.1　设 $\Gamma = A, B, C, D$:

$$A = \forall xyz[F(x, y) \wedge F(y, z) \rightarrow F(x, z)]$$

$$B = \forall xy[F(x, y) \rightarrow \neg F(y, x)]$$

$$C = \forall xy[F(x, y) \rightarrow \exists z F(y, z)]$$

$$D = \exists xy F(x, y)$$

证明 Γ 有模型，但没有有穷模型.

41.2　设 $\mathfrak{A} = \{A, B, C_k, D_{ij}\}(k = 0, 1, 2 \cdots; i \neq j; i = 0, 1, 2, \cdots; j = 0, 1, 2, \cdots)$:

$$A = \forall xy[F(x, y) \rightarrow \neg F(y, x)]$$

$$B = \forall xy[F(x, y) \rightarrow \exists z[F(x, z) \wedge F(z, y)]]$$

$$C_k = F(a_k, a_{k+1})$$

$$D_{ij} = a_i \neq a_j$$

其中 $a_0, a_1, a_2, \cdots$是不同的个体词。证明 $\mathfrak{A}$ 有可数无穷模型.

41.3　证明合式公式

$$\exists x \forall y[F(x, y) \wedge \neg F(y, x) \rightarrow \bullet F(x, x) \leftrightarrow F(y, y)]$$

在有不超过三个个体的域中是恒真的，但在有四个或更多个体的域中不是恒真的.

41.4　讨论以下各合式公式在怎样的域中是恒真的，在怎样的域中不是恒真的:

(1)　$\forall xyz[F(x, x) \wedge [F(x, y) \vee F(y, x)] \wedge [F(x, y) \wedge F(y, z) \rightarrow F(x, z)]] \rightarrow \exists x \forall y F(x, y)$

(2)　$\exists x \forall y \exists z[F(y, z) \rightarrow F(x, z) \bullet \rightarrow \bullet F(x, x) \rightarrow F(y, x)]$

(3)　$\forall xyz[F(x, x) \wedge [F(x, z) \rightarrow F(x, y) \vee F(y, z)]] \rightarrow \exists x \forall y F(x, y)$

(4)　$\forall xyz[\neg F(x, x) \wedge [F(x, y) \wedge F(y, z) \rightarrow F(x, z)]] \rightarrow \exists x \forall y \neg F(x, y)$

41.5　证明下面的合式公式:

(1) $\forall x \neg F(x, x) \wedge \forall xyz[F(x, y) \wedge F(y, z) \to F(x, z)] \wedge \forall x \exists y F(x, y)$

(2) $\forall x \exists y F(x, y) \wedge \exists x \forall y \neg F(y, x) \wedge$

$\forall xyx_1y_1[F(x, x_1) \wedge F(y, y_1) \wedge F(y_1, x) \to F(y_1, y)]$

(3) $\forall x \neg F(x, x) \wedge \forall x \exists y \forall z[F(x, y) \wedge F(z, x) \to F(z, y)]$

在任何有穷(不空)域中不是可真的,在 N 中是可真的但不是恒真的.

41.6 设 S_i 是有 i 个元 ($i = 1, 2, 3, \cdots$)的个体域. 在 **F** 中找出合式公式的无穷序列 $A_1, A_2, A_3, \cdots$,使得 A_i 在 $S_{i+n}(n = 0, 1, 2, \cdots)$ 中都是可真的,但在 $S_{i-m}(m = 1, 2, 3, \cdots)$ 中都不是可真的.

§42 可靠性和协调性

可靠性定理对于本书中的各个逻辑演算都是成立的. 下面我们选择 $\mathbf{F}^{\mathrm{I}}$ 给以证明.

引理 42.1 在各逻辑演算的形式推理规则中把 $\vdash$ 改为 $\models$, 所得到的命题都是成立的. 以 $\mathbf{F}^{\mathrm{I}}$ 为例, 就是肯定以下的 [1]—[9]:

[1] $A_1, \cdots, A_n \models A_i\ (i = 1, \cdots, n)$

[2] 如果 $\Gamma \models A_1, \cdots, A_n \models A$

则 $\Gamma \models A$

[3] 如果 $\Gamma, \neg A \models B, \neg B$

则 $\Gamma \models A$

[4] $A \to B, A \models B$

[5] 如果 $\Gamma, A \models B$

则 $\Gamma \models A \to B$

[6] $\forall x A(x) \models A(a)$

[7] 如果 $\Gamma \models A(a)$, a 不在 Γ 中出现

则 $\Gamma \models \forall x A(x)$

[8] $A(a), I(a, b) \models A(b)$, 其中的 $A(b)$ 是由 $A(a)$ 把 a 在其中的某些出现替换为 b 而得

[9] $\models I(a, a)$, 即 $I(a, a)$ 是恒真的

我们选证 [3], [7], 和 [8].

证 [3] 设 $\Gamma \models A$ 不成立, 即有赋值 φ, 使得 $\varphi(\Gamma)=t$ 而 $\varphi(A)=f$. 这样, $\varphi(\neg A)=t$, 因此有 $\varphi(\Gamma, \neg A)=t$. 由此, 根据假设, $\varphi(B)=\varphi(\neg B)=t$, 但这是不可能的. 故 $\Gamma \models A$ 成立.

证 [7] 任何不空个体域 S 中的任何赋值 φ, 设 $\varphi(\Gamma)=t$, 我们要证明 $\varphi(\forall x A(x))=t$. 令 $\varphi(A)=\mathcal{A}$, 则所要证明的就是 $\langle x\rangle_S \mathcal{A}(x)=t$, 也就是任给 $\alpha \in S$, 要证明 $\mathcal{A}(\alpha)=t$.

构造 S 中的赋值 ψ, 使得 $\psi(a)=\alpha$, 并且 ψ 给 a 以外的指词所赋的值都与 φ 所赋的值相同. 由假设 $\Gamma \models A(a)$, 有

(1) $$\psi(\Gamma)=t \Longrightarrow \psi(A(a))=t$$

根据 ψ 的构造, 又由于 a 不在 Γ 中出现, 故 $\psi(\Gamma)=\varphi(\Gamma)=t$; 由此并根据 (1), 可得

(2) $$\psi(A(a))=t$$

又根据 ψ 的构造, 由于 a 是与 A 无关的, 故有

$$\psi(A)=\varphi(A)=\mathcal{A},$$

因此有 $\psi(A(a))=\mathcal{A}(\psi(a))=\mathcal{A}(\alpha)$. 由此和(2), 可得 $\mathcal{A}(\alpha)=t$, 这样就证明了 [7].

证 [8] 任何不空个体域 S 的赋值 φ, 设 $\varphi(A(a))=t$, $\varphi(I(a, b))=t$, 并令 $\varphi(A)=\mathcal{A}$, 则 $\varphi(A(a))=\mathcal{A}(\varphi(a))=t$, $\varphi(a)=\varphi(b)$, 由此可得 $\varphi(A(b))=\mathcal{A}(\varphi(b))=t$, 这就证明了 [8]. ||

定理 42.2 (可靠性定理)

[1] 如果 $\Gamma \vdash \mathcal{A}$, 则 $\Gamma \models A$.

[2] 如果 $\vdash A$, 则 $\models A$.

证 由引理 42.1, 施归纳于 $\Gamma \vdash A$ 的形式证明的结构, 可以得到 [1]; 由 [1] 可得到 [2]. ||

根据可靠性定理, 由 $A \dashv\vdash B$ 可以得到 $A \models\dashv B$. 这就是说, 凡语法等值的合式公式都是语义等值的.

定义 42.1 $\mathfrak{A} \vdash A =_{df}$ 有 $\Gamma \subset \mathfrak{A}$, 使得 $\Gamma \vdash A$.

定义 42.1 是把形式推理由有穷的形式前提扩充为无穷形式前提的情形. 这个定义对于各个逻辑演算都是适用的. 我们并且可以把关于 $\Gamma \vdash A$ 的各种写法应用于 $\mathfrak{A} \vdash A$, 例如 $\mathfrak{A} \vdash A_1, \cdots, A_n$ 就是 $\mathfrak{A} \vdash A_1, \cdots, \mathfrak{A} \vdash A_n$.

可以验证,所有在第一章中讲过的形式推理规则,当把其中的形式前提扩充为无穷集合时,也都是成立的. 例如$(\to_+)$就成为

$$\text{如果 } \mathfrak{A}\cup\{A\} \vdash B, \text{ 则 } \mathfrak{A} \vdash A\to B$$

定理 42.3 (可靠性定理) 如果 $\mathfrak{A} \vdash A$, 则 $\mathfrak{A} \models A$.

证 由 $\mathfrak{A} \vdash A$,根据定义 42.1,有 $\Gamma\subset\mathfrak{A}$,使得 $\Gamma \vdash A$. 由此根据定理 42.2, 可得 $\Gamma \models A$. 因为 $\Gamma\subset\mathfrak{A}$, 故 $\mathfrak{A} \models \Gamma$, 由此和 $\Gamma \models A$ 就可得到 $\mathfrak{A} \models A$. ||

根据可靠性定理和合取范式定理,析取范式定理,前束范式定理,可以知道一个合式公式和它的以上各种范式之间在真假值,恒真性和可真性问题上有怎样的关系.

定理 42.4 合式公式A和它的合取范式(或析取范式)是语义等值的. 因此, A是恒真的, 当且仅当, A的合取范式(或析取范式)是恒真的; A是可真的,当且仅当,A的合取范式(或析取范式)是可真的. ||

定理 42.5 合式公式A和它的前束范式是语义等值的. 因此:

[1] A在不空个体域 S 中是恒真的, 当且仅当, A的前束范式在 S 中是恒真的; A是恒真的, 当且仅当, A的前束范式是恒真的.

[2] A在不空个体域 S 中是可真的, 当且仅当, A的前束范式在 S 中是可真的; A是可真的, 当且仅当, A的前束范式是可真的. ||

一个合式公式和它的斯柯伦范式以及斯柯伦偶范式之间在真假值、恒真性和可真性问题上的关系, 与定理 42.4 和 42.5 中所说的情形有所不同. 下面的定理 42.6 留给读者证明, 证明时要参考斯柯伦范式定理和斯柯伦偶范式定理的证明.

定理 42.6

[1] 合式公式A (F^{*1} 及其子系统中的公式除外) 在不空个体域 S 中是恒真的，当且仅当，A的斯柯伦范式在 S 中是恒真的；A是恒真的，当且仅当，A的斯柯伦范式是恒真的.

[2] 合式公式A (F^{*1} 及其子系统中的公式除外) 在不空个体域 S 中是可真的，当且仅当，A的斯柯伦偶范式在 S 中是可真的；A是可真的，当且仅当，A的斯柯伦偶范式是可真的. ‖

在演绎推理中，我们要求前提应当是没有矛盾的，也就是说，不允许由前提推出互相矛盾的命题. 反映在逻辑演算中，这就是协调性[1].

定义 42.2 (协调性) 合式公式的集 $\mathfrak{A}$ 是**协调的**(即 $\mathfrak{A}$ 中的合式公式)是**协调的**，当且仅当，不存在A，使得 $\mathfrak{A} \vdash A, \neg A$.

定理 42.7 (可靠性定理)

[1] 凡有模型的合式公式都是协调的.

[2] 凡有模型的合式公式集都是协调的. ‖

定理 42.7 中的 [1] 是定理 42.2 [2] 的等价形式；[2] 是把一个合式公式扩充为无穷个合式公式.

习 题

42.1 证明定理 42.6.

42.2 证明定理 42.7.

§43 命题逻辑的完备性

我们选择P作为例子来证明命题逻辑的完备性定理.

引理 43.1 设A是命题逻辑中的合式公式，$p_1, \cdots, p_n$ 是所有在A中出现的不同的命题词，φ 是一个赋值. 对于 $i = 1, \cdots, n$，令

1) 英文是 Consistency，又译为相容性，一致性，无矛盾性等.

$$A_i = \begin{cases} p_i & \text{如果 } \varphi(p_i) = t \\ \neg p_i & \text{如果 } \varphi(p_i) = f \end{cases}$$

那么

[1] $\varphi(A) = t \Longrightarrow A_1, \cdots, A_n \vdash A$

[2] $\varphi(A) = f \Longrightarrow A_1, \cdots, A_n \vdash \neg A$

证 施归纳于A的结构.

基始：A是命题词，这样A就是p_1. 于是可得

$$\varphi(A) = t \Longrightarrow \varphi(p_1) = t \Longrightarrow A_1 = p_1 \Longrightarrow A_1 \vdash A$$

$$\varphi(A) = f \Longrightarrow \varphi(p_1) = f \Longrightarrow A_1 = \neg p_1 \Longrightarrow A_1 \vdash \neg A$$

这就是[1]和[2].

归纳：$A = \neg B$ 或 $A = B \to C$. 设 $A = \neg B$. 由归纳假设，有

(1) $\varphi(B) = t \Longrightarrow A_1, \cdots, A_n \vdash B$

(2) $\varphi(B) = f \Longrightarrow A_1, \cdots, A_n \vdash \neg B$

由(1)和(2)可得

$$\varphi(A) = t \Longrightarrow \varphi(B) = f$$
$$\Longrightarrow A_1, \cdots, A_n \vdash \neg B \text{ (即 } A)$$
$$\varphi(A) = f \Longrightarrow \varphi(B) = t$$
$$\Longrightarrow A_1, \cdots, A_n \vdash B$$
$$\Longrightarrow A_1, \cdots, A_n \vdash \neg\neg B \text{ (即 } \neg A)$$

这就是[1]和[2].

设 $A = B \to C$. 由归纳假设，有(1)，(2)和

(3) $\varphi(C) = t \Longrightarrow A_1, \cdots, A_n \vdash C$

(4) $\varphi(C) = f \Longrightarrow A_1, \cdots, A_n \vdash \neg C$

由这些可得

$\varphi(A) = \varphi(B \to C) = t$

$\Longrightarrow \varphi(B) = f$ 或 $\varphi(C) = t$ (由定义 40.2)

$\Longrightarrow A_1, \cdots, A_n \vdash \neg B$ 或 $A_1, \cdots, A_n \vdash C$ (由(2)，(3))

$\Longrightarrow A_1, \cdots, A_n \vdash B \to C$ (即 A)

$\varphi(A) = \varphi(B \to C) = f$

$\Longrightarrow \varphi(B)=t$ 并且 $\varphi(C)=f$ (由定义 40.2)

$\Longrightarrow A_1, \cdots, A_n \vdash B, \neg C$ (由 (1), (4))

$\Longrightarrow A_1, \cdots, A_n \vdash \neg(B \rightarrow C)$ (即 $\neg A$)

这就是 [1] 和 [2].

由基始和归纳,就证明了本引理. ||

定理 43.2(命题逻辑的完备性定理)

[1] 如果 $\models A$, 则 $\vdash A$.

[2] 如果 $\Gamma \models A$, 则 $\Gamma \vdash A$.

证 设 $\models A$,即 A 是恒真式, $p_1, \cdots, p_n$ 是所有在 A 中出现的不同的命题词, φ 是任意的赋值. 不论 $\varphi(p_i)=t$ 或 $f(i=1, \cdots, n)$, 都有 $\varphi(A)=t$. 由此, 根据引理 43.1, 不论 $A_i=p_i$ 或 $\neg p_i$ · $(i=1, \cdots, n)$, 都有

(1) $$A_1, \cdots, A_n \vdash A$$

如果对于 $i=1, \cdots, n$, 令

$$\bar{A}_i=\begin{cases}p_i & \text{如果 } A_i=\neg p_i \\ \neg p_i & \text{如果 } A_i=p_i\end{cases}$$

则根据引理 43.1, 也可得

(2) $$A_1, \cdots, A_{n-1}, \bar{A}_n \vdash A$$

由 (1), (2) 可得

(3) $$A_1, \cdots, A_{n-1} \vdash A$$

类似地,可得

$$A_1, \cdots, A_{n-2}, \bar{A}_{n-1}, A_n \vdash A$$

$$A_1, \cdots, A_{n-2}, \bar{A}_{n-1}, \bar{A}_n \vdash A$$

并由之得到

(4) $$A_1, \cdots, A_{n-2}, \bar{A}_{n-1} \vdash A$$

由 (3), (4) 可得

(5) $$A_1, \cdots, A_{n-2} \vdash A$$

这样继续进行下去, 可使 (5) 中的形式前提逐一消去, 最后得到 $\vdash A$, 这就证明了 [1].

由 [1] 就可以得到 [2]. ||

逻辑演算的**判定问题**是要寻找一个判定的算法，根据它，任给这个逻辑演算中的 Γ 和 A，能判定 $\Gamma \vdash$ A 是不是成立，并且，当 $\Gamma \vdash$ A 成立时，给出它的证明.

重言式逻辑演算的**判定问题**是要寻找判定算法，根据它，任给这个逻辑演算中的 A，能判定 $\vdash$A 是不是成立，并且，当 $\vdash$A 成立时，给出它的证明.

逻辑演算或重言式逻辑演算称为**可判定的**，如果存在着关于它的判定算法；否则，就是**不可判定的**.

命题逻辑中的合式公式，我们有算法来判定它是否恒真(例如通过真假值表或合取范式). 由此，并根据命题逻辑的可靠性定理和完备性定理的构造性证明，可以知道命题逻辑和重言式命题逻辑都是可判定的.

由赋值的定义40.2，给命题词所赋的值是 t 或 f. 因此，如果 p_0，p_1，p_2，$\cdots$ 是所有不同命题词的任意一个序列，t_0，t_1，t_2，是真假值的任意序列，即每一个 t_i ($i=0, 1, 2, \cdots$) 是 t 或 f，那么有赋值 φ，使得 $\varphi(p_i)=t_i(i=0, 1, 2, \cdots)$. 这是关于命题词赋值的一个显然的性质. 谓词逻辑中不带等词的原子公式也有这个性质，这可以陈述为下面的定理.

定理 43.3 (原子公式赋值定理) 设 A_0，A_1，A_2，$\cdots$是不同的不带等词的原子公式的任意一个序列；t_0，t_1，t_2，$\cdots$是真假值的任意序列. 有可数无穷域中的赋值 φ，使得 $\varphi(A_n)=t_n(n=0, 1, 2, \cdots)$.

证 我们区分带函数词和不带函数词两种情形来证明. 先考虑不带函数词的情形. 令 S 是由所有个体词构成的集，则 S 是可数无穷的. 构造 S 中的赋值 φ，满足以下的 (1) 和 (2):

(1) $\varphi(a)=a$.

(2) 对于任何 k 元谓词 F，$\varphi(F)=F$，使得，如果 $F(a_1, \cdots, a_k)$ 是序列中的 A_n，则 $F(a_1, \cdots, a_k)=t_n$.

关于带函数词的情形，令 S 是由所有项构成的可数无穷集，构造 S 中的赋值 φ，满足 (1) 和以下的 (3) 和 (4):

(3) 对于任何 l 元函数词 f，$\varphi(\mathrm{f})=f$，使得，任取 S 中的元（即项）$a_1,\cdots,a_l$，有 $f(a_1,\cdots,a_l)=\mathrm{f}(a_1,\cdots,a_l)$.

(4) 对于任何 k 元谓词 F，$\varphi(\mathrm{F})=F$，使得，如果 $\mathrm{F}(a_1,\cdots,a_k)$ 是序列中的 A_n，则 $F(a_1,\cdots,a_k)=\mathrm{t}_n$.

由 (1) 和 (3)，对于任何项 a，$\varphi(a)=a$.

φ 显然满足定理的要求．‖

定义 43.1 设 A 是谓词逻辑中的合式公式，A 中没有量词和等词．把 A 中相同的原子公式换为相同的不在 A 中出现的命题词，把 A 中不同的原子公式换为不同的不在 A 中出现的命题词，得到 A′．A′ 称为 A 在**命题逻辑中的相关公式**．设 $\Gamma=\mathrm{A}_1,\cdots,\mathrm{A}_n$．令 A'_i 是 A_i 在命题逻辑中的相关公式 $(i=1,\cdots,n)$．Γ' 即 $\mathrm{A}'_1,\cdots,\mathrm{A}'_n$ 称为 Γ 在**命题逻辑中的相关序列**.

根据定义 43.1，当讲到命题逻辑中的相关公式和相关序列时，我们总是假定原来的合式公式中是没有量词和等词的.

引理 43.4 设 Γ′ 是 Γ 在命题逻辑中的相关序列，A′ 是 A 在命题逻辑中的相关公式．那么

[1] $\models \mathrm{A}$，当且仅当，$\models \mathrm{A}'$

[2] $\Gamma \models \mathrm{A}$，当且仅当，$\Gamma' \models \mathrm{A}'$

证 我们只要证 [1]，由 [1] 可得 [2].

先证条件是必要的．设 $\models \mathrm{A}$，即 A 是恒真的，并设 $\mathrm{B}_1,\cdots,\mathrm{B}_n$ 是所有在 A 中出现的不同的原子公式，又由 A 得到 A′ 时把 $\mathrm{B}_1,\cdots,\mathrm{B}_n$ 分别替换为 $\mathrm{p}_1,\cdots,\mathrm{p}_n$．我们要证 $\models \mathrm{A}'$ 即 A′ 是恒真的，就是说，设 φ 是任意一个赋值，要证 $\varphi(\mathrm{A}')=\mathrm{t}$.

根据原子公式赋值定理 43.3，可以由 φ 构造赋值 ψ，使得

(1) $$\psi(\mathrm{B}_i)=\varphi(\mathrm{p}_i)\quad(i=1,\cdots,n)$$

因为 A 中没有量词，所以由 (1) 可得

(2) $$\psi(\mathrm{A})=\varphi(\mathrm{A}')$$

因 A 是恒真的，故 $\psi(\mathrm{A})=\mathrm{t}$，由此和 (2) 就得到 $\varphi(\mathrm{A}')=\mathrm{t}$.

条件的充分性可以类似地证明．‖

引理 43.5 设 Γ′ 是 Γ 在命题逻辑中的相关序列，A′ 是 A 在

命题逻辑中的相关公式. 那么

[1] $\vdash$ A，当且仅当，$\vdash$ A'.

[2] $\Gamma \vdash$ A，当且仅当，$\Gamma' \vdash$ A'.

证 我们只要证 [1]，由 [1] 可得 [2].

先证条件是必要的. 设 $\vdash$ A，B_1，…，B_n 是所有在 A 中出现的不同的原子公式，由 A 得到 A' 时把 B_i 替换为 $p_i(i=1,\cdots,n)$. 在关于 $\vdash$ A 的形式证明中把 B_i 替换为 p_i，就得到关于 $\vdash$ A' 的形式证明.

条件充分性的证明是类似的. ‖

定理 43.6 设 Γ 是谓词逻辑中不带量词和等词的合式公式有穷序列，A 是不带量词和等词的合式公式. 那么

[1] 如果 $\models$ A，则 $\vdash$ A.

[2] 如果 $\Gamma \models$ A，则 $\Gamma \vdash$ A.

证 由引理 43.4 和 43.5，并根据命题逻辑的完全性定理，就可以证明本定理. ‖

定理 43.6 是谓词逻辑中不涉及量词和等词的部分的完备性定理. 谓词逻辑中这一部分的完备性可以归约为命题逻辑的完备性.

习　题

43.1 原子公式赋值定理（定理 43.3）和关于命题逻辑中相关公式的引理 43.4 和 43.5 中的合式公式能否包含等词？为什么？

43.2 证明 $\mathbf{P}^i$（见 § 14）的完备性.

43.3 设 Γ_1，A_1 是 **P** 中的合式公式有穷序列，$\Gamma_1 \vdash A_1$ 在 **P** 中不成立，把 $\Gamma_1 \vdash A_1$ 作为形式推理规则加进 **P** 中而得到 **P**'. 证明：对于 **P** 中的任何 Γ 和 A，$\Gamma \vdash$ A 都在 **P**' 中成立.

§ 44　谓词逻辑的完备性(一)

从本节起我们要证明谓词逻辑的完备性定理. 谓词逻辑的完

备性定理首先由哥德尔[1]证明，故称为哥德尔完备性定理.

完备性定理是谓词逻辑的最重要的定理. 由于它的重要性，由于它的深度和难度，它吸引了学者们的研究，作出了许多不同的证明. 在哥德尔 1930 原来的证明之后，又有希尔伯特与阿克曼 1938 以及希尔伯特与贝尔奈斯 1939 的证明，这些证明基本上都是按照哥德尔的方法作出的. 亨金[2] 1949 给出了另外的证明，在这个证明中，关于谓词逻辑的形式推理方面的性质是用得最少的. 亨金的证明与数理逻辑的一个分支——模型论——的发展有很大的关系. 此外还有拉西欧娃[3]与席考尔斯基[4] 1950 的证明，它是在把谓词逻辑抽象为一种代数和拓扑的研究之后作出的. 克利尼 1952 的证明方法是介于亨金的证明和希尔伯特与贝尔奈斯的证明之间的.

我们要在本节中陈述哥德尔原来的证明，在下一节中陈述亨金的证明.

现在我们先来证明不带等词的谓词逻辑的完备性. 我们以 F^* 为例加以证明. 我们只要考虑 F^* 中的带量词的合式公式，因为谓词逻辑中不涉及量词和等词的部分的完备性在上节中已经证明了.

设 A 是 F^* 中的合式公式，并令 $A = A(a_1, \cdots, a_n)$，其中的 $a_1, \cdots, a_n$ 是所有在 A 中出现的不同的个体词. 令 $A' = \forall x_1 \cdots x_n A(x_1, \cdots, x_n)$，其中的 $x_1, \cdots, x_n$ 是不同的不在 A 中出现的约束变元. 这样，A' 中不再有个体词. 又令 A'' 是 A' 的斯柯伦范式，则 A'' 中也没有个体词. 我们有

$$\models A \Leftrightarrow \models A'$$
$$\models A' \Leftrightarrow \models A''$$
$$\vdash A \Leftrightarrow \vdash A'$$
$$\vdash A' \Leftrightarrow \vdash A''$$

1) K. Gödel.
2) L. Henkin.
3) H. Rasiowa.
4) R. Sikorski.

由此可得

$$\models A \Leftrightarrow \models A''$$

$$\vdash A \Leftrightarrow \vdash A''$$

因此，为了证明完备性定理“$\models A \Longrightarrow \vdash A$”，只要证明“$\models A'' \Longrightarrow \vdash A''$”. 这就是说，在证明完备性定理时，我们可以假设所给的合式公式是一个其中不出现个体词的斯柯伦范式.

设个体词和约束变元按字母次序排列后成为

$$a_0, a_1, a_2, \cdots$$

$$z_0, z_1, z_2, \cdots$$

我们要把它们的 n 元组分别排成无穷序列. 为此，我们只要把自然数的 n 元组(也就是个体词或约束变元的下添标的 n 元组)排成无穷序列就行. 我们用以下的方法：第一，如果 $i_1 + \cdots + i_n < j_1 + \cdots + j_n$，则 $(i_1, \cdots, i_n)$ 排在 $(j_1, \cdots, j_n)$ 的前面；如果 $i_1 + \cdots + i_n = j_1 + \cdots + j_n$，并且有 $m(1 \leqslant m < n)$，使得 $i_1 = j_1, \cdots, i_m = j_m, i_{m+1} < j_{m+1}$，则 $(i_1, \cdots, i_n)$ 仍排在 $(j_1, \cdots, j_n)$ 的前面. 按照这个方法，任何两个不同的自然数 n 元组，总是一个排在另一个的前面，因此就能把自然数的 n 元组唯一地排成无穷序列. 例如，自然数的 3 元组就排成以下的无穷序列：(0, 0, 0), (0,0,1), (0,1,0), (1,0,0), (0,0,2), (0,1,1), (0,2,0), (1,0,1), (1,1,0), (2,0,0), (0,0,3), (0,1,2), (0,2,1), (0,3,0), (1,0,2), (1,1,1), (1,2,0), (2,0,1), (2,1,0), (3,0,0), (0,0,4), (0,1,3), (0,2,2), (0,3,1), (0,4,0), (1,0,3), (1,1,2), (1,2,1), (1,3,0), (2,0,2), (2,1,1), (2,2,0), (3,0,1), (3,1,0), (4,0,0), (0,0,5), ….

给定正整数 n. 我们把按照上述方法排列的第 k 个 ($k = 1, 2, 3, \cdots$) 自然数 n 元组写成

$$(k_1, \cdots, k_n)$$

这样，例如自然数的 3 元组的无穷序列就是$(1_1, 1_2, 1_3)$, $(2_1, 2_2, 2_3)$, $(3_1, 3_2, 3_3)$, $\cdots$；因此有

$$(1_1, 1_2, 1_3) = (0, 0, 0)$$

$$(2_1, 2_2, 2_3) = (0, 0, 1)$$
$$(3_1, 3_2, 3_3) = (0, 1, 0)$$
$$\vdots$$
$$(9_1, 9_2, 9_3) = (1, 1, 0)$$
$$(10_1, 10_2, 10_3) = (2, 0, 0)$$
$$\vdots$$

于是我们就可以把个体词的 n 元组和约束变元的 n 元组按照它们的下添标分别排成无穷序列，例如个体词 n 元组的无穷序列就是

$$(a_{k_1}, \cdots, a_{k_n}) \quad (k = 1, 2, 3, \cdots)$$

下面我们先说明证明完备性定理的大概步骤.

设 A 是一个在其中不出现个体词的斯柯伦范式:

$$A = \exists x_1 \cdots x_m \forall y_1 \cdots y_n B(x_1, \cdots, x_m, y_1, \cdots, y_n)$$

在母式中除 $x_1, \cdots, x_m, y_1, \cdots, y_n$ 之外没有其他的约束变元. 对于正整数 k, 令

$$B_k^\circ = B(a_{k_1}, \cdots, a_{k_m}, a_{(k-1)n+1}, \cdots, a_{kn})$$
$$A_k^\circ = B(z_{k_1}, \cdots, z_{k_m}, z_{(k-1)n+1}, \cdots, z_{kn})$$
$$B_k = B_1^\circ \vee \cdots \vee B_k^\circ$$
$$A_k = \forall [A_1^\circ \vee \cdots \vee A_k^\circ]$$
$$= \forall z_0 \cdots z_{kn} [A_1^\circ \vee \cdots \vee A_k^\circ]$$

关于本节中的这些临时性规定，我们作以下的说明.

（一）B_k° 和 B_k 是由原子公式经使用连接词而构成的合式公式，其中没有量词，也没有约束变元.

（二）A_k° 是由 B_k° 把其中的个体词换为相应的有相同下添标的约束变元而得，所以 A_k° 不是合式公式而是命题形式. A_k 中的母式 $A_1^\circ \vee \cdots \vee A_k^\circ$ 也是由 B_k 经相同变换而得.

（三）在 B_k° 中个体词的下添标（即 A_k° 中约束变元的下添标）中，$(k-1)n+1, \cdots, kn$ 各不相同，它们都不小于 k. 又用数学归纳法（施归纳于 k），可以证明

$$\max(k_1, \cdots, k_m) < k \quad (m, k \geq 1)$$

因此 $(k-1)n+1, \cdots, kn$ 都大于 $\max(k_1, \cdots, k_m)$.

（四）$B_1^\circ, \cdots, B_k^\circ$ 中的个体词的下添标(即 $A_1^\circ, \cdots, A_k^\circ$ 中的约束变元的下添标)中,除

$$1_1, \cdots, 1_m$$
$$2_1, \cdots, 2_m$$
$$\cdots$$
$$k_1, \cdots, k_m$$

之外,其他的下添标依次排列起来恰好是

$$1, \cdots, n, n+1, \cdots, 2n, \cdots, (k-1)n+1, \cdots, kn$$

（五）A_k 的前束词中的约束变元 $z_0, \cdots, z_{kn}$ 就是它的母式 $A_1^\circ \vee \cdots \vee A_k^\circ$ 中所有不同的未经约束的约束变元,因此 A_k 是合式公式.

我们在下面将证明:

1) 如果序列 $B_1, B_2, B_3, \cdots$ 中有重言式，则 A 是重言式（见引理 44.1 和 44.2).

2) 如果序列 $B_1, B_2, B_3, \cdots$ 中没有重言式,则 A 在可数无穷域中不是恒真的（见引理 44.3 和 44.4).

根据排中律(注意，这是指非形式的演绎推理中的，而不是形式推理中的排中律),序列 $B_1, B_2, B_3, \cdots$ 中有重言式或者没有重言式.因此,由上面的 1) 和 2) 可得: A 是重言式,或者 A 在可数无穷域中不是恒真的. 由此可得: 如果 A 在可数无穷域中是恒真的,则 A 是重言式.

我们在上面说序列 $B_1, B_2, B_3, \cdots$ 中有重言式或者没有重言式时,使用了排中律; 但是并没有算法来判定, 在由任意给定的 A 得出的无穷序列 $B_1, B_2, B_3, \cdots$ 中,究竟有还是没有重言式. 因此我们没有算法来判定 A 是不是重言式. 事实上,丘奇 1936 证明了这种算法是不存在的,即 F^* 是不可判定的.

在证明以下各引理和定理时，我们都要用到前面所作的各项临时性规定.

引理 44.1 $\vdash B_k \Longrightarrow \vdash A_k (k=1, 2, 3, \cdots)$. ||

引理 44.2 $A_k \vdash A\ (k=1,2,3,\cdots)$.

证 施归纳于 k.

基始：$k=1$. 由 $(\forall_-)$ 可得

(1) $$A_1 \vdash \forall z_1\cdots z_n B(a_0,\cdots,a_0,z_1,\cdots,z_n)$$

根据约束变元替换定理，由 (1) 可得

(2) $$A_1 \vdash \forall y_1\cdots y_n B(a_0,\cdots,a_0,y_1,\cdots,y_n)$$

再经过使用 $(\exists_+)$ 和 (τ)，由 (2) 就得到 $A_1 \vdash A$.

归纳：我们要证明

(3) $$A_{k+1} \vdash A_k \vee A$$

由 (3) 和归纳假设 $A_k \vdash A$，就得到 $A_{k+1} \vdash A$. 为了证明(3)，先要证

(4) $$A_{k+1} \vdash B_k \vee A$$

A_{k+1} 就是 $\forall z_0\cdots z_{(k+1)n}[A_1^\circ \vee \cdots \vee A_{k+1}^\circ]$. 根据 $(\forall_-)$，有

(5) $$A_{k+1} \vdash \forall z_{kn+1}\cdots z_{(k+1)n} \mathfrak{S}_{a_0\cdots a_{kn}}^{z_0\cdots z_{kn}} A_1^\circ \vee \cdots \vee A_{k+1}^\circ |$$

因为在 $A_1^\circ,\cdots,A_{k+1}^\circ$ 中的约束变元，除了只在 A_{k+1}° 中出现的 $z_{kn+1},\cdots,z_{(k+1)n}$ 之外，都在 $z_0,\cdots,z_{kn}$ 之中，所以

$$\begin{aligned}&\mathfrak{S}_{a_0\cdots a_{kn}}^{z_0\cdots z_{kn}} A_1^\circ \vee \cdots \vee A_{k+1}^\circ |\\ &= B_1^\circ \vee \cdots \vee B_k^\circ \vee B(a_{(k+1)_1},\cdots,a_{(k+1)_m},z_{kn+1},\cdots,z_{(k+1)n})\\ &= B_k \vee B(a_{(k+1)_1},\cdots,a_{(k+1)_m},z_{kn+1},\cdots,z_{(k+1)n})\end{aligned}$$

因此 (5) 就是

(6) $$A_{k+1} \vdash \forall z_{kn+1}\cdots z_{(k+1)n}[B_k \vee B(a_{(k+1)_1},\cdots,a_{(k+1)_m},z_{kn+1},\cdots,z_{(k+1)n})]$$

由于 B_k 中没有约束变元，故有

(7) $$\begin{aligned}&\forall z_{kn+1}\cdots z_{(k+1)n}[B_k \vee B(a_{(k+1)_1},\cdots,a_{(k+1)_m},z_{kn+1},\cdots,z_{(k+1)n})]\\ &\vdash B_k \vee \forall z_{kn+1}\cdots z_{(k+1)n} B(a_{(k+1)_1},\cdots,a_{(k+1)_m},z_{kn+1},\cdots,z_{(k+1)n})\end{aligned}$$

根据约束变元替换定理，由 (7) 可得

(8) $$\forall z_{kn+1}\cdots z_{(k+1)n}[B_k \vee B(a_{(k+1)_1},\cdots,a_{(k+1)_m},z_{kn+1},\cdots,z_{(k+1)n})]$$

$$\vdash B_k \vee \forall y_1 \cdots y_n B(a_{(k+1)_1}, \cdots, a_{(k+1)_m}, y_1, \cdots, y_n)$$

使用 $(\exists_+)$ 可得

(9) $\forall y_1 \cdots y_n B(a_{(k+1)_1}, \cdots, a_{(k+1)_m}, y_1, \cdots, y_n) \vdash A$

由 (8) 和 (9) 就得到

(10) $\forall z_{kn+1} \cdots z_{(k+1)n}$

$$[B_k \vee B(a_{(k+1)_1}, \cdots, a_{(k+1)_m}, z_{kn+1}, \cdots, z_{(k+1)n})]$$
$$\vdash B_k \vee A$$

由 (6) 和 (10) 就得到 (4).

最后我们由 (4) 证明(3). 设 $w_0, \cdots, w_{kn}$ 是不在 A 中出现的不同的约束变元. 由 (4) 经使用 $(\forall_+)$, 可得

(11) $A_{k+1} \vdash \forall w_0 \cdots w_{kn}[\mathfrak{S}^{a_0 \cdots a_{kn}}_{w_0 \cdots w_{kn}} B_k| \vee A]$

因 A 中没有 $w_0, \cdots, w_{kn}$ 出现, 故由 (11) 可得

(12) $A_{k+1} \vdash \forall w_0 \cdots w_{kn} \mathfrak{S}^{a_0 \cdots a_{kn}}_{w_0 \cdots w_{kn}} B_k| \vee A$

根据约束变元替换定理, 由 (12) 就得到

$$A_{k+1} \vdash \forall z_0 \cdots z_{kn} \mathfrak{S}^{a_0 \cdots a_{kn}}_{z_0 \cdots z_{kn}} B_k| \vee A$$

这就是 (3), 至此证明了归纳部分.

由基始和归纳, 就证明了引理 44.2. ‖

引理 44.3 如果序列 $B_1, B_2, B_3, \cdots$ 中没有重言式, 则有可数无穷域的赋值 φ, 使得 $\varphi(B_k) = \mathfrak{f}$, 因此

$$\varphi(B_k^\circ) = \mathfrak{f} \ (k = 1, 2, 3, \cdots).$$

证 因 $B_k (k = 1, 2, 3, \cdots)$ 中没有量词和等词, 又都不是重言式, 故由定理 43.6, 有赋值

(1) $\psi_1, \psi_2, \psi_3, \cdots$

使得

(2) $\psi_k(B_k) = \mathfrak{f} \ (k = 1, 2, 3, \cdots)$

任给一合式公式, 在 (1) 中总有无穷个赋值, 它们对这公式所赋的值都相同; 因为, 如果在 (1) 中有无穷个赋值对给定公式赋以真值, 则这些赋值就是所要找的, 否则, 如果 (1) 中只有有穷个赋值对给定公式赋以真值, 则在 (1) 中去掉这有穷个赋值, 所剩下的无穷个赋值就是所要找的, 它们对给定的公式都赋以假值.

现在令

$$C_1, C_2, C_3, \cdots$$

是在序列 $B_1, B_2, B_3, \cdots$ 中依次出现的不同的原子公式.

根据方才的说明,在(1)中有无穷个赋值给 C_1 赋以相同的值,我们令这无穷个赋值是

(3.1) $$\psi_1^1, \psi_2^1, \psi_3^1, \cdots$$

它们在(3.1)中保持着原来在(1)中的次序. 在讲到它们给 C_1 的赋值时,因为所赋的值都相同,即 $\psi_1^1(C_1)=\psi_2^1(C_1)=\psi_3^1(C_1)=\cdots$,所以我们可以把(3.1)中的各个赋值都记作"$\psi^1$"(即省略下添标),因而把它们给 C_1 所赋的值都记作"$\psi^1(C_1)$",这样是不会引起误会的.

在(3.1)中又有无穷个赋值给 C_2 赋以相同的值. 令这无穷个赋值是

(3.2) $$\psi_1^2, \psi_2^2, \psi_3^2, \cdots$$

它们在(3.2)中保持着原来在(3.1)中的次序. 同方才的情况一样,当讲到它们给 C_2 的赋值时,我们把(3.2)中的各个赋值都记作"ψ^2",把它们给 C_2 所赋的值都记作"$\psi^2(C_2)$".

一般地,我们将得到无穷个赋值

(3.i) $$\psi_1^i, \psi_2^i, \psi_3^i, \cdots$$

它们给 C_i 赋以相同的值,它们在(3.i)中保持着它们在前一个无穷序列(赋值的无穷序列)中的原有次序. 我们把(3.i)中的各个赋值都记作"ψ^i",把它们给 C_i 所赋的值都记作"$\psi^i(C_i)$". 当 $j\leqslant i$ 时,(3.i)是(3.j)的子序列,因此有

(4) $$\psi^i(C_j)=\psi^j(C_j)\quad(j\leqslant i)$$

我们来考虑真假值的无穷序列

$$\psi^1(C_1), \psi^2(C_2), \psi^3(C_3), \cdots$$

由原子公式赋值定理43.3,有可数无穷域中的赋值 φ,使得

(5) $$\varphi(C_i)=\psi^i(C_i)\quad(i=1, 2, 3, \cdots)$$

我们将证明这个 φ 就是所要求的,它使得

$$\varphi(B_k)=\mathfrak{f}\quad(k=1, 2, 3, \cdots).$$

任给 B_k. 按照 $C_1, C_2, C_3, \cdots$ 的排列次序，可以找到充分大的 l，使得 B_k 中的原子公式都在 $C_1, \cdots, C_l$ 之中. 由 (4) 和 (5) 可得

(6) $$\psi^l(C_r) = \psi^r(C_r) = \varphi(C_r) \quad (r = 1, \cdots, l)$$

由于 B_k 中没有量词，所以由 (6) 可得

(7) $$\psi^l(B_k) = \varphi(B_k)$$

(7) 中的 ψ^l，在要求它使得 (7) 成立这一点上，它可以是它所属的赋值无穷序列中的任意一个. ψ^l 也是在最初的赋值无穷序列 (1) 中的. 我们可以在 ψ^l 所属的无穷序列中选择一个充分靠后面的 ψ^l，使得它在 (1) 中是某个 ψ_s，而 $s > k$. 这样，对于 B_s 来说，根据 (2)，有

(8) $$\psi^l(B_s) = \psi_s(B_s) = \mathfrak{f}$$

因为 $s > k$，所以

(9) $$B_s = B_k \vee B^{\circ}_{k+1} \vee \cdots \vee B^{\circ}_s$$

由 (8) 和 (9) 就有 $\psi^l(B_k) = \mathfrak{f}$；由此和 (7)，就得到 $\varphi(B_k) = \mathfrak{f}$，因此有 $\varphi(B^{\circ}_k) = \mathfrak{f}$ $(k = 1, 2, 3, \cdots)$. ||

引理 44.4 如果序列 $B_1, B_2, B_3, \cdots$ 中没有重言式，则 A 在可数无穷域中不是恒真的.

证 我们来证明，在引理 44.3 的证明中用到的 (即在原子公式赋值定理 43.3 的证明中构造的) 可数无穷域 S 中的赋值 φ 使得 $\varphi(A) = \mathfrak{f}$. 如果能证明

(1) $$\varphi(\forall x_1 \cdots x_m \exists y_1 \cdots y_n \neg B(x_1, \cdots, x_m, y_1, \cdots, y_n)) = \mathfrak{t}$$

那么，由 (1) 显然可得 $\varphi(\neg A) = \mathfrak{t}$，从而可得 $\varphi(A) = \mathfrak{f}$.

令 $\varphi(B) = B$. 那么 (1) 就是

(2) $$\langle x_1 \cdots x_m \rangle_S \langle \partial y_1 \cdots y_n \rangle_S \sim B(x_1, \cdots, x_m, y_1, \cdots, y_n) = \mathfrak{t}$$

任取 S 中的元 $a_{\alpha_1}, \cdots, a_{\alpha_m}$. 设 $(\alpha_1, \cdots, \alpha_m)$ 是第 k 个自然数 m 元组. 由定理 43.3 的证明，有 $\varphi(a_i) = a_i$ $(i = 0, 1, 2, \cdots)$，因此有

$$\begin{aligned}\varphi(B^{\circ}_k) &= \varphi(B(a_{k_1}, \cdots, a_{k_m}, a_{(k-1)n+1}, \cdots, a_{kn})) \\ &= B(\varphi(a_{k_1}), \cdots, \varphi(a_{k_m}), \varphi(a_{(k-1)n+1}), \cdots, \varphi(a_{kn}))\end{aligned}$$

$$= B(a_{k_1}, \cdots, a_{k_m}, a_{(k-1)n+1}, \cdots, a_{kn})$$
$$= B(a_{\alpha_1}, \cdots, a_{\alpha_m}, a_{(k-1)n+1}, \cdots, a_{kn})$$

由此并根据引理 44.3，可得

(3) $$\sim B(a_{\alpha_1}, \cdots, a_{\alpha_m}, a_{(k-1)n+1}, \cdots, a_{kn}) = t$$

这就是说，对于 S 中的任何元 $a_{\alpha_1}, \cdots, a_{\alpha_m}$，有 S 中的元 $a_{(k-1)n+1}, \cdots, a_{kn}$，使得 (3) 成立。这样就证明了 (2)。 ‖

定理 44.5 (完备性定理)

[1] 如果在可数无穷域中 A 是恒真的，则 A 是重言式。 因此，如果 A 是恒真的，则 A 是重言式。

[2] 如果在可数无穷域中 $\Gamma \models A$，则 $\Gamma \vdash A$。因此，如果 $\Gamma \models A$，则 $\Gamma \vdash A$ (哥德尔 1930)。

证 如果 A 在可数无穷域中是恒真的，则在序列 $B_1, B_2, B_3, \cdots$ 中有重言式(由引理 44.4)；因此在序列 $A_1, A_2, A_3, \cdots$ 中有重言式(由引理 44.1)；于是 A 是重言式(由引理 44.2)，这就证明了 [1]。

由 [1] 就可以得到 [2]。 ‖

习　　题

44.1 在 A 的前束词中仅有一种量词的情形下，给出完备性定理(44.5)的证明。

44.2 设 A 是斯柯伦范式

$$\exists x_1 \cdots x_m \forall y_1 \cdots y_n B(x_1, \cdots, x_m, y_1, \cdots, y_n)$$

B_k^0 和 B_k 都象本节中所规定。那么，A 是重言式，当且仅当，有正整数 k，使得 B_k 是由 $\mathbf{P}$ 中的重言式在其中命题词的出现之处代入 $\mathbf{F}$ 中的原子公式而得(以相同的原子公式代替相同的命题词，以不同的原子公式代替不同的命题词)。

§45 谓词逻辑的完备性(二)

在本节中要陈述亨金 1949 中谓词逻辑完备性定理的证明。

这里要证明的是

1) 如果A是协调的则A有模型

这是完备性定理的一种等价形式. 实际上,我们在下面证明了

2) 如果合式公式集 $\mathfrak{A}$ 是协调的则 $\mathfrak{A}$ 有模型

由 2) 显然可以得到 1).

我们选择谓词逻辑 **F*** 来证明 2).

下面先要定义合式公式的极大协调集的概念，并证明几个引理.

定义 45.1（极大协调集） 合式公式的集 $\mathfrak{A}$ 是**极大协调集**,当且仅当,$\mathfrak{A}$ 是协调的,并且,对于任何不在 $\mathfrak{A}$ 中的 A, $\mathfrak{A}\cup\{A\}$ 都是不协调的.

引理 45.1 设合式公式集 $\mathfrak{A}$ 是极大协调集，A是任何合式公式. 那么, $A\in\mathfrak{A}$,当且仅当, $\mathfrak{A}\vdash A$.

证 由 $A\in\mathfrak{A}$ 显然可得 $\mathfrak{A}\vdash A$. 设 $\mathfrak{A}\vdash A$. 如果 $A\notin\mathfrak{A}$,则由于 $\mathfrak{A}$ 是极大协调集，所以 $\mathfrak{A}\cup\{A\}$ 是不协调的，因而 $\mathfrak{A}\vdash\neg A$. $\mathfrak{A}\vdash A$ 而又 $\mathfrak{A}\vdash\neg A$，这与 $\mathfrak{A}$ 的协调性是矛盾的，故由 $\mathfrak{A}\vdash A$ 可得 $A\in\mathfrak{A}$. ||

引理 45.2 设 $\mathfrak{A}$ 是合式公式的极大协调集，A是任何合式公式. 那么, $A\in\mathfrak{A}$ 和 $\neg A\in\mathfrak{A}$ 中有一个并且只有一个成立.

证 因为 $\mathfrak{A}$ 是协调的,故 $A\in\mathfrak{A}$ 和 $\neg A\in\mathfrak{A}$ 不能都成立.

如果 $A\notin\mathfrak{A}$,则由于 $\mathfrak{A}$ 是极大协调集,故 $\mathfrak{A}\cup\{A\}$ 是不协调的,故 $\mathfrak{A}\vdash\neg A$. 由引理 45.1, $\neg A\in\mathfrak{A}$. ||

由引理 45.1 和 45.3 可以得到引理 45.3.

引理 45.3 设 $\mathfrak{A}$ 是合式公式的极大协调集，A是任何合式公式. 那么, $\mathfrak{A}\vdash A$ 和 $\mathfrak{A}\vdash\neg A$ 中有一个并且只有一个成立. ||

引理 45.4 任何合式公式的协调集 $\mathfrak{A}$ 可以扩充成为极大协调集 $\mathfrak{A}^*$,就是说,有极大协调集 $\mathfrak{A}^*$, 使得 $\mathfrak{A}\subset\mathfrak{A}^*$.

证 谓词逻辑中的合式公式是可数的，它们可以排列成无穷序列 $A_1, A_2, A_3, \cdots$. 构造合式公式集的无穷序列 $\mathfrak{A}_0, \mathfrak{A}_1, \mathfrak{A}_2, \cdots$ 如下:

$$\mathfrak{A}_0=\mathfrak{A}$$

$$\mathfrak{A}_{n+1}=\begin{cases}\mathfrak{A}_n\cup\{A_{n+1}\} & \text{如果 } \mathfrak{A}_n\cup\{A_{n+1}\} \text{ 协调}\\ \mathfrak{A}_n & \text{否则}\end{cases}$$

那么可以得到 (1) 和 (2):

(1) $\mathfrak{A}_n\subset\mathfrak{A}_{n+1}\ (n=0,1,2,\cdots)$

(2) $\mathfrak{A}_n$ 是协调的 $(n=0,1,2,\cdots)$

其中的 (1) 是显然成立的, (2) 可以用归纳法证明, 施归纳于 n.

基始: $n=0$. $\mathfrak{A}_0$ 即 $\mathfrak{A}$ 是所给的协调集.

归纳: 假设 $\mathfrak{A}_n$ 是协调集, $\mathfrak{A}_{n+1}$ 是 $\mathfrak{A}_n\cup\{A_{n+1}\}$ 或者就是 $\mathfrak{A}_n$. 在两种情形下, $\mathfrak{A}_{n+1}$ 都是协调的.

由基始和归纳,就证明了 (2).

令 $\mathfrak{A}^*$ 是 $\mathfrak{A}_0,\mathfrak{A}_1,\mathfrak{A}_2,\cdots$ 的并集,那么 $\mathfrak{A}^*$ 中的任何合式公式都属于某个 $\mathfrak{A}_k$.

我们先证明 $\mathfrak{A}^*$ 是协调集. 设 $\mathfrak{A}^*$ 是不协调的,即有合式公式 C,使得 $\mathfrak{A}^*\vdash C, \neg C$. 那么有 $B_1,\cdots,B_m\in\mathfrak{A}^*$, 使得

(3) $B_1,\cdots,B_m\vdash C, \neg C$

设 $B_1\in\mathfrak{A}_{j1}, B_2\in\mathfrak{A}_{j2},\cdots,B_m\in\mathfrak{A}_{jm}$, 并且令 $j=\max(j_1,\ \cdots,j_m)$. 由 (1) 可得

(4) $B_1,\cdots,B_m\in\mathfrak{A}_j$

由 (4) 和 (3) 就得到 $\mathfrak{A}_j\vdash C, \neg C$. 这与 (2) 是矛盾的, 因此 $\mathfrak{A}^*$ 是协调集.

现在证明 $\mathfrak{A}^*$ 是极大协调集. 设 $B\notin\mathfrak{A}^*$. 那么 $B\notin\mathfrak{A}_n(n=0,1,2,\cdots)$. 令 B 是合式公式无穷序列中的 A_{k+1}. 根据 $\mathfrak{A}_0,\mathfrak{A}_1,\mathfrak{A}_2,\cdots$ 的构造情况, $\mathfrak{A}_k\cup\{A_{k+1}\}$ 是不协调的,即 $\mathfrak{A}_k\cup\{B\}$ 是不协调的. 因 $\mathfrak{A}_k\subset\mathfrak{A}^*$, 故 $\mathfrak{A}^*\cup\{B\}$ 是不协调的,这就证明了 $\mathfrak{A}^*$ 是极大协调集. ||

设 $\mathfrak{A}$ 是 F^* 中合式公式的协调集,我们要证明 $\mathfrak{A}$ 有模型. 我们先要把 $\mathfrak{A}$ 扩充为极大协调集, 为此又先要把 F^* 扩充为 $F^{*\prime}$, 它比 F^* 多一个无穷序列的新的个体词. 我们令

3) $d_0, d_1, d_2,\cdots$

是这个新的个体词的无穷序列. $F^{*\prime}$ 的其他形式符号, 形成规则,

和形式推理规则都与 F^* 的相同. $F^{*\prime}$ 的合式公式仍是可数的，可以排成一个无穷的序列.

设 $\exists x A_1(x)$ 是 $F^{*\prime}$ 的合式公式的无穷序列中第一个以存在量词开始的合式公式，d_{i_1} 是 3) 中的第一个不在 $A_1(x)$ 中出现的个体词. d_{i_1} 当然不在 $\mathfrak{A}$ 中出现，因为 $\mathfrak{A}$ 是 F^* 中合式公式的集. 令

$$\mathfrak{A}_1 = \mathfrak{A} \cup \{\exists x A_1(x) \to A_1(d_{i_1})\}$$

设 $\exists x A_2(x)$ 是 $F^{*\prime}$ 的合式公式的无穷序列中第二个以存在量词开始的合式公式，d_{i_2} 是 3) 中的第一个不在 $A_2(x)$ 中也不在 $\mathfrak{A}_1$ 中出现的个体词. 令

$$\mathfrak{A}_2 = \mathfrak{A}_1 \cup \{\exists x A_2(x) \to A_2(d_{i_2})\}$$

照此方法可以构造 $\mathfrak{A}_3, \mathfrak{A}_4, \mathfrak{A}_5, \cdots$. $\mathfrak{A}$ 是协调的. 由此可以证明 $\mathfrak{A}_1$ 也是协调的. 设 $\mathfrak{A}_1$ 不协调，就有 B，使得

$$\mathfrak{A} \cup \{\exists x A_1(x) \to A_1(d_{i_1})\} \vdash B \land \neg B$$

由此可得

4) $$\mathfrak{A} \vdash [\exists x A_1(x) \to A_1(d_{i_1})] \to B \land \neg B$$

由于 d_{i_1} 不在 $\mathfrak{A}$ 中出现，又可以任意选择 B，使得 d_{i_1} 不在 B 中出现，我们可以由 4) 逐步得到下面的 5)—7):

5) $$\mathfrak{A} \vdash \forall y[[\exists x A_1(x) \to A_1(y)] \to B \land \neg B]$$

6) $$\mathfrak{A} \vdash \exists y[\exists x A_1(x) \to A_1(y)] \to B \land \neg B$$

7) $$\mathfrak{A} \vdash [\exists x A_1(x) \to \exists y A_1(y)] \to B \land \neg B$$

因为 $\exists x A_1(x) \to \exists y A_1(y)$ 是重言式，所以由 7) 就得到 $\mathfrak{A} \vdash B \land \neg B$，这与 $\mathfrak{A}$ 的协调性是矛盾的. 因此就证明了 $\mathfrak{A}_1$ 的协调性.

用数学归纳法，通过上述论证，可以证明 $\mathfrak{A}, \mathfrak{A}_1, \mathfrak{A}_2, \cdots$ 都是协调的.

令 $\mathfrak{A}_\omega = \mathfrak{A} \cup \mathfrak{A}_1 \cup \mathfrak{A}_2 \cup \cdots$，则 $\mathfrak{A}_\omega$ 是协调的. 由引理 45.4，协调集 $\mathfrak{A}_\omega$ 可以扩充成为极大协调集. 令 $\mathfrak{A}^*$ 是由 $\mathfrak{A}_\omega$ 扩充而得的极大协调集.

令 S 是 $F^{*\prime}$ 中所有个体词的集，即 S 是由 F^* 中个体词以及 $d_0, d_1, d_2, \cdots$ 所构成的集. S 是可数无穷集. 构造 S 中的赋值 φ，满足以下的 8) 和 9):

8)　对于 $F^{*'}$ 中的个体词 a，$\varphi(a) = a \in S$.

9)　对于谓词 F^n，$\varphi(F^n) = F^n$，使得，对于 S 中任何元 $\alpha_1, \cdots, \alpha_n$，

$$F^n(\alpha_1, \cdots, \alpha_n) = \begin{cases} t & \text{如果 } F^n(\alpha_1, \cdots, \alpha_n) \in \mathfrak{A}^* \\ f & \text{否则} \end{cases}$$

于是，我们来证明下面的定理.

定理 45.5　设 A 是 $F^{*'}$ 中的合式公式，φ 是满足 8) 和 9) 的 S 中赋值. 那么

$$[1] \quad \varphi(A) = \begin{cases} t & \text{如果 } A \in \mathfrak{A}^* \\ f & \text{否则} \end{cases}$$

证　施归纳于 A 的结构.

基始：A 是原子公式. 由 9) 就得到 [1].

归纳：A 有 $\neg B$，$B \wedge C$，$B \vee C$，$B \to C$，$B \leftrightarrow C$，$\forall x B(x)$ 或 $\exists x B(x)$ 七种形式之一. 我们选择对于 $\neg B$，$B \to C$，$\forall x B(x)$ 三种形式给以证明.

设 $A = \neg B$. 可以得到

(1)　$A \in \mathfrak{A}^* \Longrightarrow \neg B \in \mathfrak{A}^*$（因 A 就是 $\neg B$）

$\Longrightarrow B \notin \mathfrak{A}^*$（由引理 45.2）

$\Longrightarrow \varphi(B) = f$（由归纳假设）

$\Longrightarrow \varphi(A) = \varphi(\neg B) = t$（由赋值定义）

(2)　$A \notin \mathfrak{A}^* \Longrightarrow \neg B \notin \mathfrak{A}^*$（因 A 就是 $\neg B$）

$\Longrightarrow B \in \mathfrak{A}^*$（由引理 45.2）

$\Longrightarrow \varphi(B) = t$（由归纳假设）

$\Longrightarrow \varphi(A) = \varphi(\neg B) = f$（由赋值定义）

由 (1) 和 (2) 就得到 [1].

设 A 是 $B \to C$. 那么有

(3)　$A \in \mathfrak{A}^* \Longrightarrow B \to C \in \mathfrak{A}^*$

$\Longrightarrow \neg(B \to C) \notin \mathfrak{A}^*$

$\Longrightarrow B \notin \mathfrak{A}^*$ 或 $\neg C \notin \mathfrak{A}^*$

$\Longrightarrow \varphi(B) = f$ 或 $\varphi(C) = t$

$$\Longrightarrow \varphi(A) = \varphi(B \to C) = t$$

(4) $$A \notin \mathfrak{A}^* \Longrightarrow B \to C \notin \mathfrak{A}^*$$

$$\Longrightarrow \neg(B \to C) \in \mathfrak{A}^*$$

$$\Longrightarrow B \in \mathfrak{A}^* \text{ 并且 } \neg C \in \mathfrak{A}^*$$

$$\Longrightarrow \varphi(B) = t \text{ 并且 } \varphi(C) = \mathfrak{f}$$

$$\Longrightarrow \varphi(A) = \varphi(B \to C) = \mathfrak{f}$$

由 (3) 和 (4) 就得到 [1].

最后,设 A 是 $\forall x B(x)$. 先证

(5) $$\forall x B(x) \in \mathfrak{A}^* \Longrightarrow \varphi(\forall x B(x)) = t$$

令 $\varphi(B) = B$, 则 (5) 就是

(6) $$\forall x B(x) \in \mathfrak{A}^* \Longrightarrow \langle x \rangle_S B(x) = t$$

令 a 是 S 中任意的元,即 a 是 $F^{*\prime}$ 中任意的个体词. 6) 可以证明如下:

$$\forall x B(x) \in \mathfrak{A}^* \Longrightarrow \mathfrak{A}^* \vdash \forall x B(x)$$

$$\Longrightarrow \mathfrak{A}^* \vdash B(a)$$

$$\Longrightarrow B(a) \in \mathfrak{A}^*$$

$$\Longrightarrow \varphi(B(a)) = t \text{ (由归纳假设)}$$

$$\Longrightarrow B(\varphi(a)) = B(a) = t$$

$$\Longrightarrow \langle x \rangle_S B(x) = t$$

其次证

$$\forall x B(x) \notin \mathfrak{A}^* \Longrightarrow \varphi(\forall x B(x)) = \mathfrak{f}$$

即

(7) $$\forall x B(x) \notin \mathfrak{A}^* \Longrightarrow \langle x \rangle_S B(x) = \mathfrak{f}$$

可以得到

(8) $$\forall x B(x) \notin \mathfrak{A}^* \Longrightarrow \neg \forall x B(x) \in \mathfrak{A}^*$$

$$\Longrightarrow \exists x \neg B(x) \in \mathfrak{A}^*$$

由于 $\exists x \neg B(x)$ 是 $F^{*\prime}$ 中的以存在量词开始的合式公式,故有某个 d_{i_k},使得

(9) $$\mathfrak{A}_k = \mathfrak{A}_{k-1} \cup \{\exists x \neg B(x) \to \neg B(d_{i_k})\}$$

由 (9) 可得

(10) $\exists x \neg B(x) \to \neg B(d_{i_k}) \in \mathfrak{A}^*$

由 (8) 和 (10) 可得

$$\begin{aligned}\forall xB(x) \notin \mathfrak{A}^* &\Longrightarrow \neg B(d_{i_k}) \in \mathfrak{A}^* \\ &\Longrightarrow B(d_{i_k}) \notin \mathfrak{A}^* \\ &\Longrightarrow \varphi(B(d_{i_k})) = \mathfrak{f}\ \text{(由归纳假设)} \\ &\Longrightarrow B(\varphi(d_{i_k})) = B(d_{i_k}) = \mathfrak{f} \\ &\Longrightarrow \langle x\rangle_S B(x) = \mathfrak{f}\end{aligned}$$

这就是 (7).

由 (6) 和 (7) 就得到 [1]; 至此证明了归纳部分.

由以上的基始和归纳，就证明了定理 45.5. ‖

定理 45.6 (完备性定理) 凡协调的合式公式集都有可数无穷模型. 因此，凡协调的合式公式集都有模型(哥德尔 1930).

证 设 $\mathfrak{A}$ 是协调的合式公式集. 我们在前面已把 $\mathfrak{A}$ 扩充成为极大协调集 $\mathfrak{A}^*$. 根据定理 45.5，所构造的可数无穷集 S 中的赋值 φ 使得 $\varphi(A) = t$，其中的 A 是 $\mathfrak{A}^*$ 中的任意的合式公式. 因此，对于 $\mathfrak{A}$ 中任意的 A，显然可得 $\varphi(A) = t$，故 $\mathfrak{A}$ 有可数无穷模型. ‖

§46 带等词的谓词逻辑的完备性

在本节中要证明带等词的谓词逻辑 $\mathbf{F}^{I*}$，$\mathbf{F}^*$ 和 $\mathbf{F}^{*I}$ 的完备性. 我们先证明 $\mathbf{F}^{I*}$ 的完备性.

设 A 是 $\mathbf{F}^{I*}$ 中的任意的合式公式. 设 A 中除等词 I 外还有其他不同的谓词 $F_1^{n_1}, \cdots, F_k^{n_k}$ 出现. 令

$$B_1 = \forall xI(x, x)$$

$$B_2 = \forall xy[I(x, y) \to I(y, x)]$$

$$B_3 = \forall xyz[I(x, y) \wedge I(y, z) \to I(x, z)]$$

$$\begin{aligned}C_{ij} = \forall[&F_i(x_1, \cdots, x_{j-1}, x, x_{j+1}, x_{n_i}) \wedge I(x, y) \\ &\to F_i(x_1, \cdots, x_{j-1}, y, x_{j+1}, \cdots, x_{n_i})]\end{aligned}$$

$$(i = 1, \cdots, k;\ j = 1, \cdots, n_i)$$

$$\Delta_A = B_1, B_2, B_3, C_{11}, \cdots, C_{1n_1}, \cdots, \cdots, C_{k1}, \cdots, C_{kn_k}$$

其中的 Δ_A 是由 A 所确定的合式公式有穷序列，Δ_A 已经在 §28 中讲到过.

为了陈述的简单，我们可以不失去一般性地假设在 A 中除等词之外只出现一个其他的谓词 F，F 是 n 元的谓词. 这样，上面的 C_{ij} 就成为 C_j：

$$C_j = \forall[F(x_1, \cdots, x_{j-1}, x, x_{j+1}, \cdots, x_n) \wedge I(x, y) \rightarrow F(x_1, \cdots, x_{j-1}, y, x_{j+1}, \cdots, x_n)]$$
$$(j = 1, \cdots, n)$$

于是有

$$\Delta_A = B_1, B_2, B_3, C_1, \cdots, C_n$$

我们仍令 $\wedge \Delta_A$ 是由 Δ_A 中的公式构成的合取式.

像在 §28 中一样，我们在下面也还要另外把 A 看作是不带等词的 **F*** 中的合式公式，也就是把 A 中的 I 看作不是等词，而是一个一般的二元谓词. 这时，从语法上讲，就不能使用关于等词的形式推理规则 (**F*** 中是不包含形式推理规则 (I_-) 和 (I_+) 的)；从语义上讲，给 I 所赋的值就不一定是 I. 在这种情形下，Δ_A 中的各公式也都是 **F*** 中的合式公式.

引理 46.1 给定不空的个体域 S. 如果 $\mathbf{F}^{I*}$ 中的 A 在任何不空的、基数不大于 S 的基数的个体域 T 中都是恒真的，则 **F*** 中的 $\wedge \Delta_A \rightarrow A$ 在 S 中是恒真的.

引理 46.2 给定不空的个体域 S 和 $\mathbf{F}^{I*}$ 中的 A 和 A_k ($k = 0, 1, 2, \cdots$).

[1] 如果 **F*** 中的 $\wedge \Delta_A \wedge A$ 在 S 中是可真的，则有不空的、基数不大于 S 的基数的个体域 T，使得 A 在 T 中是可真的.

[2] 如果 **F*** 中的 $\wedge \Delta_{A_k} \wedge A_k$ ($k = 0, 1, 2, \cdots$) 在 S 中是一起可真的，则有不空的、基数不大于 S 的基数的个体域 T，使得 A_k ($k = 0, 1, 2, \cdots$) 在 T 中是一起可真的.

引理 46.2 中的 [1] 是引理 46.1 的等价形式，[2] 是把 [1] 中的一个合式公式扩充为无穷个合式公式的情形. 下面我们证引理 46.2 中的 [1].

证 46.2 [1] 根据引理中的假设，有 S 中的赋值 φ，使得 $\varphi(\wedge\Delta_A\wedge A)=t$，即

(1) $$\varphi(B_1)=\varphi(B_2)=\varphi(B_3)=t$$

(2) $$\varphi(C_j)=t \quad (j=1,\cdots,n)$$

(3) $$\varphi(A)=t$$

因为 $\wedge\Delta_A\wedge A$ 是 F^* 中的合式公式，其中的 I 不是等词，我们令 $\varphi(I)=H$，H 是 S 中的二元命题函数．由(1)，对于 S 中的任何元素 α,β,γ，可得

(4) $$\begin{cases}H(\alpha,\alpha)=t\\ H(\alpha,\beta)=t\Longrightarrow H(\beta,\alpha)=t\\ H(\alpha,\beta)=H(\beta,\gamma)=t\Longrightarrow H(\alpha,\gamma)=t\end{cases}$$

由(4)可以利用 H 把 S 分成若干个(至少一个)互不相交的等价类，使得，S 中的任何元 α 和 β 属于同一个等价类，当且仅当，$H(\alpha,\beta)=t$．S 中的元都恰好属于一个这样分成的等价类．

任给 $\alpha\in S$，令 α 所属的等价类为 α'．那么，任何 $\alpha,\beta\in S$，

(5) $$H(\alpha,\beta)=t\Longleftrightarrow\alpha'=\beta'$$

令 S' 是由 S 的等价类构成的集，则 S' 不空，并且 S' 的基数不大于 S 的基数．下面要证明 F^{I*} 中的 A 在 S' 中是可真的．

令 $\varphi(F)=F$．我们先要证明，如果 α_j 和 $\beta_j(j=1,2,\cdots,n)$ 是 S 中任意的属于同一个等价类的元，即它们满足 $\alpha_j'=\beta_j'$，那么下面的 (6) 和 (7) 成立：

(6) $$F(\alpha_1,\cdots,\alpha_n)=F(\beta_1,\cdots,\beta_n)$$

(7) $$H(\alpha_1,\alpha_2)=H(\beta_1,\beta_2)$$

证明如下．我们显然有

(8) $$B_1,B_2,B_3,C_j\vdash\forall[I(x,y)\to F(x_1,\cdots,x_{j-1},x,x_{j+1},\cdots,x_n)\leftrightarrow F(x_1,\cdots,x_{j-1},y,x_{j+1},\cdots,x_n)]$$
$$(j=1,\cdots,n)$$

由 (8)，根据可靠性定理，并根据 (1)，(2) 和 (5)，可得

(9) $F(\alpha_1,\cdots,\alpha_{j-1},\alpha,\alpha_{j+1},\cdots,\alpha_n)$

$$= F(\alpha_1, \cdots, \alpha_{j-1}, \beta, \alpha_{j+1}, \cdots, \alpha_n) \ (j = 1, \cdots, n)$$

其中的 $\alpha_1, \cdots, \alpha_{j-1}, \alpha_{j+1}, \cdots, \alpha_n$ 是 S 中的任意的元，α 和 β 是 S 中任意的属于同一个等价类的元．由(9)可得

$$\begin{aligned} F(\alpha_1, \cdots, \alpha_n) &= F(\beta_1, \alpha_2, \cdots, \alpha_n) \\ &= F(\beta_1, \beta_2, \alpha_3, \cdots, \alpha_n) \\ &= \cdots \\ &= F(\beta_1, \cdots, \beta_n) \end{aligned}$$

这就是(6)．(7)的证明是类似的．

由 S 中的赋值 φ 构造 S' 中的赋值 φ'，φ' 满足

(10) $$\varphi'(\mathrm{a}) = (\varphi(\mathrm{a}))'$$

并且 $\varphi'(\mathrm{F}) = F'$，使得，对于任何 $\beta_1', \cdots, \beta_n' \in S'$，有

(11) $$F'(\beta_1', \cdots, \beta_n') = F(\beta_1, \cdots, \beta_n)$$

其中的 $\beta_j (j = 1, \cdots, n)$，根据(6)，可以是 β_j' 中任意的元；对于不是等词的 I，$\varphi'(\mathrm{I}) = H'$，使得，对于任何 $\beta_1', \beta_2' \in S'$，有

(12) $$H'(\beta_1', \beta_2') = H(\beta_1, \beta_2)$$

其中的 β_1 和 β_2，根据(7)，分别可以是 β_1' 和 β_2' 中的任意的元．下面要证明，对于 $\mathbf{F}^*$ 中的 A，有

(13) $$\varphi(\mathrm{A}) = \varphi'(\mathrm{A})$$

为了证明(13)，我们来证明

(14) 对于 S 中任何赋值 φ 和满足(10)，(11)和(12)的 S' 中任何赋值 φ'，恒有 $\varphi(\mathrm{A}) = \varphi'(\mathrm{A})$．

(14)的证明用归纳法，施归纳于 $\mathbf{F}^*$ 中合式公式 A 的结构．

基始：A 是原子公式 $\mathrm{F}(\mathrm{a}_1, \cdots, \mathrm{a}_n)$ 或 $\mathrm{I}(\mathrm{a}, \mathrm{b})$，其中的 I 不是等词．假设 $\varphi(\mathrm{F}) = F$，$\varphi'(\mathrm{F}) = F'$，$\varphi(\mathrm{I}) = H$，$\varphi'(\mathrm{I}) = H'$，则由(10)和(11)可得

$$\begin{aligned} \varphi(\mathrm{F}(\mathrm{a}_1, \cdots, \mathrm{a}_n)) &= F(\varphi(\mathrm{a}_1), \cdots, \varphi(\mathrm{a}_n)) \\ &= F'(\varphi(\mathrm{a}_1)', \cdots, \varphi(\mathrm{a}_n)') \\ &= F'(\varphi'(\mathrm{a}_1), \cdots, \varphi'(\mathrm{a}_n)) \\ &= \varphi'(\mathrm{F}(\mathrm{a}_1, \cdots, \mathrm{a}_n)) \end{aligned}$$

由(10)和(12)可得

$$\varphi(\mathrm{I}(\mathrm{a}, \mathrm{b})) = H(\varphi(\mathrm{a}), \varphi(\mathrm{b}))$$
$$= H'(\varphi(\mathrm{a})', \varphi(\mathrm{b})')$$
$$= H'(\varphi'(\mathrm{a}), \varphi'(\mathrm{b}))$$
$$= \varphi'(\mathrm{I}(\mathrm{a}, \mathrm{b}))$$

归纳：A 有 $\neg\mathrm{B}$，$\mathrm{B}\wedge\mathrm{C}$，$\mathrm{B}\vee\mathrm{C}$，$\mathrm{B}\rightarrow\mathrm{C}$，$\mathrm{B}\leftrightarrow\mathrm{C}$，$\forall\mathrm{xB(x)}$ 或 $\exists\mathrm{xB(x)}$ 七种形式之一．关于前面的五种形式，证明是简单的，故从略．下面作出 $\mathrm{A} = \forall\mathrm{xB(x)}$ 形式的证明，而 $\mathrm{A} = \exists\mathrm{xB(x)}$ 的形式可以类似地证明．

当 $\mathrm{A} = \forall\mathrm{xB(x)}$ 时，由归纳假设，对于任何满足上述条件的 S 中赋值 φ 和 S' 中赋值 φ'，已经有

(15) $$\varphi(\mathrm{B(a)}) = \varphi'(\mathrm{B(a)})$$

成立，(15) 中的 B(a) 是这样一个合式公式，a 在其中出现，x 不在其中出现，而且 $\mathfrak{S}^{\mathrm{a}}_{\mathrm{x}}\mathrm{B(a)}| = \mathrm{B(x)}$．现在要证明，对于任何满足上述条件的 φ 和 φ'，有

(16) $$\varphi(\forall\mathrm{xB(x)}) = \varphi'(\forall\mathrm{xB(x)})$$

成立．令 $\varphi(\mathrm{B}) = B$，$\varphi'(\mathrm{B}) = B'$，那么 (16) 就是

$$\langle x\rangle_S B(x) = \langle x\rangle_{S'} B'(x) \quad 即$$

(17) $$\langle x\rangle_S B(x) = \mathrm{t} \Longleftrightarrow \langle x\rangle_{S'} B'(x) = \mathrm{t}$$

下面证 (17) 的⇒部分．

设 $\langle x\rangle_S B(x) = \mathrm{t}$，并任意取 $\beta' \in S'$，要证明 $B'(\beta') = \mathrm{t}$．由 $\beta' \in S'$ 可得 $\beta \in S$．构造一个 S 中的赋值 ψ，使得

(18) $$\psi(\mathrm{a}) = \beta$$

并且 ψ 给 a 以外的所有指词所赋的值都与 φ 所赋的值相同．又构造一个 S' 中的赋值 ψ'，使得

(19) $$\psi'(\mathrm{a}) = \beta'$$

并且 ψ' 给 a 以外的所有指词所赋的值都与 φ' 所赋的值相同．这样，ψ 与 ψ' 的关系显然是满足(10)，(11)和(12)的；因此，由(15)，可得

(20) $$\psi(\mathrm{B(a)}) = \psi'(\mathrm{B(a)})$$

又根据 ψ 和 ψ' 的构造，由于 a 是与 B 无关的，故有

(21) $$\psi(\mathrm{B}) = \varphi(\mathrm{B}) = B$$

(22) $$\psi'(\mathrm{B}) = \varphi'(\mathrm{B}) = B'$$

由 (18),(19),(20),(21) 和 (22) 可得

(23) $$\begin{aligned} B(\beta) &= B(\psi(\mathrm{a})) = \psi(\mathrm{B}(\mathrm{a})) \\ &= \psi'(\mathrm{B}(\mathrm{a})) = B'(\psi'(\mathrm{a})) = B'(\beta') \end{aligned}$$

由于假设 $\langle x\rangle_S B(x) = \mathrm{t}$,而且 $\beta \in S$,故 $B(\beta) = \mathrm{t}$;因此根据 (23),可得 $B'(\beta') = \mathrm{t}$. 因为 β' 是 S' 中的任意元素,故证明了 $\langle x\rangle_{S'} B'(x) = \mathrm{t}$,这就证明了 (17) 的⇒部分.

(17) 的⇐部分的证明是类似的. 至此证完了 (17),即完成了归纳部分的证明.

由以上的基始和归纳,就证明了 (14). 由 (14) 可得到 (13).

但是对于 H',由 (12) 和 (5) 可得,对于 S' 中的任何元素 β_1' 和 β_2',

$$H'(\beta_1', \beta_2') = \mathrm{t} \Longleftrightarrow \beta_1' = \beta_2'$$

这就是说, 在赋值 φ' 之下, I 是等词. 这样, 对于 (13) 的右方 $\varphi'(\mathrm{A})$ 中的 A 来说, 其中的 I 是等词,即这个 A 是 $\mathbf{F}^{\mathrm{I}*}$ 中的合式公式.

由 (13) 和 (3) 就得到 $\varphi'(\mathrm{A}) = \mathrm{t}$, 因此 $\mathbf{F}^{\mathrm{I}*}$ 中的 A 在 S' 中是可真的. S' 就是引理中所要求的 T,于是引理证完. ‖

定理 46.3 (完备性定理) 在 $\mathbf{F}^{\mathrm{I}*}$ 中,

[1] 如果 A 在可数无穷域和任何不空有穷域中都是恒真的, 则 A 是重言式. 因此,如果 A 是恒真的,则 A 是重言式.

[2] 如果在可数无穷域和任何不空有穷域中 $\Gamma \models \mathrm{A}$, 则 $\Gamma \vdash \mathrm{A}$. 因此, 如果 $\Gamma \models \mathrm{A}$, 则 $\Gamma \vdash \mathrm{A}$ (哥德尔 1930).

证 由 [1] 中的假设, 根据引理 46.1, $\mathbf{F}^*$ 中的 $\bigwedge \Delta_{\mathrm{A}} \to \mathrm{A}$ 在可数无穷域中是恒真的;因此,由不带等词的谓词逻辑的完备性定理, $\bigwedge \Delta_{\mathrm{A}} \to \mathrm{A}$ 是 $\mathbf{F}^*$ 中的重言式, 因而也是 $\mathbf{F}^{\mathrm{I}*}$ 中的重言式. 由于 I 在 $\mathbf{F}^{\mathrm{I}*}$ 中是等词, 故 $\bigwedge \Delta_{\mathrm{A}}$ 是 $\mathbf{F}^{\mathrm{I}*}$ 中的重言式, 因而 A 是 $\mathbf{F}^{\mathrm{I}*}$ 中的重言式, 这就证明了 [1].

由 [1] 可得到 [2]. ‖

定理 46.4（完备性定理） 在 $\mathbf{F}^*$ 和 $\mathbf{F}^{*\prime}$ 中，

[1] 如果A在可数无穷域和任何不空有穷域中都是恒真的，则A是重言式. 因此，如果A是恒真的，则A是重言式.

[2] 如果在可数无穷域和任何不空有穷域中 $\Gamma \models A$，则 $\Gamma \vdash A$. 因此，如果 $\Gamma \models A$，则 $\Gamma \vdash A$（哥德尔 1930）.

证 我们先证 $\mathbf{F}^{*\prime}$ 的完备性定理. 根据 $\mathbf{F}^{*\prime}$ 的函数词消除定理，有

(1) $$\mathbf{F}^{*\prime}: \vdash A \Leftrightarrow \mathbf{F}^{I*}: \vdash A^\circ$$

其中的 A° 简单说就是由A把其中所有有 $f(a_1, \cdots, a_n)$ 形式的子公式换为 $\imath x F(a_1, \cdots, a_n, x)$，然后再替除摹状词而得，其中的F不在A中出现(详细情况都见 § 28).

现在我们要证明

(2) 任何不空个体域 S 中的赋值 φ，有 S 中赋值的 ψ，使得

$$\psi(A) = \varphi(A^\circ).$$

由 φ 构造 ψ，使得，ψ 对于A中除函数词外的所有指词所赋的值都与 φ 所赋的值相同，ψ 对A中函数词则按以下规定赋值. 我们只要考虑A中的一个 f^n 作为例子. 设由A得到 A° 时用来替除 f^n 的谓词是 F^{n+1}，并设 $\varphi(F)=F$. 令 $\psi(f)=f$ 是这样一个由 $(S\cup\{u\})^n$ 到 $S\cup\{u\}$ 的函数，使得，对于 $\alpha_1, \cdots, \alpha_n \in S$，如果有 S 中唯一的元 α 使得 $F(\alpha_1, \cdots, \alpha_n, \alpha)=t$，则 $f(\alpha_1, \cdots, \alpha_n)=\alpha$，否则令 $f(\alpha_1,\cdots,\alpha_n)=u$；如果 $\alpha_1,\cdots,\alpha_n$ 中有u，则也令 $f(\alpha_1,\cdots,\alpha_n)=u$. 这样的 ψ 显然使得 (2) 成立.

根据 (2)，由于 $\mathbf{F}^{*\prime}$ 中的A在可数无穷域和任何不空有穷域中都是恒真的，可以知道 $\mathbf{F}^{I*}$ 中的 A° 也有这个性质. 因此，由定理 46.3，A° 是 $\mathbf{F}^{I*}$ 中的重言式. 由此和 (1)，A是 $\mathbf{F}^{*\prime}$ 中的重言式，这就证明了 [1]. 由 [1] 可得 [2].

$\mathbf{F}^*$ 的完备性定理可以类似地证明，但用到 $\mathbf{F}^*$ 的函数词消除定理. ‖

定理 46.5（完备性定理） 在 $\mathbf{F}^{I*}$, $\mathbf{F}^*$, $\mathbf{F}^{*\prime}$ 中，

[1] 凡协调的A都有可数无穷模型或不空有穷模型. 因此，

凡协调的 A 都有模型.

[2] 凡协调的 $\mathfrak{A}$ 都有可数无穷模型或不空有穷模型. 因此，凡协调的 $\mathfrak{A}$ 都有模型(哥德尔 1930). ‖

定理 46.5 中的 [1] 是定理 46.3 和 46.4 中的 [1] 的等价形式，[2] 是把 [1] 中的一个合式公式扩充为合式公式集合的情形.

§ 47 紧致性定理和勒文海姆-斯柯伦定理

紧致性定理和勒文海姆[1]-斯柯伦定理都是模型论中的重要定理.

定理 47.1 (紧致性定理) 如果 $\mathfrak{A}$ 的任何子集都有模型，则 $\mathfrak{A}$ 有模型.

证 由假设，根据可靠性定理 42.8，$\mathfrak{A}$ 的任何有穷子集都是协调的，因此 $\mathfrak{A}$ 是协调的. 由定理 45.6 和 46.5 [2]，$\mathfrak{A}$ 有模型. ‖

勒文海姆定理和斯柯伦定理都是在哥德尔完备性定理之前建立的. 但是，有了完备性定理，并根据可靠性定理，它们就很容易证明. 下面的定理 47.2 和 47.3 是勒文海姆定理的两个等价的形式.

定理 47.2 (勒文海姆定理)

[1] 在不带等词的谓词逻辑中，如果 A 在可数无穷域中是恒真的，则 A 是恒真的. 因此，A 是恒真的，当且仅当，A 在可数无穷域中是恒真的.

[2] 在带等词的谓词逻辑中，如果 A 在可数无穷域和任何不空有穷域中都是恒真的，则 A 是恒真的. 因此，A 是恒真的，当且仅当，A 在可数无穷域和任何不空有穷域中都是恒真的(勒文海姆 1915). ‖

定理 47.3 (勒文海姆定理)

[1] 在不带等词的谓词逻辑中，如果 A 有模型，则 A 有可数

---

1) L. Löwenheim.

无穷模型．因此，A有模型，当且仅当，A有可数无穷模型．

[2]　在带等词的谓词逻辑中，如果A有模型，则A有可数无穷模型或不空有穷模型．因此，A有模型，当且仅当，A有可数无穷模型或不空有穷模型（勒文海姆 1915）．‖

定理 47.4（勒文海姆-斯柯伦定理）

[1]　在不带等词的谓词逻辑中，如果合式公式集 $\mathfrak{A}$ 有模型，则 $\mathfrak{A}$ 有可数无穷模型．因此，$\mathfrak{A}$ 有模型，当且仅当，$\mathfrak{A}$ 有可数无穷模型．

[2]　在带等词的谓词逻辑中，如果合式公式集 $\mathfrak{A}$ 有模型，则 $\mathfrak{A}$ 有可数无穷模型或不空有穷模型．因此，$\mathfrak{A}$ 有模型，当且仅当，$\mathfrak{A}$ 有可数无穷模型或不空有穷模型（斯柯伦 1920）．‖

习　　题

47.1　任何不带等词的A和任何不空个体域 S 中的赋值 φ，有可数无穷域中的赋值 ψ，使得 $\varphi(A)=\psi(A)$．

§48　独　立　性

关于逻辑演算中的形式推理规则，我们常常要求其中的任何一条都是不能从其余的规则推出的，因而是不多余的，是不能省略的．这是推理规则的独立性问题．然而，这种对于推理规则的独立性的要求却并不是必要的；在逻辑演算中完全可以由于这样那样的原因而保留某些并不独立的推理规则．因此，要求独立性可以说是出于把作为出发点的东西搞得少而精致一些的考虑．

定义 48.1（独立性）　在逻辑演算中，一条形式推理规则称为**独立的**，如果它不能从其余的推理规则推出．

我们也可以说，如果在逻辑演算中去掉某一条推理规则后，就使得这个逻辑演算中原有的某个推理关系不再成立，那么这条推理规则是独立的．这样的定义与 48.1 中的定义是等价的．

根据上面的定义，为了证明逻辑演算中某一推理规则是独立的，我们只要找到一个性质，使得这个逻辑演算中所有其他的推理规则，如果它是第一类的推理规则，那么它所直接生成的推理关系都有这个性质，如果它是第二类的推理规则，那么由它生成的推理关系都保持这个性质（简单地，可以说其他推理规则都具有或保持这个性质），可是，要证明它的独立性的推理规则却不是这样.

或者，如果能找到一个性质，使得，除了要证明它的独立性的推理规则之外的其他推理规则都像上面所说的那样，但是逻辑演算中原有的某一推理关系却没有这个性质，那么也就证明了这条推理规则的独立性.

下面我们选择 $\mathbf{F}^{fI'}$ 作为例子，来证明它的推理规则的独立性.

定理 48.1 $\mathbf{F}^{fI'}$ 的各推理规则都是独立的.

我们依次证明 $\mathbf{F}^{fI'}$ 中各推理规则的独立性.

证$(\in)$的独立性 $\mathbf{F}^{fI'}$ 中除$(\in)$外的所有推理规则都具有或者保持以下性质，即其中的形式前提不超过两个公式. 例如$(\to_-)$和$(\forall'_-)$中的形式前提都是两个公式；(E')中的形式前提不超过一个公式；又如在$(\neg)$中，如果 $\Gamma, \neg A \vdash B$ 和 $\Gamma, \neg A \vdash \neg B$ 中的形式前提 $\Gamma, \neg A$ 不超过两个公式，则由它们得到的 $\Gamma \vdash A$ 中的形式前提 Γ 当然也不超过两个公式. 但是由$(\in)$生成的推理关系

$$A, B, C \vdash A$$

中的形式前提却有三个公式，因此没有上述性质，这就证明了$(\in)$的独立性.

证(τ)的独立性 我们要把命题函数 F, G 等以及 I 的两个函数值（t 和 f）改为三个值，记作“0”，“1”和“2”. 这样，F, G 和 I 等都不再是原来意义下的（二值）命题函数，而成为有更多值的函数.

此外，我们把拟逻辑词～，→，$\langle x\rangle_S$ 改为按照下面的（1）来确定它们的值（其中的 S 是任何不空的个体域）：

(1)

→	0	1	2	~
0	0	0	2	2
1	0	0	0	2
2	0	0	0	0

[1]

$$\langle x\rangle_S A(x)=\begin{cases}0 & \text{如果任何 } \alpha\in S,\ A(\alpha)<2\\ 2 & \text{否则}\end{cases}$$

对于 I 和 S 中元 α, β,我们令

(2) $$I(\alpha,\beta)=\begin{cases}0 & \text{如果 } \alpha=\beta\\ 2 & \text{否则}\end{cases}$$

又对于任何 F(包括 I),如果 $\alpha_1,\cdots,\alpha_n$ 中有 u 出现,令

(3) $$F(\alpha_1,\cdots,\alpha_n)=2$$

上面这个规定可以说是使得这里的 0 和 1 相当于 t,2 相当于 f. 除以上所说的改变外,我们对赋值仍保持 §40 中的规定. 于是,可以验证,$\mathbf{F}^{\mathrm{fI}}$ 中除 (τ) 外的所有推理规则都具有或者保持下述性质:任何按以上的规定而构造出的 S 中的赋值 φ,以及这些推理规则中的形式前提 Γ 和形式结论 A,都满足

(4) $$\varphi(\Gamma)=0\Longrightarrow\varphi(\mathrm{A})<2$$

其中 $\varphi(\Gamma)=0$ 的意思是:任何 $\mathrm{A}\in\Gamma$,都有 $\varphi(\mathrm{A})=0$. 当 Γ 是空序列时,$\varphi(\Gamma)=0$ 恒成立,故这时 (4) 就是 $\varphi(\mathrm{A})<2$. 例如对于($\rightarrow_-$):

$$\mathrm{A}\rightarrow\mathrm{B},\ \mathrm{A}\vdash\mathrm{B}$$

如果 $\varphi(\mathrm{A}\rightarrow\mathrm{B})=0$, $\varphi(\mathrm{A})=0$,又设 $\varphi(\mathrm{B})=2$,那么,由 (1) 就

---

1) 这由下面两个表组成:

→	0	1	2
0	0	0	2
1	0	0	0
2	0	0	0

	~
0	2
1	2
2	0

有

$$\varphi(A\to B)=\varphi(A)\to\varphi(B)=0\to2=2$$

这与 $\varphi(A\to B)=0$ 矛盾. 故 $\varphi(B)\leqslant1$，因此 $(\to_-)$ 是满足 (4) 的. 又如对于 $(\forall^!_-)$:

$$\forall xA(x),\ \exists!\,a\vdash A(a)$$

即

$$\forall xA(x),\ \neg\forall x\neg I(a,x)\vdash A(a)$$

令 $\varphi(A)=A$，并设 $\varphi(\forall xA(x))=\langle x\rangle_S A(x)=0$ 而 $\varphi(A(a))=A(\varphi(a))=2$，那么由 (1)，可得 $\varphi(a)\notin S$. 因此，任何 $\alpha\in S$，可以得到下面的

$$I(\varphi(a),\alpha)=2$$

$$\sim I(\varphi(a),\alpha)=0$$

由此可得

$$\langle x\rangle_S\sim I(\varphi(a),x)=0$$

$$\sim\langle x\rangle_S\sim I(\varphi(a),x)=2$$

这就是 $\varphi(\neg\forall x\neg I(a,x))=2$. 因此 $(\forall^!_-)$ 是满足 (4) 的. 又如对于 $(\forall_+)$:

$$\frac{\Gamma\vdash A(a)\ (\text{a 不在 }\Gamma\text{ 中出现})}{\Gamma\vdash\forall xA(x)}$$

令 $\varphi(A)=A$，并设 $\Gamma\vdash\forall xA(x)$ 不满足 (4)，即有 S 中的赋值 φ 使得 $\varphi(\Gamma)=0$ 而 $\varphi(\forall xA(x))=\langle x\rangle_S A(x)=2$. 则由 (1) 有 S 中的元 α 使得 $A(\alpha)=2$. 构造 S 中的赋值 ψ，使得 $\psi(a)=\alpha$，而 ψ 给 a 以外的指词所赋的值都与 φ 所赋的值相同. 这样就有 $\psi(\Gamma)=\varphi(\Gamma)=0$，$\psi(A)=\varphi(A)=A$，由此可以得到

$$\psi(A(a))=A(\psi(a))=A(\alpha)=2$$

因此 $\Gamma\vdash A(a)$ 也不满足 (4). 所以 $(\forall_+)$ 是保持上述性质的.

又如对于 $(\exists^!)$ 中的 $(\exists^!_a)$

$$F(a_1,\cdots,a_n)\vdash\exists!\,a\ \ (a\text{ 是任一 }a_i(i=1,\cdots,n)\text{ 的子项})$$

也就是

$$F(a_1, \cdots, a_n) \vdash \neg\forall x \neg I(a, x)$$

如果 S 中的赋值 φ 使得 $\varphi(F(a_1, \cdots, a_n)) = 0$，则由 (3) 可知 $\varphi(a_i) \neq u(i = 1, \cdots, n)$，因此 $\varphi(a) \neq u$，即有 $\varphi(a) \in S$。于是，由 (2)，就有 $\alpha \in S$，使得 $I(\varphi(a), \alpha) \neq 2$，由此可依次得到

$$\sim I(\varphi(a), \alpha) = 2$$

$$\langle x \rangle_S \sim I(\varphi(a), x) = 2$$

$$\sim \langle x \rangle_S \sim I(\varphi(a), x) = 0$$

$$\varphi(\neg\forall x \neg I(a, x)) = 0$$

故 ($\exists_a^I$) 满足 (4)。除 (τ) 之外的推理规则都有上述性质，不再一一验证。现在考虑 F^{fI_1} 中的推理关系

$$A \to B, B \to C \vdash A \to C$$

构造赋值 φ，使得 $\varphi(A) = 0$，$\varphi(B) = 1$，$\varphi(C) = 2$。由 (1) 可得 $\varphi(A \to B) = 0$，$\varphi(B \to C) = 0$，但是 $\varphi(A \to C) = 2$；因此 (4) 不成立。这就证明了 (τ) 的独立性。

证($\neg$)的独立性 我们令 F，G，I 等取 0，1 两个值，但规定 $\sim$ 按下面的 (5) 取值：

(5)

	$\sim$
0	0
1	0

并把原来 § 40 里关于赋值的定义中的 t 和 f 分别改为 0 和 1，例如，当 $\alpha_1, \cdots, \alpha_n$ 中有 u 出现时，令 $F(\alpha_1, \cdots, \alpha_n) = 1$。对于函数词 f 所赋的值，令 $\varphi(f)$ 是不空的个体域 S 中的全函数。此外，都保持 § 40 的赋值定义中的规定。可以验证，F^{fI_1} 中除 ($\neg$) 外的推理规则都具有或者保持下面的性质：任何按照上述规定构造的赋值 φ，以及这些推理规则中的形式前提 Γ 和形式结论 A，都使得

(6) $$\varphi(\Gamma) = 0 \Longrightarrow \varphi(A) = 0$$

成立。例如，对于 ($\to_-$) 和 ($\to_+$)，(6)是必定成立的，因为上述关

于赋值的规定只对原来的赋值定义中有关否定词的部分作了改变，而($\rightarrow_-$)和($\rightarrow_+$)都是并不涉及否定词的. 又如对于($\forall^!_-$):

$$\forall x A(x),\ \mathrm{E!}\,a \vdash A(a)$$

即

$$\forall x A(x),\ \neg\forall x \neg I(a, x) \vdash A(a)$$

根据(5)，可以得到 $\varphi(\mathrm{E!}\,a)$ 即 $\varphi(\neg\forall x\neg I(a, x)) = 0$，因此要证明(6)就成为证明

$$\varphi(\forall x A(x)) = 0 \Longrightarrow \varphi(A(a)) = 0$$

这是显然成立的，因为根据规定，$\varphi(f)$ 都是全函数. 又如对于($I^!_+$):

$$\mathrm{E!}\,a \vdash I(a, a)$$

由于 $\varphi(I(a, a)) = 0$，故(6)是成立的. 又如对于($\mathrm{E}^!_a$)和($\mathrm{E}^!_a$):

$$\vdash \mathrm{E!}\,a$$

$$F(a_1, \cdots, a_n) \vdash \mathrm{E!}\,a$$

(6)也是成立的，因为 $\varphi(\mathrm{E!}\,a)$ 和 $\varphi(\mathrm{E!}\,a)$ 的值都必定是 0. 今考虑 F^{fI_1} 中的推理关系

$$\neg\neg A \vdash A$$

构造赋值 φ，使得 $\varphi(A) = 1$. 由(5)，$\varphi(\neg\neg A) = 0$，故(6)对它不成立，这就证明了($\neg$)的独立性.

证($\rightarrow_-$)的独立性 我们又令 F, G, I 等取 0, 1, 2 三个值，但规定～和→按照下面的

(7)

→	0	1	2	～
0	0	0	2	1
1	0	0	0	0
2	0	0	0	0

取值，并把原来 § 40 关于赋值的规定中的 t 和 f 分别改为 0 和 1，此外都保持 § 40 中关于赋值的规定. 可以验证，F^{fI_1} 中除($\rightarrow_-$)外的所有推理规则都具有或者保持以下性质：任何按以上规定构造的赋值 φ，以及这些推理规则中的形式前提 Γ 和形式结论 A，都

使得 (6) 成立．例如对于(¬)：

$$\frac{\Gamma, \neg A \vdash B, \neg B}{\Gamma \vdash A}$$

如果(¬)没有上述性质，就有

(8) $\varphi(\Gamma, \neg A) = 0 \Longrightarrow \varphi(B) = \varphi(\neg B) = 0$

并有 $\varphi(\Gamma) = 0$ 而 $\varphi(A) \neq 0$．由 (7)，$\varphi(\neg A) = 0$．于是由 (8) 有 $\varphi(B) = \varphi(\neg B) = 0$，这与 (7) 矛盾，故(¬)有上述性质．又如对于 ($\forall^{!}_{-}$)：

$$\forall x A(x),\ E!\, a \vdash A(a)$$

即

$$\forall x A(x),\ \neg\forall x \neg I(a, x) \vdash A(a)$$

设 S 中赋值 φ 使得 $\varphi(A) = A$，并且 $\varphi(\forall x A(x)) = \langle x\rangle_S A(x) = 0$，$\varphi(A(a)) = A(\varphi(a)) \neq 0$，那么 $\varphi(a) \notin S$．于是 $\varphi(\neg\forall x \neg I(a, x)) = \sim\langle x\rangle_S \sim I(\varphi(a), x) = 1$．故 (6) 对于 ($\forall^{!}_{-}$) 成立．考虑($\rightarrow_{-}$)．构造赋值 φ，使得 $\varphi(A) = 0$，$\varphi(B) = 1$．由 (7) 可得 $\varphi(A \rightarrow B) = 0$，故 (6) 对于 ($\rightarrow_{-}$) 是不成立的，这证明了($\rightarrow_{-}$)的独立性．

证($\rightarrow_{+}$)的独立性　令 F, G, I 等取 0 和 1 两个值，规定→按照下面的 (9) 取值：

(9)

→	0	1
0	1	1
1	0	0

并仍把 §40 的赋值定义中的 t 和 f 分别改为 0 和 1．可以验证，$F^{fI!}$ 中除 ($\rightarrow_{+}$) 外的推理规则都具有或者保持以下的性质：任何按上述规定而构造的赋值 φ，以及这些推理规则中的形式前提 Γ 和形式结论 A，都有 (6) 成立．对于 $F^{fI!}$ 中原有的推理关系

$$A \vdash B \rightarrow A$$

构造赋值 φ，使得 $\varphi(A) = \varphi(B) = 0$．根据 (9)，有 $\varphi(B \rightarrow A) = 1$，因此 (6) 对于这个推理关系是不成立的，这就证明了($\rightarrow_{+}$)的独立性．

证 $(\forall^{!}_{-})$ 的独立性　任给形式前提 Γ 和形式结论 A，把其中所有作为全称量词的辖域的原子公式 B 都换为 $B\rightarrow B$ 而得到 Γ' 和 A'. 可以验证，$\mathbf{F}^{fI!}$ 中除 $(\forall^{!}_{-})$ 外的推理规则都具有或者保持以下的性质 (10):

(10)　把其中的 Γ, A 换为 Γ', A' 后，推理关系仍在 $\mathbf{F}^{fI!}$ 中成立.

例如，有关命题逻辑的推理规则显然都是具有或保持上述性质的. 又如对于 $(\forall_{+})$:

$$\frac{\Gamma \vdash A(a)}{\Gamma \vdash \forall x A(x)}$$

其中的 a 不在 Γ 中出现. 如果 A(a) 是原子公式，因而 A(x) 也是原子公式，那么 $\Gamma \vdash \forall x A(x)$ 在经过替换之后成为 $\Gamma' \vdash \forall x[A(x)\rightarrow A(x)]$，这在 $\mathbf{F}^{fI!}$ 中是成立的，因为 $\forall x[A(x)\rightarrow A(x)]$ 是重言式. 如果 A(a) 不是原子公式，因而 A(x) 也不是原子公式，我们把由 A(a) 和 A(x) 经过上述替换而得到的结果分别记为 $A'(a)$ 和 $A'(x)$. 由于 $A'(x) = \mathfrak{S}^{a}_{x}A'(a)|$，所以 $(\forall x A(x))' = \forall x A'(x) = \forall x \mathfrak{S}^{a}_{x}A'(a)|$，并且 $A'(a)$ 中的 a 不在 Γ' 中出现. 因此

$$\frac{\Gamma' \vdash A'(a)}{\Gamma' \vdash \forall x A'(x)}$$

在 $\mathbf{F}^{fI!}$ 中是成立的，即 $(\forall_{+})$ 是保持上面所说的性质 (10) 的. 又如对于 (I_{-}):

$$A(a),\ I(a, b) \vdash A(b)$$

由于 $I(a,b)$ 不是全称量词的辖域，故经过替换而得到的 $(I(a,b))'$ 仍然是 $I(a, b)$. 因此在替换后 (I_{-}) 成为

$$A'(a),\ I(a, b) \vdash A'(b)$$

这当然是成立的，故 (I_{-}) 有上面所说的性质 (10). 又如对于 $(E^{!})$ 中的两条规则:

$$\vdash \neg\forall x \neg I(a, x)$$

$$F(a_1, \cdots, a_n) \vdash \neg\forall x \neg I(a, x)$$

其中没有原子公式是全称量词的辖域，故其中的形式前提和形式结论经过替换之后都不改变，所以 $(E^{!})$ 是有上面所说的性质 (10)

的．但是，考虑 $\mathbf{F}^{fI1}$ 中的推理关系

$$\forall x F(x) \vdash F(a)$$

它经过替换后成为 $\forall x[F(x) \to F(x)] \vdash F(a)$，这在 $\mathbf{F}^{fI1}$ 中是不成立的，故上述推理关系没有性质（10），这就证明了 $(\forall^{I}_{-})$ 的独立性．

证 $(\forall_{+})$ 的独立性　设由 Γ 和 A 把其中所有作为全称量词辖域的原子公式 B 都换为 $\neg(B \to B)$ 而得到 Γ' 和 A'． 可以验证，$\mathbf{F}^{fI1}$ 中除 $(\forall_{+})$ 外的推理规则都具有或者保持性质（10）． 例如 $(\forall^{I}_{-})$：

$$\forall x A(x),\ \neg\forall x\neg I(a, x) \vdash A(a)$$

如果 $A(x)$ 是原子公式，因而 $A(a)$ 也是原子公式，那么由于 $I(a,x)$ 和 $A(a)$ 都是不被替换的，故 $(\forall^{I}_{-})$ 经替换后成为

$$\forall x\neg[A(x) \to A(x)],\ \neg\forall x\neg I(a, x) \vdash A(a)$$

这在 $\mathbf{F}^{fI1}$ 中是成立的，因为 $\forall x\neg[A(x) \to A(x)]$ 是不协调的．如果 $A(x)$ 不是原子公式，因而 $A(a)$ 也不是原子公式，那么 $(\forall^{I}_{-})$ 经过替换后成为

$$\forall x A'(x),\ \neg\forall x\neg I(a, x) \vdash A'(a)$$

这在 $\mathbf{F}^{fI1}$ 中也是成立的，因为 $A'(a) = \mathfrak{S}^{x}_{a}A'(x)|$．因此，$(\forall^{I}_{-})$ 有性质（10）．考虑 $\mathbf{F}^{fI1}$ 中的推理关系

$$\vdash \forall x I(x, x)$$

它经过上述替换后成为

$$\vdash \forall x\neg[I(x, x) \to I(x, x)]$$

这在 $\mathbf{F}^{fI1}$ 中是不成立的，故上述推理关系没有性质（10），这就证明了 $(\forall_{+})$ 的独立性．

证 (I_{-}) 的独立性　设由超过一个公式的形式前提 Γ 把其中所有不在 $\neg\forall x\neg$ 的辖域[1]中的有 $I(a, b)$ 形式的子公式都换为 $I(a, b) \to I(a, b)$ 而得到 Γ'，由形式结论 A 作上述替换得到 A'．当 Γ 不超过一个公式时，令 $\Gamma' = \Gamma$． 可以验证，$\mathbf{F}^{fI1}$ 中除 (I_{-}) 外

1) $\neg\forall x\neg$ 的辖域是指紧接在 $\neg\forall x$ 右方的 $\neg$ 的辖域，它实际上可以理解为就是 $\exists x$ 的辖域．

的推理规则都具有或者保持性质(10). 例如$(\forall^{!}_{-})$,其中形式前提中的$\mathrm{E!}\,a$即$\neg\forall x\neg I(a, x)$经过上述替换并不改变,故$(\forall^{!}_{-})$经替换后成为

$$\forall x A'(x),\ \neg\forall x\neg I(a, x) \vdash A'(a)$$

这在$\mathrm{F}^{\mathrm{fI!}}$中是成立的. 又如$(I^{!}_{+})$经替换后成为

$$\neg\forall x\neg I(a, x) \vdash I(a, a)\rightarrow I(a, a)$$

这在$\mathrm{F}^{\mathrm{fI!}}$中也是成立的. 又如$(\mathrm{E}^{!}_{a})$,其中的形式前提只有一个公式,形式结论中的$I(a, x)$又在$\neg\forall x\neg$的辖域中,故$(\mathrm{E}^{!}_{a})$经过替换并无改变,所以在$\mathrm{F}^{\mathrm{fI!}}$中仍然成立. 但$\mathrm{F}^{\mathrm{fI!}}$中原有的推理关系

$$F(a), I(a, b) \vdash F(b)$$

经过上述替换后成为

$$F(a), I(a, b)\rightarrow I(a, b) \vdash F(b)$$

这在$\mathrm{F}^{\mathrm{fI!}}$中是不成立的,故上述推理关系没有性质(10),这就证明了(I_{-})的独立性.

证 $(I^{!}_{+})$的独立性　设由Γ和A把其中所有不在$\neg\forall x\neg$的辖域中的原子公式B都换为$\neg(B\rightarrow B)$而得到Γ'和A'. 可以验证,$\mathrm{F}^{\mathrm{fI!}}$中除$(I^{!}_{+})$外的推理规则都具有或保持性质(10). 例如$(I_{-})$,它经上述替换后成为

$$A'(a), (I(a, b))' \vdash A'(b)$$

这在$\mathrm{F}^{\mathrm{fI!}}$中是成立的,因为$I(a, b)'$即$\neg[I(a,b)\rightarrow I(a, b)]$是不协调的. 但$(I^{!}_{+})$经上述替换后成为

$$\mathrm{E!}\,a \vdash \neg[I(a, a)\rightarrow I(a, a)]$$

这在$\mathrm{F}^{\mathrm{fI!}}$中不成立,故$(I^{!}_{+})$没有性质(10),这就证明了它的独立性.

证$(\mathrm{E}^{!}_{a})$的独立性　设由Γ和A把其中所有的原子公式B都换为$\neg(B\rightarrow B)$而得到Γ'和A'. 可以验证,$\mathrm{F}^{\mathrm{fI!}}$中除$(\mathrm{E}^{!}_{a})$外的推理规则都具有或者保持性质(10). 例如$(I^{!}_{+})$,经上述替换后成为

$$\neg\forall x\neg\neg[I(a, x)\rightarrow I(a, x)] \vdash \neg[I(a, a)\rightarrow I(a, a)]$$

这在$\mathrm{F}^{\mathrm{fI!}}$中是成立的,因为其中的形式前提是不协调的.但是$(\mathrm{E}^{!}_{a})$

在经过上述替换后成为

$$\vdash \neg\forall x\neg\neg[I(a, x)\to I(a, x)]$$

这在 $\mathbf{F}^{fI!}$ 中是不成立的，故 $(\mathrm{E}!_a)$ 没有性质(10)，这就证明了它的独立性.

证 $(\mathrm{E}!_a)$ 的独立性　任选不空的个体域 S 和 T，S 是 T 的真子集. 令 $u\notin T$. 令 φ 是 $\mathbf{F}^{fI!}$ 中的满足下面(11)—(14)的赋值函数:

(11) $$\varphi(a)\in S.$$

(12) $\varphi(f^n)=f^n$，使得，当 $\alpha_1,\cdots,\alpha_n\in S$ 时 $f(\alpha_1,\cdots,\alpha_n)\in T$；当 $\alpha_1,\cdots,\alpha_n\in T$ 时 $f(\alpha_1,\cdots,\alpha_n)\in T\cup\{u\}$；当 $\alpha_1,\cdots,\alpha_n$ 中有 u 时 $f(\alpha_1,\cdots,\alpha_n)=u$.

(13) $\varphi(F^n)=F^n$，$\varphi(I)=I$，F^n 和 I 分别是 $T\cup\{u\}$ 中的 n 元和二元命题函数，详细的规定与§40中的相同.

(14) $\varphi(\forall xA(x))=\langle x\rangle_S A(x)$，其中的 $A=\varphi(A)$.

除(11)—(14)外，关于赋值的其他规定都与§40中的相同. 可以验证，$\mathbf{F}^{fI!}$ 中除 $(\mathrm{E}!_a)$ 外的推理规则都具有或者保持下面的性质，即任何按照上述规定构造的赋值 φ 以及这些推理规则中的形式前提 Γ 和形式结论 A，都使得

(15) $$\varphi(\Gamma)=t\Longrightarrow\varphi(A)=t$$

成立. 但是 $\mathbf{F}^{fI!}$ 中的推理关系

(16) $$F(f(a))\vdash \mathrm{E}!f(a)$$

即

$$F(f(a))\vdash \neg\forall x\neg I(f(a), x)$$

却不是这样. 我们按以上规定构造赋值 φ，使得 $\varphi(a)\in S$；$\varphi(f)=f$，使得 $f(\varphi(a))\in T$，但 $f(\varphi(a))\notin S$；$\varphi(F)=F$，使得任何 $\alpha\in T$，$F(\alpha)=t$. 这样就有 $\varphi(F(f(a)))=t$. 但由于

$$\varphi(f(a))=f(\varphi(a))\notin S,$$

故 $\varphi(\neg\forall x\neg I(f(a),x))=f$，因此对于(16)这个推理关系，(15)并不成立，这就证明了 $(\mathrm{E}!_a)$ 的独立性. ‖

关于独立性问题，我们还要说明下面的事实：当证明了某个推理规则模式的独立性时，只是说这个模式是独立于其他的推理

规则模式的，并不是说属于这个模式的一切单独的推理规则都是独立的．例如我们在定理 48.1 中证明了 ($\forall^!_-$) 的独立性，但是属于模式 ($\forall^!_-$) 的

$$\forall x[F(x)\to F(x)],\ \exists!\,a \vdash F(a)\to F(a)$$

是可以由 ($\in$) 和 ($\to_+$) 证明的，因为它只是一个单独的推理规则．

重言式逻辑演算中形式公理和推理规则的独立性，意义与定义 48.1 中所说的相同．各个已经构造的重言式系统(包括命题逻辑和谓词逻辑，古典的和非古典的，见第三章)中的公理和推理规则都具有独立性．下面我们选择 [P] 作为例子加以证明．

定理 48.2 [P] 中各形式公理和推理规则都是独立的．

证 [P] 有六个形式公理和一条形式推理规则(都是模式)：

($\to_1$) $A\to(B\to A)$

($\to_2$) $A\to(A\to B)\cdot\to\cdot A\to B$

($\to_0$) $A\to B\cdot\to\cdot(B\to C)\to(A\to C)$

(M) $A\to\neg B\cdot\to\cdot B\to\neg A$

(H) $\neg A\to(A\to B)$

(C) $(A\to\neg A)\to B\cdot\to\cdot(A\to B)\to B$

[→] 由 $A\to B$ 和 A 推出 B

下面在证明某一形式公理的独立性时，我们以 0，1，2 等作为所取的值，并给拟逻辑词～和→规定一种特殊的取值方法，使得，按照这种取值方法，任何赋值都给其他的公理赋以 0 值，并且对于经过 [→]推出的合式公式保持赋以 0 值，可是对于要证明它的独立性的公理却可以不赋以 0 值．

关于($\to_1$)，我们给～和→规定以下的取值表

→	0	1	2	～
0	0	2	2	2
1	0	2	2	2
2	0	0	0	0

可以验证，按照这个表，任何赋值都使得除 $(\to_1)$ 外的公理都取 0 值，使得推理规则[→]保持取 0 值（留给读者验证）. 但是，如果令 $\varphi(A)=1$，$\varphi(B)=0$，那么 $\varphi((\to_1))=2$，这就证明了 $(\to_1)$ 的独立性.

关于 $(\to_2)$，我们构造以下的取值表：

→	0	1	2	~
0	0	1	2	2
1	0	0	1	1
2	0	0	0	0

可以验证，按照这个表，任何赋值都使得除 $(\to_2)$ 外的公理都取 0 值，使得[→]保持取 0 值. 但是，如果令 $\varphi(A)=1$，$\varphi(B)=2$，则有 $\varphi((\to_2))=1$，这就证明了 $(\to_2)$ 的独立性.

关于 $(\to_0)$，我们构造下面的取值表：

→	0	1	2	3	4	~
0	0	1	2	3	1	4
1	0	0	3	3	4	2
2	0	0	0	0	0	0
3	0	1	2	0	1	4
4	0	0	0	0	0	0

当令 $\varphi(A)=3$，$\varphi(B)=4$，$\varphi(C)=2$ 时，按照这个表得到 $\varphi((\to_0))=3$. 至于可以验证，按照这个表，任何赋值都使得其余的公理都取 0 值，并且使得[→]保持取 0 值，这就不需要一一重复说明了. 这样就证明了 $(\to_0)$ 的独立性.

关于 (M)，构造下面的取值表：

→	0	1	~
0	0	1	1
1	0	0	1

令 $\varphi(A)=1$，$\varphi(B)=0$，按这个表可得到 $\varphi((M))=1$，这就证明了 (M) 的独立性.

关于 (H)，构造取值表：

→	0	1	~
0	0	1	0
1	0	0	0

令 $\varphi(A)=0$，$\varphi(B)=1$，按这表得到 $\varphi((H))=1$，这就证明了 (H) 的独立性.

关于 (C)，构造取值表：

→	0	1	2	~
0	0	1	2	2
1	0	0	2	2
2	0	0	0	0

令 $\varphi(A)=\varphi(B)=1$，按此表可得 $\varphi((C))=1$，这就证明了 (C) 的独立性.

最后，关于形式推理规则[→]，它的独立性是显然的；因为若没有它，那么形式定理只能有与形式公理相同的形式，例如 § 30 的定理 30.1 中的形式定理就都是推不出的了. ‖

习　　题

48.1　验证定理 48.1 的证明中所要验证的各点，从而补全这个证明.

48.2　证明 $\mathbf{P}_0$ (见 § 11) 中各推理规则的独立性.

48.3　证明 $\mathbf{P}_1$ (见 § 11 习题) 中各推理规则的独立性.

48.4　证明 $\mathbf{P}_2$ (见 § 11 习题) 中各推理规则的独立性.

48.5　证明 $\mathbf{P}_H$ 和 $\mathbf{P}_M$ (见 § 11)中各推理规则的独立性.

48.6　证明 $\mathbf{F}^*$ 中各推理规则的独立性.

48.7　证明 $[\mathbf{P}]_0$ (见 § 30) 中各公理和推理规则的独立性.

48.8　证明 $[\mathbf{P}]_1$ (见 § 30) 中各公理和推理规则的独立性.

48.9 证明 $[\mathbb{P}]_2$ (见 § 30) 中各公理和推理规则的独立性.

48.10 证明 $[\mathbb{P}]_{\pm}$ (见 § 30) 中各公理和推理规则的独立性.

48.11 证明 $[\mathbb{P}]_3$ (见 § 30 习题) 中各公理和推理规则的独立性.

48.12 证明 $[\mathbb{P}^{\vee}]$, $[\mathbb{P}^{\vee}]_0$, $[\mathbb{P}^{\vee}]_1$ (见 § 31) 中各公理和推理规则的独立性.

48.13 证明 $[\mathbb{P}^{i}]$, $[\mathbb{P}^{i}]_0$ (见 § 31) 中各公理和推理规则的独立性.

48.14 证明 $[\mathbb{F}^*]$ (见 § 32) 中各公理和推理规则的独立性.

48.15 证明在 $\mathbb{P}$ 中不用 ($\in$) 就不能证 $A \vdash A$.

48.16 证明在 $\mathbb{F}$ 中不用 (τ) 就不能证 $\forall x F(x), F(a) \vdash F(b)$.

第五章　形式数学系统

我们通过逻辑演算中的形式推理研究非形式的演绎推理；并且，我们可以在逻辑演算中陈述数学理论(或其他的演绎理论)．

我们在本章中将阐明怎样在逻辑演算中陈述数学理论，并且具体地构造初等代数，自然数理论，集论，以及实数理论的形式系统，陈述哥德尔关于自然数理论形式系统的不完备性定理(§50—§56)；此外还将阐明在形式系统中引进形式符号定义的问题．

§50　形式数学系统

在本节中要说明怎样在逻辑演算中陈述数学理论，构造形式数学系统．

首先，我们用逻辑演算中的形式符号表示数学理论中的原始概念．数学理论中的概念是关于论域中的个体(即理论所讨论的对象)的概念，关于在论域中定义的函数的概念，以及关于论域中个体之间的关系的概念．取若干个体词，函数词和谓词

1)　$a_1, \cdots, a_k, f_1, \cdots, f_l, F_1, \cdots, F_m$

以表示原始概念．1)中的形式符号称为**原始指词**，其中的 $a_1, \cdots, a_k$ 是**原始个体词**(表示原始的个体概念)，$f_1, \cdots, f_l$ 是**原始函数词**(表示原始的函数概念)，$F_1, \cdots, F_m$ 是**原始谓词**(表示原始的关系概念)．其次，我们用逻辑演算中的合式公式表示数学理论中的公理．表示公理的合式公式称为**形式公理**．这样就在逻辑演算中构造了**形式数学系统**．

设 $\mathscr{S}$ 是一个形式数学系统．我们把它的形式公理系统(即形式公理的有穷的或无穷的集合)就记作 $\mathscr{S}$．于是，凡满足

2)　$\mathscr{S} \vdash A$

的合式公式A是 $\mathscr{S}$ 中的**形式定理**. 在证明 $\mathscr{S}$ 中的形式定理时，不允许针对原始指词(即出现在 $\mathscr{S}$ 中的指词)应用代入定理，因为经这样的代入而得到的，就不是 2)，而是

$$\mathscr{S}_1 \vdash A_1$$

$\mathscr{S}_1$ 与 $\mathscr{S}$ 是不同的. 因此 A_1 就不是 $\mathscr{S}$ 中的形式定理了.

在 $\mathscr{S}$ 中可以由原始指词定义出新的指词，即新的个体词，函数词和谓词.

原始个体词是个体常元，原始函数词是函数常元，原始谓词是谓语常元，因为它们都是表示特定的对象即数学理论中的原始概念的，对它们都是有特定的具体解释的(见绪论 §02 中的说明). 原始指词和等词之外的个体词，函数词，谓词都是变元(例如在第一、二、三、四各章中).

在第一章里我们已经看到，当对于命题逻辑和谓词逻辑中的形式定理作出形式证明时，我们并不是机械地尝试一切可能的证明，而是根据形式定理的逻辑涵义得到证明的想法，然后翻译成为逻辑演算中的形式证明.

在形式数学系统中作出形式定理的形式证明，情况也是这样，也是把非形式的定理证明翻译到形式系统中来，就是用谓词逻辑中的合式公式和形式推理来写出原来的非形式的证明. 作出数学定理的这种形式证明，想法实际上是来自对于数学理论的直观理解，而不是来自形式推理. 如果通过直观找出了证明，那么把它翻译成为形式证明自然是没有什么困难的，一般也就不必去增添这种麻烦了. 我们在后面几节中要构造初等代数，自然数，集和实数的形式数学系统，只是用来说明怎样在一阶逻辑中陈述数学理论，并不要求读者去证明这些系统中的形式定理.

构造形式数学系统的目的不是在于进行形式推理，而是在于把形式系统本身作为对象加以研究，例如在 §53 中将要陈述的哥德尔不完备性定理就是通过这种研究而获得的.

在数理逻辑中要构造形式系统，进行形式推理；但是形式推理并不是主要的，主要之点在于弄清楚什么是形式化，从而能够对形

式系统本身进行数学的研究.

§51 初等代数

从本节起我们要陆续构造初等代数，自然数，集和实数的形式系统. 构造这些形式系统的目的是要显示出可以在一阶逻辑中陈述数学理论，因此我们打算只列出它们的形式公理系统，引进若干形式定义并证明一些形式定理，而并不去充分地发展这些理论.

本节中要构造初等代数的形式系统. 初等代数是指代数中被称为“初等”的那一部分.

给定不空集 S 和在 S 的子集上有定义的函数 $f_1, \cdots, f_n$. 这样，由 S 和 $f_1, \cdots, f_n$，或者说，由它们构成的 $n+1$ 元组 $\langle S, f_1, \cdots, f_n\rangle$ 就构成一个代数. 例如，自然数集 N 和其中的加法和乘法就构成代数 $\langle N, +, \cdot\rangle$.

代数理论就是研究 $\langle S, f_1, \cdots, f_n\rangle$ 这种代数的理论. 初等代数是代数理论中的这样的特殊部分，其中的变元仅限于取 S 中元为值，而不包含表示像 S 的子集和 S 中的函数等这样更为“高等”的对象的变元.

在本节中我们以初等群论为例，来说明可以在一阶逻辑中构造形式数学系统以陈述初等代数.

群是一不空的集，在其中有二元的乘法运算和一元的求逆运算. 我们假定在论域中除了群的元之外还有别的个体，而乘法和求逆运算对于群的元以外的个体是没有定义的. 这样，乘法和求逆都是偏函数. 因此我们在 $\mathbf{F}^{*1}$ 中构造表达群论的形式数学系统 $\mathscr{G}$.

$\mathscr{G}$ 有以下四个原始指词:

$$\mathrm{G}, \mathrm{f}, \mathrm{g}, \mathrm{e}$$

其中G是一元谓词，f 是二元函数词，g 是一元函数词，e 是个体词(把 e 写作 a 当然是可以的). 我们可以简单地说 $\mathscr{G}$ 是一个群.

我们令

$$(xy) =_{df} f(x, y)$$
$$(x^{-1}) =_{df} g(x)$$

在不至于引起误会时，(xy) 可简写为 xy，(x^{-1}) 可简写为 x^{-1}.

$\mathscr{G}$ 的原始指词有下面的涵义. $G(x)$ 说 x 是群 $\mathscr{G}$ 中的元，$f(x,y)$ 是 $\mathscr{G}$ 中元 x 与 y 的乘积，$g(x)$ 是 $\mathscr{G}$ 中元 x 的逆元，e 是 $\mathscr{G}$ 中的么元. 函数词 f 和 g 分别表示群的乘法运算和求逆运算，个体词 e 表示群的单位元，因此我们就把它写作 e，把 $f(x, y)$ 和 $g(x)$ 分别写作 xy 和 x^{-1}，和代数中的写法取得一致. 我们之所以要这样写，是为了使得写出的公式富于暗示性，从而便于理解，便于想像和考虑问题. 这种写法在形式数学系统中是常用的，读者应当把这种公式同非形式的数学理论中的公式区别开来.

定义 51.1 $(\forall x)_G A(x) =_{df} \forall x[G(x) \to A(x)]$

$(\exists x)_G A(x) =_{df} \exists x[G(x) \wedge A(x)]$

$(\forall x_1 \cdots x_n)_G A =_{df} (\forall x_1)_G \cdots (\forall x_n)_G A$

$(\exists x_1 \cdots x_n)_G A =_{df} (\exists x_1)_G \cdots (\exists x_n)_G A$

$(\exists !! x)_G A(x) =_{df} (\forall xy)_G [A(x) \wedge A(y) \to x \equiv y]$

$(\exists ! x)_G A(x) =_{df} (\exists x)_G (\forall y)_G [A(y) \leftrightarrow x \equiv y]$

$(\iota x)_G A(x) =_{df} \iota x[G(x) \wedge A(x)]$

$(\forall x)_G$ 和 $(\exists x)_G$ 都是**受囿量词**，前者是**受囿**（于G的）**全称量词**，后者是**受囿**（于G的）**存在量词**. $(\forall x)_G$，$(\exists x)_G$，$(\exists !! x)_G$ 和 $(\exists ! x)_G$ 分别可以读作“凡G中 x”，“有G中 x”，“至多有G中一个 x”和“恰有G中一个 x”. $(\iota x)_G$ 是**受囿**（于G的）**摹状词**，可以读作“G 中的那个 x”.

由任何一元谓词都可以构成受囿量词和受囿摹状词.

$\mathscr{G}$ 的形式公理系统有以下四条形式公理：

G_1 $(\forall xy)_G G(xy)$

G_2 $(\forall xyz)_G [(xy)z \equiv x(yz)]$

G_3 $G(e) \wedge (\forall x)_G [ex \equiv x]$

G_4 $(\forall x)_G [G(x^{-1}) \wedge x^{-1}x \equiv e]$

这里的 G_1，G_2，G_3，G_4 都是合式公式而不是谓词.

我们就令 $\mathscr{G}$ 是 $\mathscr{G}$ 的形式公理系统，即令

$$\mathscr{G} = G_1, G_2, G_3, G_4$$

于是，A 是 $\mathscr{G}$ 中的形式定理就是说

$$F^{*1}: \mathscr{G} \vdash A \text{（或简写为 } \mathscr{G} \vdash A\text{）}$$

另外，为了书写的方便，对于命题形式 A，设 $x_1, \cdots, x_n$ 是所有在 A 中出现的未经约束的约束变元，我们令

$$\mathscr{G} \vdash A =_{df} \mathscr{G} \vdash \forall x_1 \cdots x_n A$$

$$\mathscr{G} \vdash {}_G A =_{df} \mathscr{G} \vdash (\forall x_1 \cdots x_n)_G A$$

这种规定在以后的形式数学系统中也都适用.

定理 51.1 $\mathscr{G} \vdash_G$

[1] $xx^{-1} \equiv e$

[2] $(x^{-1})^{-1} \equiv x$

[3] $xe \equiv x$

[4] $(\exists z)_G[xz \equiv y]$

[5] $(\exists z)_G[zx \equiv y]$

[6] $xy \equiv xz \rightarrow y \equiv z$

[7] $xz \equiv yz \rightarrow x \equiv y$

[8] $(\exists!!z)_G[xz \equiv y]$

[9] $(\exists!!z)_G[zx \equiv y]$

[10] $yx \equiv x \rightarrow y \equiv e$

[11] $yx \equiv e \rightarrow y \equiv x^{-1}$

定理 51.1 的内容可以解释如下. [1] 是说群中元的左逆元也是右逆元. [2] 是说群中元的逆元的逆元就是这个元自己. [3] 说群的左单位元也是右单位元. [4] 和 [5] 说，群中任何元 a 和 b，方程 $ax = b$ 和 $xa = b$ 有解. [8] 和 [9] 说以上方程的解是唯一的. [6] 和 [7] 是左右消去律. [10] 说 e 是群的唯一的单位元. [11] 说 a^{-1} 是群的元 a 的唯一的左逆元. 下面我们选证 [1], [2], [3] 和 [6].

证 [1] $\mathscr{G} \vdash_G$

(1) $G(x^{-1})$ $\qquad\qquad\qquad\qquad$ G_4

(2)	$G((x^{-1})^{-1})$	(1)G_4
(3)	$G(xx^{-1})$	(1)G_1
(4)	$x^{-1}x \equiv e$	G_4
(5)	$(x^{-1}x)x^{-1} \equiv ex^{-1}$	(4) 定理 20.5
(6)	$ex^{-1} \equiv x^{-1}$	(1)G_3
(7)	$(x^{-1}x)x^{-1} \equiv x^{-1}$	(5)(6)
(8)	$(x^{-1})^{-1}[(x^{-1}x)x^{-1}] \equiv (x^{-1})^{-1}x^{-1}$	(7) 定理 20.5
(9)	$(x^{-1})^{-1}x^{-1} \equiv e$	(1)G_4
(10)	$(x^{-1})^{-1}[(x^{-1}x)x^{-1}] \equiv e$	(8)(9)
(11)	$(x^{-1}x)x^{-1} \equiv x^{-1}(xx^{-1})$	(1)G_2
(12)	$(x^{-1})^{-1}[(x^{-1}x)x^{-1}] \equiv (x^{-1})^{-1}[x^{-1}(xx^{-1})]$	(11)定理 20.5
(13)	$(x^{-1})^{-1}[x^{-1}(xx^{-1})] \equiv [(x^{-1})^{-1}x^{-1}](xx^{-1})$	(2)(1)(3)G_2
(14)	$[(x^{-1})^{-1}x^{-1}](xx^{-1}) \equiv e(xx^{-1})$	(9) 定理 20.5
(15)	$e(xx^{-1}) \equiv xx^{-1}$	(3)G_3
(16)	$xx^{-1} \equiv e$	(15)(14)(13)(12)(10)

上面的证明是详细写出的.由于可以根据G_2把$(ab)c$和$a(bc)$都写成abc，故[1]的证明可以简写如下：

$\mathscr{G} \vdash_G$

(1)	$x^{-1}xx^{-1} \equiv ex^{-1}$	G_4
	$\equiv x^{-1}$	G_3
(2)	$(x^{-1})^{-1}x^{-1}xx^{-1} \equiv (x^{-1})^{-1}x^{-1}$	(1) 定理 20.5
(3)	$exx^{-1} \equiv e$	(2)G_4
(4)	$xx^{-1} \equiv e$	(3)G_3

在这个简写的证明中，各个步骤及其根据都是清楚的. 形式前提(即$\mathscr{G}$的形式公理)不需要逐一写出，故写在一起用$\mathscr{G}$表示. (1)—(4)中的形式结论的左端都与$\mathscr{G}$对齐，这仍表示它们都能由$\mathscr{G}$推出. 后面的形式证明都将采用这种简明的写法，读者于必要时可以根据这种简写的证明写出详细的形式证明.

证[2] $\mathscr{G} \vdash_G$

(1) $(x^{-1})^{-1}e = (x^{-1})^{-1}x^{-1}x$ $\quad G_4$

$= ex$ $\quad G_4$

$= x$ $\quad G_3$

(2) $(x^{-1})^{-1}x^{-1}(x^{-1})^{-1} = (x^{-1})^{-1}e$ $\quad$ [1]

$= x$ $\quad$ (1)

(3) $(x^{-1})^{-1} = e(x^{-1})^{-1}$ $\quad G_3$

$= (x^{-1})^{-1}x^{-1}(x^{-1})^{-1}$ $\quad G_4$

$= x$ $\quad$ (2)

证 [3] $\mathscr{G} \vdash_G$

$xe = xx^{-1}x$ $\quad G_4$

$= ex$ $\quad$ [1]

$= x$ $\quad G_3$

证 [6] $\mathscr{G} \vdash_G$

(1) $xy = xz$

(2) $x^{-1}xy = x^{-1}xz$ $\quad$ (1)

(3) $ey = ez$ $\quad$ (2)G_4

(4) $y = z$ $\quad$ (3)G_3

(5) $xy = xz \to y = z$ $\quad$ (4)$(\to_+)$ ||

我们可以构造另一个形式系统 $\mathscr{G}_0$ 来陈述初等群论. $\mathscr{G}_0$ 以 $\mathscr{G}$ 中的G和 f 作为它的原始指词，f(x, y) 仍写作 xy. $\mathscr{G}_0$ 有以下五条形式公理:

G_1 $(\forall xy)_G G(xy)$

G_2 $(\forall xyz)_G[(xy)z = x(yz)]$

G_5 $\exists x G(x)$

G_6 $(\forall xy)_G(\exists ! z)_G[xz = y]$

G_7 $(\forall xy)_G(\exists ! z)_G[zx = y]$

我们令 $\mathscr{G}_0 = G_1, G_2, G_5, G_6, G_7$. G_1 和 G_2 是 $\mathscr{G}$ 的形式公理，G_5，G_6 和 G_7 都是 $\mathscr{G}$ 的形式定理，因此有 $\mathscr{G} \vdash \mathscr{G}_0$; 反过来，可以在 $\mathscr{G}_0$ 中定义 g 和 e，从而证明 $\mathscr{G}$ 中的形式定理. 因此 $\mathscr{G}$ 和 $\mathscr{G}_0$ 是互相等价的.

定义 51.2

[1] $e =_{df} (\iota y)_G (\forall x)_G [yx \equiv x]$

[2] $x^{-1} =_{df} (\iota y)_G [yx \equiv e]$

我们注意，当用摹状词定义项形式时，所用的摹状变元是不能在被定义的项形式中出现的.

定理 51.2 如果在 $\mathscr{G}_0$ 中引进定义 51.2，则 $\mathscr{G}_0 \vdash \mathscr{G}$.

我们要由 $\mathscr{G}_0$ 证 G_3 和 G_4.

证 G_3 令 $A(y)$ 是 $(\forall x)_G[yx \equiv x]$，则定义 51.2 中的 [1] 就是

$$e =_{df} (\iota y)_G A(y)$$

于是 G_3 可以证明如下.

$\mathscr{G}_0 \vdash$

(1)	$G(a)$	
(2)	$(\exists ! y)_G [ya \equiv a]$	(1)G_7
(3)	$(\forall x)_G (\exists z)_G [az \equiv x]$	(1)G_6
(4)	$(\exists ! y)_G (\forall x)_G (\exists z)_G [yx \equiv yaz$	(3)
	$\equiv az$	(2)
	$\equiv x]$	(3)
(5)	$(\exists ! y)_G (\forall x)_G [yx \equiv x]$	(4)
(6)	$(\exists ! y)_G (\forall x)_G [yx \equiv x]$	(5)G_5($\exists$-)
(7)	$E!(\iota y)_G A(y)$	(6)定理 18.1 [2]
(8)	$A((\iota y)_G A(y))$	(7)定理 18.1 [10]
(9)	$A(e)$	(8)定义 51.2 [1]
(10)	$G(e)$	(7)
(11)	$(\forall x)_G [ex \equiv x]$	(9)
(12)	$G(e) \wedge (\forall x)_G [ex \equiv x]$	(10)(11)

证 G_4 令 $B(x, y)$ 是 $yx \equiv e$，则定义 51.2 中的 [2] 就是

$$x^{-1} =_{df} (\iota y)_G B(x, y)$$

于是 G_4 可以证明如下

$\mathscr{G}_0 \vdash_G$

(1)	$G(e)$	G_3

(2)	$(\exists!y)_G[yx = e]$	(1)G_7
(3)	$(\exists!y)_G B(x, y)$	(2)
(4)	$E!(\iota y)_G B(x, y)$	(3) 定理 18.1 [2]
(5)	$B(x, (\iota y)_G B(x, y))$	(4) 定理 18.1[10]
(6)	$B(x, x^{-1})$	(5) 定义 51.2 [2]
(7)	$G(x^{-1})$	(4)
(8)	$x^{-1}x = e$	(6)
(9)	$G(x^{-1}) \wedge x^{-1}x = e$	(7)(8)‖

§52 自 然 数

在本节中我们要构造陈述自然数理论的形式系统，即形式算术系统.

我们假设在论域中除自然数之外还有别的个体，而自然数上的运算对于自然数之外的其他个体是没有定义的. 因此这种运算是偏函数，我们在 $F^{*!}$ 中构造形式算术系统 $\mathscr{N}$.

$\mathscr{N}$ 有五个原始指词：个体词 **0**，一元函数词 **′**，二元函数词 + 和 · ，以及一元谓词 N. **0**, ′, +, · 的涵义是明显的，N(x) 说 x 是自然数. 我们令

$$a' =_{df} {}'(a)$$

$$(a + b) =_{df} +(a, b)$$

$$(a \cdot b) =_{df} \cdot(a, b)$$

$(a + b)$ 可简写为 $a + b$，$(a \cdot b)$ 可简写为 $a \cdot b$ 或 ab. 这里的 **0**, **′**, +, · 和 N 都是形式符号. 要注意把它们同相应的非形式符号区别开来.

纯 $\mathscr{N}$ 项形式(包括**纯 $\mathscr{N}$ 项**)和**纯 $\mathscr{N}$ 命题形式**(包括**纯 $\mathscr{N}$ 合式公式**)是这样的项形式和命题形式，在其中出现的指词限于 $\mathscr{N}$ 中的原始指词.

$\mathscr{N}$ 有以下九条形式公理：

(N**0**) N(**0**)

(N′) $(\forall x)_N N(x')$

(′0) $(\forall x)_N[x' \neq \mathbf{0}]$

(′=) $(\forall xy)_N[x' = y' \to x = y]$

(+0) $(\forall x)_N[x + \mathbf{0} = x]$

(+′) $(\forall xy)_N[x + y' = (x + y)']$

(·0) $(\forall x)_N[x\mathbf{0} = \mathbf{0}]$

(·′) $(\forall xy)_N[xy' = xy + x]$

(ind) $A(\mathbf{0}) \wedge (\forall x)_N[A(x) \to A(x')] \to (\forall x)_N A(x)$，其中的 $A(x)$ 是任意的一元纯 $\mathscr{N}$ 命题形式[1].

$\mathscr{N}$ 就是皮亚诺[2]算术系统的形式化. 实际上，$\mathscr{N}$ 的形式公理不是九条而是无穷多条，因为其中的归纳公理(ind)不是一条单独的形式公理，而是一个形式公理的模式. 我们说 $\mathscr{N}$ 有九条形式公理，是把(ind)当作一条形式公理的.

如果我们在构造 $\mathscr{N}$ 时假设论域中除自然数之外没有其他的个体，那么函数词′，+，·所表示的函数就都是全函数，我们就可以在 $\mathbf{F}^*$ 中构造 $\mathscr{N}$. 这样就可以规定 x，y，z 等是表示自然数的约束变元，从而可以省去原始谓词 N.

于是，$\mathscr{N}$ 的形式公理可以表示为下面的更为简单的七条：

(′0) $\forall x[x' \neq \mathbf{0}]$

(′=) $\forall xy[x' = y' \to x = y]$

(+0) $\forall x[x + \mathbf{0} = x]$

(+′) $\forall xy[x + y' = (x + y)']$

(·0) $\forall x[x\mathbf{0} = \mathbf{0}]$

(·′) $\forall xy[xy' = xy + x]$

(ind) $A(\mathbf{0}) \wedge \forall x[A(x) \to A(x')] \to \forall x A(x)$

我们令 $\mathscr{N}$ 就是 $\mathscr{N}$ 的形式公理系统，也就是令

$$\mathscr{N} = \{(′\mathbf{0}), \cdots, (\cdot′)\} \cup (\text{ind})$$

构造形式数学系统时，原始指词可以多用一些，也可以少用一

---

1) (ind) 来自拉丁字 inductio，意思是“归纳”.

2) G. Peano.

些．多用原始指词，形式公理就会要多些．少用原始指词，形式公理就会少些，但在形式系统的发展中，就要通过定义来引进所需要的指词．例如在 $\mathscr{N}$ 中可以不用＋和·这两个原始指词，从而省去关于它们的形式公理，然后再通过以下的定义引进＋和·：

$$\begin{cases} x + \mathbf{0} \equiv x \\ x + y' \equiv (x + y)' \end{cases}$$

$$\begin{cases} x \cdot \mathbf{0} \equiv \mathbf{0} \\ x \cdot y' \equiv x \cdot y + x \end{cases}$$ [1]

定义 52.1（自然数词） 对于任意的自然数 n，令

$$\boldsymbol{n} =_{\text{df}} \mathbf{0}\underbrace{'\cdots'}_{n}$$

$\boldsymbol{n}$ 称为**自然数词**，简称为**数词**．

定理 52.1 对于任何纯 $\mathscr{N}$ 项 a，有自然数 n，使得

$$\mathscr{N} \vdash a \equiv \boldsymbol{n}.$$

证 施归纳于 a 的结构．

基始：a 是 $\mathbf{0}$．取 $n = 0$，定理成立．

归纳：a 是 b' 或 $b + c$ 或 $b \cdot c$．由归纳假设，有自然数 k 和 m，使得

(1) $$\mathscr{N} \vdash b \equiv \boldsymbol{k},\ c \equiv \boldsymbol{m}$$

成立．令 $n = k + 1$，则由 (1) 可得

(2) $$\mathscr{N} \vdash b' \equiv \boldsymbol{n}$$

令 $n = k + m$，则由(1)可得

(3) $$\mathscr{N} \vdash b + c \equiv \boldsymbol{n}$$

如果令 $n = km$，则由 (1) 可得

(4) $$\mathscr{N} \vdash b \cdot c \equiv \boldsymbol{n}$$

由 (2)，(3)，(4) 就证明了归纳部分．

由基始和归纳，就证明了定理 52.1．‖

定理 52.2 设 A(x) 是纯 $\mathscr{N}$ 命题形式，a 不是 $\mathbf{0}$．如果

[1] $\mathscr{N} \vdash \mathrm{A}(\mathbf{0})$

---

1) 这样的等式称为原始递归式，原始递归式的讨论属于递归论的范围．

[2] $\mathscr{N}\cup\{A(a)\}\vdash A(a')$

那么

[3] $\mathscr{N}\vdash \forall xA(x)$

证 由[1]和[2]可得

$$\mathscr{N}\vdash A(\mathbf{0})\wedge\forall x[A(x)\to A(x')]$$

由此根据归纳公理就得到[3]. ||

定理 52.3 设 $A(x)$ 是纯 $\mathscr{N}$ 命题形式，a 不是 $\mathbf{0}$. 如果

[1] $\mathscr{N}\vdash A(\mathbf{0})$

[2] $\mathscr{N}\vdash A(a')$

那么

[3] $\mathscr{N}\vdash \forall xA(x)$ ||

定理 52.4（**完全归纳法**） 设 $A(x_1,\cdots,x_n)$ 是纯 $\mathscr{N}$ 命题形式，a_i 不是 $\mathbf{0}$ ($i=1,\cdots,n$). 如果

[1] $\mathscr{N}\vdash A(\mathbf{0},\cdots,\mathbf{0})$

[2.1] $\mathscr{N}\cup\{A(a_1,\mathbf{0},\cdots,\mathbf{0})\}\vdash A(a_1',\mathbf{0},\cdots,\mathbf{0})$

[2.2] $\mathscr{N}\cup\{A(a_1,a_2,\mathbf{0},\cdots,\mathbf{0})\}\vdash A(a_1,a_2',\mathbf{0},\cdots,\mathbf{0})$

$\cdots\qquad\qquad\cdots$

[2.n] $\mathscr{N}\cup\{A(a_1,\cdots,a_n)\}\vdash A(a_1,\cdots,a_{n-1},a_n')$

那么

[3] $\mathscr{N}\vdash \forall x_1\cdots x_nA(x_1,\cdots,x_n)$ ||

在形式证明中，不论是使用归纳公理(ind)还是使用定理 52.2 或 52.3 而推出 $\forall xA(x)$，我们都说证明是**形式地施归纳于** x. 当不至于引起误会时，“形式”二字可以省略，就说证明是**施归纳于** x.

定理 52.5（**算术基本定律**） $\mathscr{N}\vdash$

[1] $(x+y)+z\equiv x+(y+z)$

[2] $x'+y\equiv(x+y)'$

[3] $x+y\equiv y+x$

[4] $x(y+z)\equiv xy+xz$

[5] $(xy)z\equiv x(yz)$

[6] $x'y = xy + y$

[7] $xy = yx$

[8] $x + \mathbf{1} = x'$

[9] $x\mathbf{1} = x$

[10] $x + y = \mathbf{0} \to x = \mathbf{0} \wedge y = \mathbf{0}$

[11] $x + y = \mathbf{1} \to x = \mathbf{1} \vee y = \mathbf{1}$

[12] $xy = \mathbf{0} \to x = \mathbf{0} \vee y = \mathbf{0}$

[13] $xy = \mathbf{1} \to x = \mathbf{1} \wedge y = \mathbf{1}$

[14] $x + z = y + z \to x = y$

[15] $xz = yz \wedge z \neq \mathbf{0} \to x = y$

我们选证 [1],[2],[3]和 [6].

证 [1] 施归纳于 z.

$\mathscr{N} \vdash$

(1)	$(x + y) + \mathbf{0} = x + y$	$(+\mathbf{0})$
	$= x + (y + \mathbf{0})$	$(+\mathbf{0})$
(2)	$(x + y) + a = x + (y + a)$	
(3)	$(x + y) + a' = ((x + y) + a)'$	$(+')$
	$= (x + (y + a))'$	(2)
	$= x + (y + a)'$	$(+')$
	$= x + (y + a')$	$(+')$
(4)	$(x + y) + z = x + (y + z)$	(1)(2)(3)定理 52.2

证 [2] 施归纳于 y.

$\mathscr{N} \vdash$

(1)	$x' + \mathbf{0} = x'$	$(+\mathbf{0})$
	$= (x + \mathbf{0})'$	$(+\mathbf{0})$
(2)	$x' + a = (x + a)'$	
(3)	$x' + a' = (x' + a)'$	$(+')$
	$= (x + a)''$	(2)
	$= (x + a')'$	$(+')$
(4)	$x' + y = (x + y)'$	(1)(2)(3)定理 52.2

证 [3] 施归纳于 x. 但在证基始部分

$$\mathscr{N} \vdash \mathbf{0} + y = y + \mathbf{0}$$

时，又要先施归纳于 y.

$\mathscr{N} \vdash$

(1)	$\mathbf{0} + \mathbf{0} = \mathbf{0} + \mathbf{0}$	(I_+)
(2)	$\quad \mathbf{0} + a = a + \mathbf{0}$	
(3)	$\quad \mathbf{0} + a' = (\mathbf{0} + a)'$	$(+')$
	$\qquad = (a + \mathbf{0})'$	(2)
	$\qquad = a' + \mathbf{0}$	[2]
(4)	$\mathbf{0} + y = y + \mathbf{0}$	(1)(2)(3)定理 52.2
(5)	$\quad a + y = y + a$	
(6)	$\quad a' + y = (a + y)'$	[2]
	$\qquad = (y + a)'$	(5)
	$\qquad = y + a'$	$(+')$
(7)	$x + y = y + x$	(4)(5)(6)定理 52.2

证 [6] 施归纳于 y.

$\mathscr{N} \vdash$

(1)	$x'\mathbf{0} = \mathbf{0}$	$(\cdot \mathbf{0})$
	$\quad = \mathbf{0} + \mathbf{0}$	$(+\mathbf{0})$
	$\quad = x\mathbf{0} + \mathbf{0}$	$(\cdot \mathbf{0})$
(2)	$\quad x'a = xa + a$	
(3)	$\quad x'a' = x'a + x'$	$(\cdot ')$
	$\qquad = (xa + a) + x'$	(2)
	$\qquad = ((xa + a) + x)'$	$(+')$
	$\qquad = (xa + (a + x))'$	[1]
	$\qquad = (xa + (x + a))'$	[3]
	$\qquad = ((xa + x) + a)'$	[1]
	$\qquad = (xa' + a)'$	$(\cdot ')$
	$\qquad = xa' + a'$	$(+')$
(4)	$x'y = xy + y$	(1)(2)(3)定理 52.2 ‖

定义 52.2

[1] $a < b =_{df} \exists x(a + x' = b)$

[2] $a > b =_{df} b < a$

[3] $a \leqslant b =_{df} a < b \vee a = b$

[4] $a \geqslant b =_{df} b \leqslant a$

[5] $a < b < c =_{df} a < b \wedge b < c$

$a \leqslant b \leqslant c =_{df} a \leqslant b \wedge b \leqslant c$

$a < b \leqslant c =_{df} a < b \wedge b \leqslant c$

$a \leqslant b < c =_{df} a \leqslant b \wedge b < c$

定理 52.6（自然数次序定律） $\mathscr{N} \vdash$

[1.1] $x < y < z \to x < z$

[1.2] $x \leqslant y < z \to x < z$

[1.3] $x < y \leqslant z \to x < z$

[1.4] $x \leqslant y \leqslant z \to x \leqslant z$

[2.1] $x < x'$

[2.2] $\mathbf{0} < x'$

[2.3] $\mathbf{0} \leqslant x$

[2.4] $\neg(x < \mathbf{0})$

[3.0] $x = \mathbf{0} \vee \exists y[x = y']$

[3.1] $x = \mathbf{0} \vee x = \mathbf{1} \vee \exists y[x = y'']$

$\cdots \qquad\qquad \cdots$

[3.k] $x = \mathbf{0} \vee \cdots \vee x = \boldsymbol{k} \vee \exists y[x = y\underbrace{'\cdots'}_{k+1}]$

[4.1] $x \leqslant y \leftrightarrow x < y'$

[4.2] $x > y \leftrightarrow x \geqslant y'$

[5.1] $x < y \vee x = y \vee x > y$

[5.2] $\neg(x < x)$

[5.3]　$x < y \to \neg(x > y)$

[6.1]　$x \leqslant x + y$

[6.2]　$y \neq \mathbf{0} \to x < x + y$

[7.1]　$y \neq \mathbf{0} \to x \leqslant xy$

[7.2]　$x \neq \mathbf{0} \wedge y > \mathbf{1} \to x < xy$

[7.3]　$y \neq \mathbf{0} \to x < x'y$

[7.4]　$x \neq \mathbf{0} \to \exists y[x < xy]$

[8.1]　$x < y \leftrightarrow x + z < y + z$

[8.2]　$x \leqslant y \leftrightarrow x + z \leqslant y + z$

[9.1]　$z \neq \mathbf{0} \to [x < y \leftrightarrow xz < yz]$

[9.2]　$z \neq \mathbf{0} \to [x \leqslant y \leftrightarrow xz \leqslant yz]$

[10.1]　$y \neq \mathbf{0} \to \exists y_1 z_1[x \equiv yy_1 + z_1 \wedge z_1 < y]$

[10.2]　$y \neq \mathbf{0} \wedge x \equiv yy_1 + z_1 \wedge z_1 < y$

$\wedge x \equiv yy_2 + z_2 \wedge z_2 < y$

$\to y_1 \equiv y_2 \wedge z_1 \equiv z_2$ ||

定理 52.7（最小数原则） 如果 $A(x)$ 是纯 $\mathscr{N}$ 命题形式，则 $\mathscr{N} \vdash$

[1]　$\exists y[y < x \wedge A(y) \wedge \forall z[z < y \to \neg A(z)]]$

$\vee \forall z[z < x \to \neg A(z)]$

[2]　$\exists x A(x) \to \exists x[A(x) \wedge \forall y[y < x \to \neg A(y)]]$

证 我们选证[1]，证明的方法是施归纳于 x. 令

$A_1(x) = \exists y[y < x \wedge A(y) \wedge \forall z[z < y \to \neg A(z)]]$

$A_2(x) = \forall z[z < x \to \neg A(z)]$

那么 [1] 就是 $A_1(x) \vee A_2(x)$，证明如下.

$\mathscr{N} \vdash$

(1) $\neg(z<\mathbf{0})$ 定理 52.6 [2.4]

(2) $z<\mathbf{0}\rightarrow\neg A(z)$ 即

$A_2(\mathbf{0})$ (1)

(3) $A_1(\mathbf{0})\vee A_2(\mathbf{0})$ (2)

(4) $A_1(a)$

(5) $A_1(a')$ (4)定理 52.6[2.1],[1.1]

(6) $A_1(a')\vee A_2(a')$ (5)

(7) $A_2(a)$

(8) $A(a)\rightarrow A_1(a')$ (7) 定理 52.6 [2.1]

(9) $A(a)\rightarrow A_1(a')\vee A_2(a')$ (8)

(10) $\neg A(a)\rightarrow A_2(a')$ (7) 定理 52.6 [4.1]

(11) $\neg A(a)\rightarrow A_1(a')\vee A_2(a')$ (10)

(12) $A_1(a')\vee A_2(a')$ (9)(11)

(13) $A_1(a)\vee A_2(a)$

(14) $A_1(a')\vee A_2(a')$ (5)(12)($\vee$-)

(15) $A_1(x)\vee A_2(x)$ (3)(13)(14) 定理 52.2 ||

定理 52.8（串值归纳法） 设 $A(x)$ 是纯 $\mathscr{N}$ 命题形式，a 不是 $\mathbf{0}$.

[1] 如果 $\mathscr{N}\vdash A(\mathbf{0})$

$\mathscr{N}\cup\{\forall y[y\leqslant a\rightarrow A(y)]\}\vdash A(a')$

则 $\mathscr{N}\vdash A(x)$

[2] 如果 $\mathscr{N}\cup\{\forall y[y<a\rightarrow A(y)]\}\vdash A(a)$

则 $\mathscr{N}\vdash A(x)$ ||

定义 52.3

[1] $a|b=_{df}\exists x[ax=b]$

[2] $Pr(a)=_{df}a>\mathbf{1}\wedge\forall x[x|a\rightarrow x=\mathbf{1}\vee x=a]$

$a|b$ 是说 a 整除 b; $Pr(a)$ 是说 a 是素数.

定理 52.9 $\mathscr{N}\vdash$

[1] $x|xy$

[2] $x|x$

[3] $x|y \wedge y|z \to x|z$

[4] $x > \mathbf{1} \to \neg(x|y \wedge x|y')$

[5] $x|y \wedge y \neq \mathbf{0} \to \mathbf{0} < x \leqslant y$

[6] $\exists y[y \neq \mathbf{0} \wedge \forall z[\mathbf{0} < z \leqslant x \to z|y]]$

[7] $\exists y[y > x \wedge Pr(y)]$ ||

§53 哥德尔不完备性定理

在前两节中构造了初等代数和自然数理论的形式系统. 后面还要构造集论和实数理论的形式系统. 在本节中我们先要陈述哥德尔关于自然数形式系统的不完备性定理.

形式数学系统的完备性, 和第四章中所讲的逻辑演算的完备性有着不同的涵义. 一个形式数学系统是完备的,是说其中的合式公式都或者是可证明的,或者它的否定式是可证明的.但是哥德尔 1931 证明,在自然数的形式系统 $\mathscr{N}$ 中,存在合式公式 A,即纯 $\mathscr{N}$ 合式公式 A, 使得A和 ¬A 在 $\mathscr{N}$ 中都是不可证明的, 即A和 ¬A 都不是 $\mathscr{N}$ 中的形式定理. 这就是 $\mathscr{N}$ 的不完备性.

因为A和 ¬A 中总有一个是表示真命题的, 故 $\mathscr{N}$ 的不完备性就是说, $\mathscr{N}$ 中有表示真命题的合式公式, 而它是不可证明的.

我们在§50 中讲过,在形式数学系统中作出定理的形式证明,只是非形式的定理证明在逻辑演算形式系统中的翻译, 只是用谓词逻辑中的合式公式和形式推理来写出原来的非形式的证明. 但是, 形式化的目的并不在于把非形式的证明翻译为谓词逻辑中的形式证明. 把数学理论形式化,构造形式数学系统,是有它的深刻意义的. 一个数学理论在给以形式化之后,从语法的角度看,它就成为一个形式系统, 即由没有意义的形式对象(形式符号, 合式公式,形式证明等)所组成的系统. 正是在这种情形下, 我们通过形式化并不是来研究原来的数学理论所要研究的对象, 而是要把形式数学系统本身, 把其中的形式证明作为数学研究的对象. 例如我们把自然数理论形式化, 构造它的形式系统 $\mathscr{N}$, 并不是为了研究自然数，而是为了数学地研究 $\mathscr{N}$ 本身，研究 $\mathscr{N}$ 中的形式证明. 哥德尔的不完备性定理正是在构造了 $\mathscr{N}$，对它作了深刻研究的基础上建立的.

哥德尔不完备性定理的建立使用了形式对象的**算术化**，就是把形式系统中的形式符号，合式公式和形式证明等各种形式对象都用自然数来表示，从而把关于形式对象的命题表示为关于自然数的命题. 由于形式符号的集合是可数无穷的，所以上述各种形式对象的集合也是可数无穷的. 我们可以在形式对象和自然数之间建立一一对应关系，也可以通过某种确定的方法给形式对象配以自然数，使得在某种配数之下不同的形式对象配以不同的自然数. 这种配以自然数的方法称为**哥德尔编码**.

假设我们已经采用了某种哥德尔编码，我们把给形式对象所配的自然数称为它们的**哥德尔数**.

定义 53.1 (数词可表达性) 设 A 是自然数的 n 元关系. A 在 $\mathscr{N}$ 中是**数词可表达的**，当且仅当，有 n 元纯 $\mathscr{N}$ 命题形式 $\mathrm{A}(x_1,\cdots,x_n)$，使得，任何自然数 $k_1,\cdots,k_n$，

[1] $A(k_1,\cdots,k_n)$ 真 $\Longrightarrow \mathscr{N} \vdash \mathrm{A}(\boldsymbol{k}_1,\cdots,\boldsymbol{k}_n)$

[2] $A(k_1,\cdots,k_n)$ 假 $\Longrightarrow \mathscr{N} \vdash \neg\mathrm{A}(\boldsymbol{k}_1,\cdots,\boldsymbol{k}_n)$

定义 53.1 中的纯 $\mathscr{N}$ 命题形式 $\mathrm{A}(x_1,\cdots,x_n)$ 称为**数词表达**了 A.

令 $A(k,n)$ 是自然数的这样一个二元关系；k 是纯 $\mathscr{N}$ 合式公式 $\mathrm{B(a)}$ 的哥德尔数，n 是 $\mathrm{B}(\boldsymbol{k})$ 在 $\mathscr{N}$ 中的形式证明的哥德尔数，即 n 是

$$\mathscr{N} \vdash \mathrm{B}(\boldsymbol{k})$$

的形式证明的哥德尔数.

哥德尔 1931 中定义了自然数的原始递归关系的概念，证明了：所有原始递归关系都是在 $\mathscr{N}$ 中数词可表达的，而 $A(k,n)$ 是原始递归关系，因此 $A(k,n)$ 是在 $\mathscr{N}$ 中数词可表达的. 这些概念的定义和定理的证明都不在本书范围之内.

令 $\mathrm{A(x,y)}$ 数词表达了 $A(k,n)$. 构造合式公式 $\forall \mathrm{y}\neg\mathrm{A(a,y)}$.

令

$$B(a) = \forall y \neg A(a, y)$$

又令 k 是B(a)的哥德尔数．那么就有

$$B(\boldsymbol{k}) = \forall y \neg A(\boldsymbol{k}, y)$$

由于 A(x, y) 是数词表达 $A(k, n)$ 的，故根据 $A(k, n)$ 的涵义，$A(\boldsymbol{k}, y)$ 所表示的意思就是说 y 是 $B(\boldsymbol{k})$ 在 $\mathscr{N}$ 中的形式证明的哥德尔数．因此，$B(\boldsymbol{k})$ 即 $\forall y \neg A(\boldsymbol{k}, y)$ 所表示的意思就是说任何数都不是 $B(\boldsymbol{k})$ 在 $\mathscr{N}$ 中的形式证明的哥德尔数，也就是说 $B(\boldsymbol{k})$ 在 $\mathscr{N}$ 中是不可证明的．

为了证明不完备性定理，除了自然要假设 $\mathscr{N}$ 的协调性（即 $\mathscr{N}$ 的形式公理系统的协调性）之外，还要假设 $\mathscr{N}$ 的 ω 协调性．

定义 53.2（ω 协调性） $\mathscr{N}$ 是 **ω 协调的**，当且仅当，不存在纯 $\mathscr{N}$ 命题形式 A(x)，使得 $A(\mathbf{0})$, $A(\mathbf{1})$, $A(\mathbf{2})$, $\cdots$，和 $\neg\forall x A(x)$ 都在 $\mathscr{N}$ 中可证明．

显然，由 $\mathscr{N}$ 的 ω 协调性可以得到它的协调性．

定理 53.1（第一不完备性定理） 如果 $\mathscr{N}$ 是协调的，则 $B(\boldsymbol{k})$ 在 $\mathscr{N}$ 中是不可证明的；如果 $\mathscr{N}$ 是 ω 协调的，则 $\neg B(\boldsymbol{k})$ 在 $\mathscr{N}$ 中是不可证明的．因此，如果 $\mathscr{N}$ 是 ω 协调的，则 $\mathscr{N}$ 是不完备的（哥德尔 1931）．

证 先证定理的第一部分．设 $B(\boldsymbol{k})$ 在 $\mathscr{N}$ 中是可证明的，即有

1) $$\mathscr{N} \vdash B(\boldsymbol{k})$$

成立．令 n 是 (1) 的某个形式证明的哥德尔数，则 $A(k, n)$ 是真的．由 $A(k, n)$ 的在 $\mathscr{N}$ 中的数词可表达性；可得

$$\mathscr{N} \vdash A(\boldsymbol{k}, \boldsymbol{n})$$
$$\vdash \exists y A(\boldsymbol{k}, y)$$
$$\vdash \neg\forall y \neg A(\boldsymbol{k}, y) \text{ 即}$$

2) $$\mathscr{N} \vdash \neg B(\boldsymbol{k})$$

由 (1) 和 (2)，$\mathscr{N}$ 是不协调的，这与定理中的假设矛盾．故 $B(\boldsymbol{k})$ 在 $\mathscr{N}$ 中是不可证明的．

现在证定理的第二部分. 上面已经证明 B($\boldsymbol{k}$) 在 $\mathscr{N}$ 中是不可证明的,故任何自然数都不可能是 (1) 的形式证明的哥德尔数,即 $A(k, 0)$, $A(k, 1)$, $A(k, 2)$, $\cdots$都是假的. 因此 $\neg A(\boldsymbol{k}, \boldsymbol{0})$, $\neg A(\boldsymbol{k}, \boldsymbol{1})$, $\neg A(\boldsymbol{k}, \boldsymbol{2})$, $\cdots$在 $\mathscr{N}$ 中都可以证明. 由 $\mathscr{N}$ 的 ω 协调性, $\neg\forall y\neg A(\boldsymbol{k}, y)$ 即 $\neg B(\boldsymbol{k})$ 在 $\mathscr{N}$ 中是不可证明的. ‖

不完备性定理的第一部分是

3) $\mathscr{N}$ 是协调的 $\Longrightarrow$ B($\boldsymbol{k}$) 在 $\mathscr{N}$ 中是不可证明的

通过哥德尔编码,"$\mathscr{N}$ 是协调的"和"B($\boldsymbol{k}$) 在 $\mathscr{N}$ 中是不可证明的"可以用自然数的命题来表示,然后又可以表示为纯 $\mathscr{N}$ 合式公式. 前面已讲过,"B($\boldsymbol{k}$) 在 $\mathscr{N}$ 中是不可证明的"就表示为 B($\boldsymbol{k}$). 我们令"$\mathscr{N}$ 是协调的"表示为纯 $\mathscr{N}$ 合式公式 Cons ($\mathscr{N}$). 把 3) 的证明在 $\mathscr{N}$ 中形式化,就得到

4) $$\mathscr{N} \vdash \mathrm{Cons}\,(\mathscr{N}) \to B(\boldsymbol{k})$$

如果

5) $$\mathscr{N} \vdash \mathrm{Cons}\,(\mathscr{N})$$

成立,那么由 4) 和 5) 可得 $\mathscr{N} \vdash B(\boldsymbol{k})$. 但是,在 $\mathscr{N}$ 是协调的前提下,根据第一不完备性定理,这是不可能的. 因此 5) 是不成立的,从而有下面的定理.

定理 53.2 (第二不完备性定理) 如果 $\mathscr{N}$ 是协调的,则 $\mathscr{N} \vdash \mathrm{Cons}\,(\mathscr{N})$ 不成立,就是说, $\mathscr{N}$ 的协调性的证明不能在 $\mathscr{N}$ 中形式化(哥德尔 1931). ‖

§ 54 集

集论是现代数学的一个分支,是数学的一种基础理论. 可是集论与其他的数学分支,与数学的其他基础理论,在性质上和作用上都有所不同. 在集论中可以陈述所有的古典数学理论. 这样,如果集论能够在一个逻辑演算中表达,那么所有古典数学理论就都能够在其中表达了. 正因为如此,集论的逻辑问题的研究引起了数学基础和数理逻辑的学者的重视,成为数学基础和数理逻辑

研究中的一个重要课题.

集论之形成一门数学，开始于十九世纪末康托尔的研究. 在集论的发展中发现了逻辑矛盾，即所谓悖论，这就促进了构造集论公理系统的研究. 例如，令

$$S=\{x \mid x \notin x\}$$

那么就得到：任何 x，

$$x \in S \Longleftrightarrow x \notin x$$

当 x 就是 S 时，就得到

$$S \in S \Longleftrightarrow S \notin S$$

由此就产生矛盾. 这就是**罗素悖论**. 集论中产生的悖论是很多的.

由于集论中产生了悖论，产生了逻辑性问题，这就迫使集论学者研究集论应当包含哪些基本概念，应当包含哪些公理，使得所构造的理论体系即集论的公理系统能够包含已经充分发展的集论内容，而又不至于产生悖论. 数学基础和数理逻辑学者曾根据这种要求构造了各种集论公理系统. 关于悖论和集论公理化的问题，读者可参考富兰克尔[1]，巴希勒尔[2]与勒维[3] 1973.

在本节里我们要在 $\mathbf{F}^*$ 中构造由蔡梅罗[4]与富兰克尔构造的集论形式系统 ZF.

ZF 只有一个原始指词

$$\in$$

它是表示元素关系的二元谓词，是形式符号；但是我们采用暗示性的写法，把它写得和非形式的数学符号 $\in$ 相同.

我们令

$$x \in y =_{df} \in(x, y)$$

$$x \notin y =_{df} \neg(x \in y)$$

---

1) A. A. Fraenkel.
2) Y. Bar-Hillel.
3) A. Lévy.
4) E. Zermelo.

为了使用的方便，我们在本节和下节中还令希腊文正体小写字母 α，β，γ（或加下添标）表示任意的约束变元（原来的 x，y，z 仍表示约束变元）.

纯 ZF 命题形式是这样的命题形式，在其中只出现 $\in$ 一个指词，即 ZF 的原始指词.

定义 54.1

[1] $(\forall x)_\alpha A(x) =_{df} \forall x[x \in \alpha \to A(x)]$

[2] $(\exists x)_\alpha A(x) =_{df} \exists x[x \in \alpha \wedge A(x)]$

$(\forall x)_\alpha$ 和 $(\exists x)_\alpha$ 是受囿于 α 的全称量词和存在量词.

定义 54.2

[1] $\alpha \subset \beta =_{df} (\forall x)_\alpha (x \in \beta)$

[2] $\alpha \subset \beta \subset \gamma =_{df} \alpha \subset \beta \wedge \beta \subset \gamma$

定义 54.2 中的 $\subset$ 是二元谓词，是形式符号，但对它也采用了暗示性的写法.

ZF 有以下的 M_1，$\cdots$，M_{10} 共十条形式公理，其中的 M_6 是模式. 下面我们先陈述 M_1，$\cdots$，M_6：

M_1（**外延公理**）

$$\forall \alpha\beta[\forall x(x \in \alpha \longleftrightarrow x \in \beta) \to \alpha = \beta]$$

M_2（**空集公理**）

$$\exists \alpha \forall x(x \notin \alpha)$$

M_3（**无序偶公理**）

$$\forall xy \exists \alpha \forall z(z \in \alpha \longleftrightarrow z = x \vee z = y)$$

M_4（**并集公理**）

$$\forall \alpha \exists \beta \forall x[x \in \beta \longleftrightarrow (\exists y)_\alpha (x \in y)]$$

M_5（**幂集公理**）

$$\forall \alpha \exists \beta \forall x(x \in \beta \longleftrightarrow x \subset \alpha)$$

M_6（**分离公理**）

$$\forall \alpha \exists \beta \forall x(x \in \beta \longleftrightarrow x \in \alpha \wedge A(x)),$$

其中的 A(x) 是纯 ZF 命题形式.

根据外延公理，M_2 和 M_3 中的 α 都是唯一的，M_4 和 M_5 中的 β

也都是唯一的．因此我们可以有下面的定义．

定义 54.3

[1]　$\phi =_{df} \iota\alpha \forall x(x \notin \alpha)$

[2]　$\{x, y\} =_{df} \iota\alpha \forall z(z \in \alpha \longleftrightarrow z \equiv x \vee z \equiv y)$

[3]　$\bigcup \alpha =_{df} \iota\beta \forall x[x \in \beta \longleftrightarrow (\exists y)_{\alpha}(x \in y)]$

[4]　$\mathscr{P}\alpha =_{df} \iota\beta \forall x(x \in \beta \longleftrightarrow x \subset \alpha)$

ϕ 是个体词，表示空集；{,}是二元函数词，$\{x, y\}$ 是由 x 和 y 组成的无序偶；$\bigcup$ 是一元函数词，$\bigcup\ \alpha$ 是 α 的并集；$\mathscr{P}$ 也是一元函数词，$\mathscr{P}\alpha$ 是 α 的幂集．

定理 54.1

$M_1, \cdots, M_6 \vdash$

[1]　$\forall \alpha\beta \exists \gamma \forall x(x \in \gamma \longleftrightarrow x \in \alpha \vee x \in \beta)$

[2]　$\forall \alpha\beta \exists \gamma \forall x(x \in \gamma \longleftrightarrow x \in \alpha \wedge x \in \beta)$

[3]　$\forall \alpha\beta \exists \gamma \forall x(x \in \gamma \longleftrightarrow x \in \alpha \wedge x \notin \beta)$

证　由 M_3 和 M_4 可得 $\bigcup\ \{\alpha, \beta\}$，它就是 [1] 中的 γ；由 M_6 可得 [2] 和 [3]．‖

定理 54.2

$M_1, \cdots, M_6 \vdash$

$\forall \alpha[\alpha \neq \phi \rightarrow \exists \beta \forall x[x \in \beta \longleftrightarrow (\forall y)_{\alpha}(x \in y)]]$

证　因 $\alpha \neq \phi$，令 $z \in \alpha$．由 M_6 可得

(1)　　$\exists \beta \forall x[x \in \beta \longleftrightarrow x \in z \wedge (\forall y)_{\alpha}(x \in y)]$

因 $z \in \alpha$，故由 (1) 可得

$$\exists \beta \forall x[x \in \beta \longleftrightarrow (\forall y)_{\alpha}(x \in y)]$$

这样就证明了本定理．‖

读者不难根据上面的证明写出定理 54.2 的形式证明．

根据外延公理，定理 54.1 中的各个 γ 和定理 54.2 中的 β 都是唯一的．因此可以作下面的定义．

定义 54.4

[1]　$\alpha \cup \beta =_{df} \iota\gamma \forall x(x \in \gamma \longleftrightarrow x \in \alpha \vee x \in \beta)$

[2]　$\alpha \cap \beta =_{df} \iota\gamma \forall x(x \in \gamma \longleftrightarrow x \in \alpha \wedge x \in \beta)$

[3] $\alpha-\beta=_{df}\imath\gamma\forall x(x\in\gamma\leftrightarrow x\in\alpha\wedge x\notin\beta)$

[4] $\bigcap\alpha=_{df}\imath\beta\forall x[x\in\beta\leftrightarrow(\forall y)_{\alpha}(x\in y)]$

$\alpha\cup\beta$，$\alpha\cap\beta$，$\alpha-\beta$ 分别是 α 和 β 的并集，交集，差集；$\bigcap\alpha$ 是 α 的交集.

下面是关于集的代数的定理.

定理 54.3

$M_1,\cdots,M_6\vdash$

[1] $\alpha\cup\alpha=\alpha\cap\alpha=\alpha$

[2] $\alpha\cup\beta=\beta\cup\alpha$

[3] $\alpha\cap\beta=\beta\cap\alpha$

[4] $(\alpha\cup\beta)\cup\gamma=\alpha\cup(\beta\cup\gamma)$

[5] $(\alpha\cap\beta)\cap\gamma=\alpha\cap(\beta\cap\gamma)$

[6] $\alpha\cup(\beta\cap\gamma)=(\alpha\cup\beta)\cap(\alpha\cup\gamma)$

[7] $\alpha\cap(\beta\cup\gamma)=(\alpha\cap\beta)\cup(\alpha\cap\gamma)$

[8] $\alpha-(\beta\cup\gamma)=(\alpha-\beta)\cap(\alpha-\gamma)$

[9] $\alpha-(\beta\cap\gamma)=(\alpha-\beta)\cup(\alpha-\gamma)$

[10] $\alpha\cup\phi=\alpha$

[11] $\alpha\cap\phi=\phi$

[12] $\alpha\cap(\beta-\alpha)=\phi$

[13] $\phi\subset\alpha$

[14] $\alpha\subset\beta\subset\gamma\rightarrow\alpha\subset\gamma$

[15] $\alpha\subset\beta\leftrightarrow\alpha\cup\beta=\beta$

[16] $\alpha\subset\beta\leftrightarrow\alpha\cap\beta=\alpha$

[17] $\alpha\subset\beta\rightarrow\bigcup\alpha\subset\bigcup\beta$

[18] $\alpha\subset\beta\wedge\alpha\neq\phi\rightarrow\bigcap\beta\subset\bigcap\alpha$

[19] $\bigcup\phi=\phi$ ‖

下面我们定义由 $n(n\geqslant 1)$ 个元素组成的集合 $\{x_1,\cdots,x_n\}$ 和有序 n 元组 $\langle x_1,\cdots,x_n\rangle$.

定义 54.5

[1] $\{x\}=_{df}\{x, x\}$

[2] $\{x_1, \cdots, x_n\}=_{df}\{x_1, \cdots, x_{n-1}\}\cup\{x_n\}$

[3] $\langle x\rangle=_{df}x$

[4] $\langle x, y\rangle=_{df}\{\{x\}, \{x, y\}\}$

[5] $\langle x_1, \cdots, x_n\rangle=_{df}\langle\langle x_1, \cdots, x_{n-1}\rangle, x_n\rangle$

于是可以定义关系和函数，关系是某些有序偶的集合，函数是一种特殊的关系．

定义 54.6

[1] $\text{Rel}(\alpha)=_{df}(\forall x)_\alpha\exists yz(x\equiv\langle y, z\rangle)$

[2] $\text{Fun}(\alpha)=_{df}\text{Rel}(\alpha)\wedge$

$$\forall xyz(\langle x, y\rangle\in\alpha\wedge\langle x, z\rangle\in\alpha\rightarrow y\equiv z)$$

Rel(α) 说 α 是关系；Fun(α) 说 α 是函数．Rel 和 Fun 都是一元谓词．

现在我们来陈述 ZF 的其余四条形式公理．

M_7（**无穷性公理**）

$$\exists\alpha[\phi\in\alpha\wedge(\forall x)_\alpha(x\cup\{x\}\in\alpha)]$$

M_8（**正则性公理**）

$$\forall\alpha[\alpha\not\equiv\phi\rightarrow(\exists x)_\alpha(x\cap\alpha\equiv\phi)]$$

M_9（**替换公理**）

$$\forall\alpha(\forall\beta)_{\text{Fun}}\exists\gamma\forall y[y\in\gamma\longleftrightarrow(\exists x)_\alpha(\langle x, y\rangle\in\beta)]$$

M_{10}（**选择公理**）

$$\forall\alpha[\alpha\not\equiv\phi\wedge(\forall x)_\alpha(x\not\equiv\phi)\rightarrow$$
$$(\exists\beta)_{\text{Fun}}(\forall x)_\alpha(\exists y)_x(\langle x, y\rangle\in\beta)]$$

我们就令

$$ZF=_{df}M_1, \cdots, M_{10}$$

在 ZF 中可以处理数学对象，它们都可以由数经过集论的运算而构成，而各种数又可以由自然数经过集论的运算而构成．下面在 ZF 中定义自然数．

要把自然数 n 定义为一个集合，自然要选择一个有 n 个元素的集合，而由小于 n 的自然数构成的

$$\{0, \cdots, n-1\}$$

恰好就是这样一个集合。

定义 54.7

[1] $0 =_{df} \phi$

[2] $n' =_{df} n \cup \{n\}$

n' 是 n 的后继.

于是有:

$$1 = \{0\}$$
$$2 = \{0, 1\}$$
$$3 = \{0, ,1, 2\}$$
$$\cdots$$
$$n = \{0, \cdots, n-1\}$$

定义 54.8

[1] $\mathrm{Ind}(\alpha) =_{df} \phi \in \alpha \wedge (\forall x)_{\alpha}(x' \in \alpha)$

[2] $N(\alpha) =_{df} (\forall \beta)_{\mathrm{Ind}}(\alpha \in \beta)$

$\mathrm{Ind}(\alpha)$ 说 α 是**归纳集**; $N(\alpha)$ 说 α 是自然数.

根据无穷性公理,存在无穷集 α. 对于这个 α,使用分离公理,可得

$$\exists \beta \forall x[x \in \beta \longleftrightarrow x \in \alpha \wedge N(x)]$$

因为由 $N(x)$ 可得 $x \in \alpha$, 故 $x \in \alpha \wedge N(x)$ 与 $N(x)$ 是等值的, 因此有

定理 54.4 ZF $\vdash$ $\exists \alpha \forall x[x \in \alpha \longleftrightarrow N(x)]$

定理 54.4 中的 α 是唯一的, 它就是所有自然数的集合 ω.

定义 54.9 $\omega =_{df} \imath \alpha \forall x[x \in \alpha \longleftrightarrow N(x)]$

在 ZF 中可以定义序数和基数, 并证明有关的定理, 这些内容不再陈述.

最后我们肯定, 在 ZF 中不存在一切集合都属于它的那种集合.

定理 54.5 ZF $\vdash$ $\neg \exists \alpha \forall x(x \in \alpha)$

证 设 α 存在. 据分离公理, 由 α 可得

1) $$\exists\beta\forall x(x\in\beta\longleftrightarrow x\in\alpha\wedge x\notin x)$$

由 1) 可得

$$\beta\in\beta\longleftrightarrow\beta\in\alpha\wedge\beta\notin\beta$$

于是得到 $\beta\notin\alpha$，这与一切集合都属于 α 的假设矛盾，这样就证明了本定理. ||

我们看到，在ZF中，数学对象都可以用集合来定义. 因此，为了在ZF中陈述数学，使用集合就够了；不是集合的对象，即蔡梅罗称之为本元[1]的对象，是不需要的. 但是很容易在ZF中引进本元，使它成为包括本元的集论系统.

可以在ZF中加进一个原始个体词U，它表示所有本元构成的集合. 于是要在ZF中增加关于本元的公理，并且在定义，公理和定理中，必要时应当说明某些对象是集合而不是本元. 例如，外延公理中的 α 和 β，空集公理，并集公理和幂集公理中的 α 等都是集合而不是本元；因此，在包括本元的ZF中，这些公理应当修改如下.

外延公理

$$\forall\alpha\beta[\alpha\notin U\wedge\beta\notin U\wedge\forall x(x\in\alpha\longleftrightarrow x\in\beta)\to\alpha=\beta]$$

空集公理

$$\exists\alpha[\alpha\notin U\wedge\forall x(x\notin\alpha)]$$

并集公理

$$\forall\alpha[\alpha\notin U\to\exists\beta\forall x[x\in\beta\longleftrightarrow(\exists y)_{\alpha}(x\in y)]]$$

幂集公理

$$\forall\alpha[\alpha\notin U\to\exists\beta\forall x(x\in\beta\longleftrightarrow x\subset\alpha)]$$

无序偶公理和无穷性公理是不需要修改的，其余公理的修改不再详述.

在定义中，例如 Rel (α) 中的 α 应当是集合而不是本元，故这个定义应改为：

$$\mathrm{Rel}\,(\alpha)=_{\mathrm{df}}\alpha\notin U\wedge(\forall x)_{\alpha}\exists yz(x=\langle y,z\rangle)$$

---

1) Urelement，有的文献里称为原子 (atom).

需要在 ZF 中增加的关于本元的公理是以下的

M_{11}（**本元公理**）

$$\forall x[x \in U \longleftrightarrow x \neq \phi \wedge \forall y(y \notin x)]$$

§55 实　　数

我们在 F^* 中，在 ZF 的基础上，构造实数理论的形式系统 $\mathscr{R}$. 这里要求 ZF 是包含本元的.

$\mathscr{R}$ 有以下八个原始指词：个体词 **0**，**1**，ω 和 ρ；二元函数词＋和·；二元谓词＜；以及 ZF 中的原始指词 ∈. **0** 和 **1** 分别表示实数（也是自然数）0 和 1，ω 表示所有自然数的集合，ρ 表示所有实数的集合，＋和·表示实数的加法和乘法运算，＜表示实数间的小于关系.

我们仍然采用前几节中的一些写法，例如令

$$\begin{aligned} a+b &=_{df}(a+b) \\ &=_{df}+(a, b) \\ ab &=_{df} a \cdot b \\ &=_{df}(a \cdot b) \\ &=_{df} \cdot(a, b) \\ a<b &=_{df}(a<b) \\ &=_{df}<(a, b) \\ a \leqslant b &=_{df} a<b \vee a=b \end{aligned}$$

等.

定义 55.1　$\operatorname{Ded}(\alpha, \beta)=_{df} \alpha \neq \phi \wedge \beta \neq \phi \wedge \alpha \cup \beta = \rho \wedge(\forall x)_\alpha(\forall y)_\beta[x<y]$

$\operatorname{Ded}(\alpha, \beta)$ 是说 α 与 β 组成**戴德金**[1]**分划**.

$\mathscr{R}$ 的形式公理有下面的十组共三十六条：

（一）**集论公理** $M_1, \cdots, M_{11}$.

---

1) R. Dedekind.

(二) 0和1的公理

R_1　$\mathbf{0}\in\rho$

R_2　$(\forall x)_\rho[x+\mathbf{0}=x]$

R_3　$\mathbf{1}\in\rho$

R_4　$(\forall x)_\rho[x\mathbf{1}=x]$

(三) 自然数公理

R_5　$\mathbf{0}\in\omega$

R_6　$(\forall x)_\rho[x\in\omega\rightarrow x+\mathbf{1}\in\omega]$

R_7　$\mathbf{0}\in\alpha\wedge(\forall x)_\rho[x\in\alpha\rightarrow x+\mathbf{1}\in\alpha]\rightarrow\omega\subset\alpha$

(四) 存在性公理

R_8　$\exists\alpha(\forall xy)_\rho[\langle x,y\rangle\in\alpha\leftrightarrow x<y]$

R_9　$\exists\alpha(\forall xyz)_\rho[\langle x,y,z\rangle\in\alpha\leftrightarrow x+y=z]$

R_{10}　$\exists\alpha(\forall xyz)_\rho[\langle x,y,z\rangle\in\alpha\leftrightarrow xy=z]$

(五) 次序公理

R_{11}　$(\forall xy)_\rho[x<y\wedge x\neq y\wedge\neg(y<x)$

$\qquad\vee\neg(x<y)\wedge x=y\wedge\neg(y<x)$

$\qquad\vee\neg(x<y)\wedge x\neq y\wedge y<x]$

R_{12}　$(\exists xy)_\rho[x\neq y]$

R_{13}　$(\forall xyz)_\rho[x<y\wedge y<z\rightarrow x<z]$

(六) 加法公理

R_{14}　$(\forall xy)_\rho(\exists z)_\rho[x+y=z]$

R_{15}　$(\forall xy)_\rho[x+y=y+x]$

R_{16}　$(\forall xyz)_\rho[(x+y)+z=x+(y+z)]$

R_{17}　$(\forall xyz)_\rho[x<y\rightarrow x+z<y+z]$

(七) 减法公理

R_{18}　$(\forall xy)_\rho(\exists!z)_\rho[x+z=y]$

(八) 乘法公理

R_{19}　$(\forall xy)_\rho(\exists z)_\rho[xy=z]$

R_{20}　$(\forall xy)_\rho[xy=yx]$

R_{21}　$(\forall xyz)_\rho[(xy)z=x(yz)]$

R_{22}　$(\forall xyz)_{\rho}[x(y+z)=xy+xz]$

R_{23}　$(\forall xy)_{\rho}[\mathbf{0}<x \wedge \mathbf{0}<y \rightarrow \mathbf{0}<xy]$

（九）**除法公理**

R_{24}　$(\forall xy)_{\rho}[x \neq \mathbf{0} \rightarrow (\exists ! z)_{\rho}[xz=y]]$

（十）**完全性公理**

R_{25}　$\mathrm{Ded}(\alpha, \beta) \rightarrow \exists x[x \in \alpha \wedge (\forall y)_{\alpha}[y \neq x \rightarrow y<x]$
$\vee x \in \beta \wedge (\forall y)_{\beta}[y \neq x \rightarrow x<y]]$

我们令 $\mathscr{R}$ 就是 $\mathscr{R}$ 的形式公理系统，就是说令

$$\mathscr{R}=M_1, \cdots, M_{11}, R_1, \cdots, R_{25}$$

定义 55.2

[1]　$-x=_{\mathrm{df}}(\imath y)_{\rho}(x+y=\mathbf{0})$

[2]　$x-y=_{\mathrm{df}}(\imath z)_{\rho}(y+z=x)$

定理 55.1　$\mathscr{R} \vdash_{\rho}$

[1]　$\omega \subset \rho$

[2]　$x\mathbf{0}=\mathbf{0}$

[3]　$E!-x$

[4]　$E!x-y$

[5]　$-(-x)=x$

[6]　$x+(-y)=x-y$

[7]　$\mathbf{0}<x \wedge \mathbf{0}<y \rightarrow \mathbf{0}<x+y$

[8]　$x<\mathbf{0} \wedge y<\mathbf{0} \rightarrow x+y<\mathbf{0}$

[9]　$\mathbf{0}<y \rightarrow x<x+y$

[10]　$\mathbf{0}<x \rightarrow -x<\mathbf{0}$

[11]　$x<\mathbf{0} \rightarrow \mathbf{0}<-x$

[12]　$(-x)y=-(xy)$

[13]　$(-x)(-y)=xy$

[14]　$x<\mathbf{0} \wedge y<\mathbf{0} \rightarrow \mathbf{0}<xy$

[15]　$x \neq \mathbf{0} \wedge y \neq \mathbf{0} \rightarrow xy \neq \mathbf{0}$

[16]　$x_1<x_2 \wedge y_1<y_2 \rightarrow x_1+y_1<x_2+y_2$

[17]　$(x-y)z=xz-yz$

[18] $x < y \wedge \mathbf{0} < z \to xz < yz$

[19] $x < y \wedge z < \mathbf{0} \to yz < xz$

[20] $\mathbf{0} \neq \mathbf{1}$

[21] $\neg(\mathbf{1} < \mathbf{0})$

[22] $\mathbf{0} < \mathbf{1}$

[23] $-(x + y) = -x - y$

[24] $-(x - y) = -x + y$

我们选证 [1],[2],[5],[7],[10],[18] 和 [20].

证 [1] 由 R_1, R_3, R_{14} 和 R_7 显然可得 [1].

证 [2] $\mathscr{R} \vdash_\rho$

(1)	$x\mathbf{0} \in \rho$	R_1R_{19}
(2)	$x\mathbf{0} + x\mathbf{0} = x(\mathbf{0} + \mathbf{0})$	R_{22}
	$= x\mathbf{0}$	R_2
(3)	$x\mathbf{0} + \mathbf{0} = x\mathbf{0}$	(1) R_2
(4)	$x\mathbf{0} = \mathbf{0}$	(2)(3) R_{18}

证 [5] $\mathscr{R} \vdash_\rho$

(1)	$-x \in \rho$	定义 55.2
(2)	$-(-x) \in \rho$	定义 55.2
(3)	$x + (-x) = \mathbf{0}$	定义 55.2
(4)	$-x + (-(-x)) = \mathbf{0}$	定义 55.2
(5)	$-(-x) = x$	(3)(4)R_{18}

证 [7] $\mathscr{R} \vdash_\rho$

(1)	$\mathbf{0} < x \wedge \mathbf{0} < y$	
(2)	$\mathbf{0} + y < x + y$	(1) R_{17}
(3)	$\mathbf{0} + y = y + \mathbf{0} = y$	R_{15} R_2
(4)	$\mathbf{0} < x + y$	(1)(2)(3) R_{13}
(5)	$\mathbf{0} < x \wedge \mathbf{0} < y \to \mathbf{0} < x + y$	(4) $(\to_+)$

证 [10] $\mathscr{R} \vdash_\rho$

(1) $\mathbf{0} < x$

(2) $-x = \mathbf{0}$

(3) $\mathbf{0} = -x + x$ 定义 55.2

$= \mathbf{0} + x$ (2)

$= x + \mathbf{0}$ R_{15}

$= x$ R_2

(4) $\neg(\mathbf{0} < x)$ (3)R_{11}

(5) $-x \neq \mathbf{0}$ (1)(4)归谬律

(6) $\mathbf{0} < -x$

(7) $x = x + \mathbf{0}$ R_2

$= \mathbf{0} + x$ R_{15}

$< -x + x$ (6)R_{17}

$= \mathbf{0}$ 定义 55.2

(8) $\neg(\mathbf{0} < x)$ (7) R_{11}

(9) $\neg(\mathbf{0} < -x)$ (1)(8)归谬律

(10) $-x < \mathbf{0}$ (5)(9) R_{11}

(11) $\mathbf{0} < x \to -x < \mathbf{0}$ (10)($\to_+$)

证 [18] $\mathscr{R} \vdash$,

(1) $x < y \wedge \mathbf{0} < z$

(2) $\mathbf{0} = x + (-x)$ 定义 55.2

$< y + (-x)$ (1) R_{17}

(3) $\mathbf{0} < [y + (-x)]z$ (2)(1) R_{23}

$= yz + (-x)z$ R_{22}

(4) $xz = xz + \mathbf{0}$ R_2

$< xz + yz + (-x)z$ R_{17}

$= yz + xz + (-x)z$ R_{15}

(5) $xz + (-x)z = [x + (-x)]z$ R_{22}

$= \mathbf{0}z$ 定义 55.2

$= \mathbf{0}$ R_{20}[2]

(6) $xz < yz$ (4)(5) R_2

(7) $x < y \wedge \mathbf{0} < z \to xz < yz$ (6)($\to_+$)

证 [20] $\mathscr{R} \vdash$

(1)	$\mathbf{0}=\mathbf{1}$	
(2)	$a \in \rho$	取 a 不是原始指词
(3)	$a\mathbf{0}=\mathbf{0}$	[2]
(4)	$a\mathbf{1}=\mathbf{0}$	(3)(1)(I₋)
(5)	$a\mathbf{1}=a$	R_4
(6)	$a=\mathbf{0}$	(5)(4)
(7)	$a \in \rho \to a=\mathbf{0}$	$(6)(\to_+)$
(8)	$\forall x(x \in \rho \to x=\mathbf{0})$	$(7)(\forall_+)$
(9)	$\mathbf{0}\neq\mathbf{1}$	R_{12}(6) 归谬律 ‖

定义 55.3

[1] $\rho_i =_{df} \imath\alpha\forall x[x \in \alpha \leftrightarrow x \in \omega \vee (\exists y)_\omega(x=-y)]$

[2] $\dfrac{x}{y} =_{df} (\imath z)_\rho(x=yz)$

[3] $\rho_r =_{df} \imath\alpha\forall x\left[x \in \alpha \leftrightarrow (\exists yz)_{\rho i}\left(z \neq \mathbf{0} \wedge x=\dfrac{y}{z}\right)\right]$

[4] $|x| =_{df} (\imath y)_\rho(\mathbf{0} \leqslant x \wedge y=x \vee x < \mathbf{0} \wedge y=-x)$

ρ_i 是所有整数的集；ρ_r 是所有有理数的集；$\dfrac{x}{y}$ 是 x 除以 y 的商；$|x|$ 是 x 的绝对值.

定理 55.2 $\mathscr{R} \vdash$,

[1] $E!\rho_i$

[2] $y\neq\mathbf{0} \to E!\ \dfrac{x}{y}$

[3] $E!\rho_r$

[4] $x \in \rho_i \to x \in \omega \vee (-x \in \omega)$

[5] $x \in \rho_i \leftrightarrow (\exists yz)_\omega[x=y-z]$

[6] $x_2\neq\mathbf{0} \wedge y_2\neq\mathbf{0} \to \dfrac{x_1}{x_2}+\dfrac{y_1}{y_2}=\dfrac{x_1y_2+x_2y_1}{x_2y_2}$

[7] $(\exists x)_\rho x \notin \rho_r$

[8] $\mathbf{0} < x \to (\exists z)_\omega[y < xz]$ **(阿基米德[1]定理)**

1) Archimedes.

[9] $\mathbf{0} \leqslant |x|$

[10] $|x| = |-x|$

[11] $|x| < y \rightarrow -y < x < y$

[12] $|x - y| < z \rightarrow y - z < x < y + z$

[13] $-|x| \leqslant x \leqslant |x|$

[14] $|x + y| \leqslant |x| + |y|$

[15] $|x| - |y| \leqslant |x - y|$

[16] $|xy| = |x||y|$

[17] $y \neq \mathbf{0} \rightarrow \left|\frac{x}{y}\right| = \frac{|x|}{|y|}$

§56 应用重言式系统

在本节中我们要讨论在逻辑演算的重言式系统中陈述数学理论的问题.

在重言式系统中陈述数学理论,就要以重言式系统为基础,构造所谓**应用重言式系统**. 为了与应用重言式系统相区别,作为基础的重言式系统又称为**纯重言式系统**. 因此,第三章里构造的都是纯重言式系统.

下面我们来举例说明应用重言式系统是怎样构造的.

我们在 $\mathbf{F}^*$ 中构造了形式算术系统 $\mathscr{N}$,它的原始指词是 $\mathbf{0}$, $'$, $+$和 $\cdot$(见§52). $\mathbf{F}^*$ 的重言式系统 $[\mathbf{F}^*]$ 有以下的形式公理和形式推理规则(见§33):

$(\rightarrow_1)$ $A \rightarrow (B \rightarrow A)$

$(\rightarrow_2)$ $A \rightarrow (A \rightarrow B) \cdot \rightarrow \cdot A \rightarrow B$

$(\rightarrow_0)$ $A \rightarrow B \cdot \rightarrow \cdot (B \rightarrow C) \rightarrow (A \rightarrow C)$

$(\wedge_1)$ $A \wedge B \rightarrow A$

$(\wedge_2)$ $A \wedge B \rightarrow B$

$(\wedge_0)$ $A \rightarrow B \cdot \rightarrow \cdot (A \rightarrow C) \rightarrow (A \rightarrow B \wedge C)$

($\vee_1$) $A \to A \vee B$

($\vee_2$) $B \to A \vee B$

($\vee_0$) $A \to C \boldsymbol{\cdot} \to \boldsymbol{\cdot} (B \to C) \to (A \vee B \to C)$

($\leftrightarrow_1$) $(A \leftrightarrow B) \to (A \to B)$

($\leftrightarrow_2$) $(A \leftrightarrow B) \to (B \to A)$

($\leftrightarrow_0$) $A \to B \boldsymbol{\cdot} \to \boldsymbol{\cdot} (B \to A) \to (A \leftrightarrow B)$

(M) $(A \to \neg B) \to (B \to \neg A)$

(H) $\neg A \to (A \to B)$

(C) $(A \to \neg A) \to B \boldsymbol{\cdot} \to \boldsymbol{\cdot} (A \to B) \to B$

($\forall_1$) $\forall x A(x) \to A(a)$

($\forall_0$) $\forall x[A \to B(x)] \to \boldsymbol{\cdot} A \to \forall x B(x)$

($\exists_1$) $A(a) \to \exists x A(x)$，其中的 $A(x)$ 是由 $A(a)$ 把 a 在其中的某些出现替换为 x 而得

($\exists_0$) $\forall x[A(x) \to B] \to \boldsymbol{\cdot} \exists x A(x) \to B$

(I_1) $a \equiv a$

(I_0) $A(a) \wedge a \equiv b \to A(b)$，其中的 $A(b)$ 是由 $A(a)$ 把 a 在其中的某些出现替换为 b 而得

[→] 由 $A \to B$ 和 A 推出 B

[∀] 由 $A(a)$ 推出 $\forall x A(x)$

我们在重言式系统中定义了有形式前提的形式证明（见§34），于是，根据定理 34.5，有

$$\mathbf{F}^*: \mathscr{N} \vdash A \Leftrightarrow [\mathbf{F}^*]: \mathscr{N} \vdash A$$

如果把 $[\mathbf{F}^*]: \mathscr{N} \vdash A$ 中的 $\mathscr{N}$ 作为形式公理加进 $[\mathbf{F}^*]$ 中，使得形式公理包括两部分，$[\mathbf{F}^*]$ 中原有的形式公理称为**逻辑形式公**

理，$\mathscr{N}$ 中的合式公式称为**非逻辑形式公理**，而形式推理规则仍是 [→] 和 [∀] 两条，那么，所构成的系统就是应用重言式系统，而 [F*] 就是作为基础的纯重言式系统. 令这个应用重言式系统记作 $[F^*]_{\mathscr{N}}$，那么显然可以得到

$$[F^*]_{\mathscr{N}}: \vdash A \Longleftrightarrow [F^*]: \mathscr{N} \vdash A$$
$$\Longleftrightarrow F^*: \mathscr{N} \vdash A$$

要注意的是，在 $[F^*]_{\mathscr{N}}$ 中不容许对原始指词应用代入定理.

上面我们举例说明了构造应用重言式系统的一般方法. 我们认为，以一定的纯重言式系统为基础，构造应用重言式系统来陈述数学理论，这样的方法是数理逻辑的历史发展中的陈迹. 历史上是先有了逻辑演算的重言式系统，而演绎定理和自然推理系统是后来的发展. 在有了自然推理系统之后，我们只要把应用重言式系统中的非逻辑形式公理用作自然推理系统中的形式前提，那么由之推出的形式结论就是应用重言式系统中的形式定理了. 这样的处理方法，比之以纯重言式系统为基础构造应用重言式系统，是更为直接和自然的.

在逻辑演算中陈述数学理论，不论采用自然推理系统或重言式系统，都可以不使用模式而使用单独的形式推理规则或单独的形式公理. 在自然推理系统中可以用单独的形式推理规则来代替形式推理规则的模式，在重言式系统中可以用单独的逻辑形式公理来代替逻辑形式公理的模式（前者见 § 23，后者见 § 34）. 至于非逻辑形式公理，也是可以用单独的合式公式来代替模式的. 当不使用模式时，就要加进有关的代入定理作为推理规则，这些情况我们不再详述.

§ 57 形式符号定义

数学或其他演绎理论中的原始概念往往只是很少几个，其他的概念要由原始概念出发逐步地定义出来. 这种情况反映在形式数学系统中，就是要由原始指词出发，通过定义引进新的指词，即

新的个体词,函数词和谓词. 例如,在 $\mathscr{N}$ 中我们由原始指词 **0**,′,+,· 定义了<和≤等; 在 ZF 中由 ∈ 定义了⊂,∩,∪, Rel 和 Fun 等.

设 $\mathscr{S}$ 是一个形式数学系统, $\mathscr{S}$ 是它的形式公理系统. 又设我们通过定义 D 在 $\mathscr{S}$ 中引进了新的指词. 那么

1) $$\mathscr{S} \underset{D}{\vdash} A$$

是说, A 是在 $\mathscr{S}$ 中使用了定义 D 而推导出的形式定理. $\mathscr{S}$ 中的指词就是 $\mathscr{S}$ 的原始指词, A 中的指词包括 $\mathscr{S}$ 的原始指词以及由 D 定义的新的指词. 于是要问,严格地按照一阶逻辑的理论来讲, 1)是什么意思?

设 A′ 是由 A 把其中的由 D 定义的新指词根据 D 给以替除而得. A′ 中不包含这个新指词. 我们可以把 1) 看作是表示

2) $$\mathscr{S} \vdash A'$$

的. 可是,以 2) 来理解 1), 这是否反映了在数学理论中引进定义的实际情形呢? 在一个数学理论中证明定理, 如果这个定理包含了通过定义而引进的新的概念,那么在证明这个定理时,实际上是否证明一个把其中的新概念根据定义给以替除, 从而得到的不包含这个新概念的命题呢? 这就是说, 如果把这个数学理论形式化而成为形式系统 $\mathscr{S}$, 那么证明 1) 是否实际上就是证明 2)?

如果在合式公式中把经过使用定义而引进的新的指词都根据定义替除掉,从而完全用原始指词把它写出,那么这个合式公式将会是非常之长的. 而且, 实际上, 证明 1) 时并不是要证明 2), 而是根据 1) 中的定义 D 确定一个合式公式 B, 使得证明 1) 成为证明下面的 3):

3) $$\mathscr{S}, B \vdash A$$

我们要在本节中阐明, 在形式数学系统中使用定义 D 引进新的指词,这样做法同在它的形式公理系统中增加形式公理 B,从推理的角度看,效果是相同的. 这就是说, 1) 和 3) 是等价的. 因此我们可以通过 3) 来理解 1).

1) 中的定义 D 称为**形式符号定义**.谓词可以用命题形式来定

义，函数词可以用项形式或摹状词来定义，个体词可以用项或摹状词定义．因此，在形式数学系统中有五种形式符号定义．"形式"二字在不至于引起误会时可以省略．

定义 57.1 设 $\mathscr{S}$ 是一个形式数学系统，$\mathscr{S}$ 是它的形式公理系统．在$\mathscr{S}$中引进**形式符号定义** D(F)：

$$D(F) \qquad F(x_1, \cdots, x_n) =_{df} B(x_1, \cdots, x_n)$$

就是令

$$\mathscr{S} \underset{D(F)}{\vdash} A =_{df} \mathscr{S} \vdash \mathfrak{S}^F_B A|$$

其中的 B 即 $B(x_1, \cdots, x_n)$ 是 n 元命题形式，B 中所有指词都在 $\mathscr{S}$ 中出现，F 是不在 $\mathscr{S}$ 中出现的 n 元谓词．

定理 57.1 设 F 不在 $\mathscr{S}$ 中出现，A 中指词包括 F 和 $\mathscr{S}$ 中的指词(即 $\mathscr{S}$ 的原始指词)，并设

[0] $F^{*!}$: $\mathscr{S} \vdash B(a_1, \cdots, a_n) \to E!a$，$a$ 是任一 $a_i(i = 1, \cdots, n)$ 的子项．

那么

[1] $F^{*!}$: $\mathscr{S} \underset{D(F)}{\vdash} A$ (即 $\mathscr{S} \vdash \mathfrak{S}^F_B A|$)

当且仅当

[2] $F^{*!}$: $\mathscr{S}, \forall[F(x_1, \cdots, x_n) \leftrightarrow B(x_1, \cdots, x_n)] \vdash A$

证 先证 [2]$\Longrightarrow$[1]．在 $F^{*!}$ 中，根据[0]和谓词代入定理，由[2]可得

(1) $\mathfrak{S}^F_B \mathscr{S}, \forall[F(x_1, \cdots, x_n) \leftrightarrow B(x_1, \cdots, x_n)]| \vdash \mathfrak{S}^F_B A|$

由于 F 不在 $\mathscr{S}$ 中出现，故 (1) 就是

(2) $\mathscr{S}, \forall[B(x_1, \cdots, x_n) \leftrightarrow B(x_1, \cdots, x_n)] \vdash \mathfrak{S}^F_B A|$

因为 $\forall[B(x_1, \cdots, x_n) \leftrightarrow B(x_1, \cdots, x_n)]$ 是重言式，故由 (2) 可得 [1]．

其次证 [1]$\Longrightarrow$[2]．根据 [0]，可得

(3) $$\mathscr{S}, \forall[F(x_1, \cdots, x_n) \leftrightarrow B(x_1, \cdots, x_n)] \vdash F(a_1, \cdots, a_n) \leftrightarrow B(a_1, \cdots, a_n)$$

其中的 $a_1, \cdots, a_n$ 是任意的项．由 (3) 可得

(4) $\mathscr{S}, \forall[F(x_1, \cdots, x_n) \leftrightarrow B(x_1, \cdots, x_n)]$

$\vdash \forall[F(a_1, \cdots, a_n) \leftrightarrow B(a_1, \cdots, a_n)]$

(4) 中的 $a_1, \cdots, a_n$ 是任意的项或项形式.

令 $F(a_{i1}, \cdots, a_{in})(i = 1, \cdots, k)$ 是所有在A中出现的以F开始的原子公式. 根据等值公式的可替换性定理,由 [1] 可得

(5) $\mathscr{S}, \forall[F(a_{11}, \cdots, a_{1n}) \leftrightarrow B(a_{11}, \cdots, a_{1n})], \cdots,$

$\forall[F(a_{k1}, \cdots, a_{kn}) \leftrightarrow B(a_{k1}, \cdots, a_{kn})] \vdash A$

由 (4) 和 (5) 就得到 [2]. ‖

在定理 57.1 中,因为 D(F) 中的 $B(x_1, \cdots, x_n)$ 是用来在 $\mathscr{S}$ 中定义F的,而 $\mathscr{S}$ 是在 $\mathbf{F}^{*'}$ 中构造的形式数学系统,所以应当要求 $B(x_1, \cdots, x_n)$ 在 $\mathscr{S}$ 中具有F的以下性质:

$F(a_1, \cdots, a_n) \vdash E!a$, a 是任一 $a_i(i = 1, \cdots, n)$ 的子项

这就体现为定理 57.1 中的 [0].

下面的定理 57.2 是关于 $\mathbf{F}^*$ 的,在定理 57.2 中不再需要假设 [0],因为在 $\mathbf{F}^*$ 中项都是存在的.

定理 57.2 设F不在 $\mathscr{S}$ 中出现,A中指词包括F和 $\mathscr{S}$ 中的指词. 那么

[1] $\mathbf{F}^*: \mathscr{S} \vdash_{D(F)} A$ (即 $\mathscr{S} \vdash \mathfrak{S}^F_B A|$)

当且仅当

[2] $\mathbf{F}^*: \mathscr{S}, \forall[F(x_1, \cdots, x_n) \leftrightarrow B(x_1, \cdots, x_n)] \vdash A$‖

定义 57.2 设 $\mathscr{S}$ 是形式数学系统, $\mathscr{S}$ 是它的形式公理系统. 在 $\mathscr{S}$ 中引进**形式符号定义** $D_1(f)$ 和 $D_2(f)$:

$D_1(f)$ $f(x_1, \cdots, x_n) =_{df} b(x_1, \cdots, x_n)$

$D_2(f)$ $f(x_1, \cdots, x_n) =_{df} \imath x B(x_1, \cdots, x_n, x)$

就是令

$$\mathscr{S} \vdash_{D_1(f)} A =_{df} \mathscr{S} \vdash \mathfrak{S}^f_b A|$$

$$\mathscr{S} \vdash_{D_2(f)} A =_{df} \mathscr{S} \vdash_{D(\imath)} \mathfrak{S}^f_{\imath xB(x)} A|$$

其中的 b 即 $b(x_1, \cdots, x_n)$ 是 n 元项形式, b 中的指词都在 $\mathscr{S}$ 中出现; B(x) 即 $B(x_1, \cdots, x_n, x)$ 是 $n+1$ 元命题形式, B(x) 中的

指词都在 $\mathscr{S}$ 中出现; f 是不在 $\mathscr{S}$ 中出现的 n 元函数词.

定理 57.3 设 f 不在 $\mathscr{S}$ 中出现, A 中指词包括 f 和 $\mathscr{S}$ 中的指词. 那么

[1] $\mathbf{F}^{*!}$: $\mathscr{S} \underset{D_1(f)}{\vdash} A$ (即 $\mathscr{S} \vdash \mathfrak{S}_b^f A|$)

当且仅当

[2] $\mathbf{F}^{*!}$: $\mathscr{S}, \forall[f(x_1, \cdots, x_n) \simeq b(x_1, \cdots, x_n)] \vdash A$[1)]

证 先证 [2] ⟹ [1]. 根据函数词代入定理, 由 [2] 可得

(1) $\mathbf{F}^{*!}$: $\mathfrak{S}_b^f \mathscr{S}, \forall[f(x_1, \cdots, x_n) \simeq b(x_1, \cdots, x_n)]| \vdash \mathfrak{S}_b^f A|$

由于 f 不在 $\mathscr{S}$ 中出现, 故 (1) 就是

(2) $\mathbf{F}^{*!}$: $\mathscr{S}, \forall[b(x_1, \cdots, x_n) \simeq b(x_1, \cdots, x_n)] \vdash \mathfrak{S}_b^f A|$

由于 $\forall[b(x_1, \cdots, x_n) \simeq b(x_1, \cdots, x_n)]$ 是重言式, 故由 (2) 可得到 [1].

其次证 [1] ⟹ [2]. 令

$$\mathscr{S}' = \mathscr{S}, \forall[f(x_1, \cdots, x_n) \simeq b(x_1, \cdots, x_n)]$$

并令 $a_1, \cdots, a_n$ 是任意的项. 可以得到

(3) $\mathscr{S}', E!a_1 \wedge \cdots \wedge E!a_n \vdash \mathscr{S}, f(a_1, \cdots, a_n) \simeq b(a_1, \cdots, a_n)$

(4) $\mathscr{S}', \neg(E!a_1 \wedge \cdots \wedge E!a_n) \vdash \mathscr{S}, \neg E!f(a_1, \cdots, a_n),$

$\neg E!b(a_1, \cdots, a_n) \vdash \mathscr{S}, f(a_1, \cdots, a_n) \simeq b(a_1, \cdots, a_n)$

由 (3) 和 (4) 可得

(5) $\mathscr{S}' \vdash \mathscr{S}, f(a_1, \cdots, a_n) \simeq b(a_1, \cdots, a_n)$

由 (5) 可得

(6) $\mathscr{S}' \vdash \mathscr{S}, \forall[f(a_1, \cdots, a_n) \simeq b(a_1, \cdots, a_n)]$

(6) 中的 $a_1, \cdots, a_n$ 是任意的项或项形式.

令 $f(a_{i1}, \cdots, a_{in})$ 是所有在 A 中出现的以 f 开始的项或项形式 $(i = 1, \cdots, k)$. 由 [1], 根据定理 20.4, 可得

(7) $\mathbf{F}^{*!}$: $\mathscr{S}, \forall[f(a_{11}, \cdots, a_{1n}) \simeq b(a_{11}, \cdots, a_{1n})], \cdots,$

$\forall[f(a_{k1}, \cdots, a_{kn}) \simeq b(a_{k1}, \cdots, a_{kn})] \vdash A$

由 (6) 和 (7) 就得到 [2]. ‖

1) 符号 $\simeq$ 见 § 20 中的定义 20.1.

定理 57.4 设 f 不在 $\mathscr{S}$ 中出现，A 中指词包括 f 和 $\mathscr{S}$ 中的指词. 那么

[1] $\mathbf{F}^*$: $\mathscr{S} \underset{D_1(f)}{\vdash}$ (即 $\mathscr{S} \vdash \mathfrak{S}^f_b A|$)

当且仅当

[2] $\mathbf{F}^*$: $\mathscr{S}, \forall[f(x_1, \cdots, x_n) \equiv b(x_1, \cdots, x_n)] \vdash A||$

在 $\mathbf{F}^*$ 中项都是存在的. 因此，关于 $\mathbf{F}^*$ 的定理 57.4 中的 [2] 比关于 $\mathbf{F}^{*!}$ 的定理 57.3 中的 [2] 有所简化. 当然，在定理 57.4 中仍用定理 57.3 中的 [2]，也是可以的.

下面是关于形式符号定义 $D_2(f)$ 的两个定理.

定理 57.5 设 f 不在 $\mathscr{S}$ 中出现，A 中指词包括 f 和 $\mathscr{S}$ 中的指词；并设

[0] $\mathbf{F}^{*!}$: $\mathscr{S} \underset{D(\imath)}{\vdash} E!\imath xB(a_1, \cdots, a_n, x) \to E!a_i$

$(i = 1, \cdots, n)$

那么

[1] $\mathbf{F}^{*!}$: $\mathscr{S} \underset{D_2(f)}{\vdash} A$ (即 $\mathscr{S} \underset{D(\imath)}{\vdash} \mathfrak{S}^f_{\imath xB(x)} A|$)

当且仅当

[2] $\mathbf{F}^{*!}$: $\mathscr{S}, \forall[f(x_1, \cdots, x_n) \simeq \imath xB(x_1, \cdots, x_n, x)] \underset{D(\imath)}{\vdash} A||$

定理 57.6 设 f 不在 $\mathscr{S}$ 中出现，A 中指词包括 f 和 $\mathscr{S}$ 中的指词；并设

[0] $\mathbf{F}^*$: $\mathscr{S} \vdash \forall\exists! xB(x_1, \cdots, x_n, x)$

那么

[1] $\mathbf{F}^*$: $\mathscr{S} \underset{D_2(f)}{\vdash} A$ (即 $\mathscr{S} \underset{D(\imath)}{\vdash} \mathfrak{S}^f_{\imath xB(x)} A|$)

当且仅当

[2] $\mathbf{F}^*$: $\mathscr{S}, \forall[f(x_1, \cdots, x_n) \equiv \imath xB(x_1, \cdots, x_n, x)] \underset{D(\imath)}{\vdash} A||$

定理 57.5 和 57.6 的证明与定理 57.3 和 57.4 的证明类似. 定理 57.6 中的 [2] 比定理 57.5 中的 [2] 有所简化；当然，在定理 57.6 中仍使用定理 57.5 中的 [2]，也是可以的.

此外，在定理 57.5 中，因为 $D_2(f)$ 中的 $\imath xB(x_1, \cdots, x_n, x)$ 是

在 $\mathscr{S}$ 中定义 f 的，而 $\mathscr{S}$ 是在 $\mathbf{F}^{*!}$ 中构造的，所以应当要求 $\imath xB(x_1, \cdots, x_n, x)$ 在 $\mathscr{S}$ 中具有 f 的以下性质：

$$E!f(a_1, \cdots, a_n) \vdash E!a_i \ (i = 1, \cdots, n)$$

这就体现为定理 57.5 中的 [0]. 但在定理 57.6 中，因为 $\mathscr{S}$ 是在 $\mathbf{F}^*$ 中构造的，而在 $\mathbf{F}^*$ 中 $E!a$ 都是重言式，所以要假设在 $\mathscr{S}$ 中能够证明

$$\forall E!\imath xB(x_1, \cdots, x_n, x)$$

这就体现为定理 57.6 中的 [0].

定义 57.3 设 $\mathscr{S}$ 是形式数学系统，$\mathscr{S}$ 是它的形式公理系统. 在 $\mathscr{S}$ 中引进**形式符号定义** $D_1(a)$ 和 $D_2(a)$：

$D_1(a)$　　　　$a =_{df} b$

$D_2(a)$　　　　$a =_{df} \imath xB(x)$

就是令

$$\mathscr{S} \underset{D_1(a)}{\vdash} A =_{df} \mathscr{S} \vdash \mathfrak{S}^a_b A|$$

$$\mathscr{S} \underset{D_2(a)}{\vdash} A =_{df} \mathscr{S} \underset{D(\imath)}{\vdash} \mathfrak{S}^a_{\imath xB(x)} A|$$

其中的 b 是由 $\mathscr{S}$ 中的个体词和函数词构成的项；$B(x)$ 是一元命题形式，$B(x)$ 中所有的指词都在 $\mathscr{S}$ 中出现；a 是不在 $\mathscr{S}$ 中出现的个体词.

定理 57.7 设 a 不在 $\mathscr{S}$ 中出现，A 中指词包括 a 和 $\mathscr{S}$ 中的指词；并设

[0]　$\mathbf{F}^{*!}$: $\mathscr{S} \vdash E!b$

那么

[1]　$\mathbf{F}^{*!}$: $\mathscr{S} \underset{D_1(a)}{\vdash} A$ (即 $\mathscr{S} \vdash \mathfrak{S}^a_b A|$)

当且仅当

[2]　$\mathbf{F}^{*!}$: $\mathscr{S}, a \equiv b \vdash A$

证 先证 [2] $\Longrightarrow$ [1]. 根据个体词代入定理，由 [2] 可得

(1)　　　　$\mathbf{F}^{*!}$: $\mathfrak{S}^a_b \mathscr{S}, a \equiv b| \vdash \mathfrak{S}^a_b A|$

由于 a 不在 $\mathscr{S}$ 中出现，故 (1) 就是

(2)　　　　$\mathbf{F}^{*!}$: $\mathscr{S}, b \equiv b \vdash \mathfrak{S}^a_b A|$

根据 [0] 和 $(\mathrm{I}^{!}_{+})$，由 (2) 可得 [1].

根据定理 20.4，就可以由 [1] 得到 [2]. ‖

在定理 57.7 中，因为 $D_1(a)$ 中的 b 是用来在 $\mathscr{S}$ 中定义 a 的，而 $\mathscr{S}$ 是在 $\mathbf{F}^{*!}$ 中构造的，所以应当要求 b 在 $\mathscr{S}$ 中具有 a 的以下性质：

$$\vdash E!a$$

也就是要求在 $\mathscr{S}$ 中能证明 b 的存在性，这就是定理 57.7 中的 [0].

下面的定理 57.8 是关于 $\mathbf{F}^{*}$ 的，在定理 57.8 中不再需要假设 [0]，因为在 $\mathbf{F}^{*}$ 中项都是存在的.

定理 57.8 设 a 不在 $\mathscr{S}$ 中出现，A 中指词包括 a 和 $\mathscr{S}$ 中的指词. 那么

[1] $\mathbf{F}^{*}: \mathscr{S} \underset{D_1(a)}{\vdash} A$ (即 $\mathscr{S} \vdash \mathfrak{S}^{a}_{b}A|$)

当且仅当

[2] $\mathbf{F}^{*}: \mathscr{S}, a \equiv b \vdash A$‖

下面是关于形式符号定义 $D_2(a)$ 的定理.

定理 57.9 设 a 不在 $\mathscr{S}$ 中出现，A 中指词包括 a 和 $\mathscr{S}$ 中的指词；并设

[0] $\mathbf{F}^{*!}(\mathbf{F}^{*}): \mathscr{S} \vdash \exists!xB(x)$

那么

[1] $\mathbf{F}^{*!}(\mathbf{F}^{*}): \mathscr{S} \underset{D_2(a)}{\vdash} A$ (即 $\mathscr{S} \underset{D(\imath)}{\vdash} \mathfrak{S}^{a}_{\imath xB(x)}A|$)

当且仅当

[2] $\mathbf{F}^{*!}(\mathbf{F}^{*}): \mathscr{S}, \forall x[a \equiv x \leftrightarrow B(x)] \vdash A$‖

定理 57.9 包括关于 $\mathbf{F}^{*!}$ 和 $\mathbf{F}^{*}$ 的两个部分. 这个定理中的[0]讲到 $\exists!xB(x)$，它就是 $E!\imath xB(x)$. 因为 $D_2(a)$ 中的 $\imath xB(x)$ 是用来在 $\mathscr{S}$ 中定义个体词 a 的，而 E!a 是重言式，但不论 $\mathscr{S}$ 是在 $\mathbf{F}^{*!}$ 中还是在 $\mathbf{F}^{*}$ 中构造的，都不一定能够在 $\mathscr{S}$ 中证明 $E!\imath xB(x)$，故都需要作这个假设，这就是定理 57.9 中的 [0].

附录(一) 命题量词

谓词逻辑（指一阶谓词逻辑，见 § 15—§ 19）中的约束变元是约束个体变元，量词是个体量词. 如果令 x，y，z 等是任意的**约束命题变元**，那么由之构成的量词 $(\forall x)$ 和 $(\exists x)$ 就是**命题量词**.

命题量词和个体量词在写法上有所不同. 个体量词 $\forall x$ 和 $\exists x$ 不带括弧，但命题量词 $(\forall x)$ 和 $(\exists x)$ 是带括弧的，因为下面有合式公式 $(\forall x)x$，在这个合式公式中量词需要带括弧.

我们来构造包括全称命题量词的命题逻辑 $\mathbf{P}^{\forall}$.

$\mathbf{P}^{\forall}$ 的符号是由 $\mathbf{P}$ 的符号把 $\neg$ 换为 $\forall$，(，) 和一个无穷序列的约束命题变元而得.

$\mathbf{P}^{\forall}$ 的形成规则有以下三条:

(i) 任何单独一个命题词是合式公式.

(ii) 如果 X 和 Y 是合式公式，则 $[X \to Y]$ 是合式公式.

(iii) 如果 $X(p)$ 是合式公式，p 在其中出现，x 不在其中出现，则 $(\forall x)X(x)$ 是合式公式.

$\mathbf{P}^{\forall}$ 的推理规则有 $(\in)$，(τ)，$(\to_-)$，$(\to_+)$，$(\to_p)$ 和下面的 $(\forall_-)$，$(\forall_+)$ 共七条:

$(\forall_-)$ $(\forall x)A(x) \vdash A(B)$

$(\forall_+)$ 如果 $\Gamma \vdash A(p)$，p 不在 Γ 中出现
则 $\Gamma \vdash (\forall x)A(x)$

下面讨论 $\mathbf{P}^{\forall}$ 和 $\mathbf{P}$ 的关系.

在 $\mathbf{P}^{\forall}$ 中可以如下地定义 $\neg$:

$D^{\forall}(\mathfrak{f})$ $\mathfrak{f} =_{df} (\forall x)x$

$D^{\forall}(\neg)$ $\neg A =_{df} A \to \mathfrak{f}$
$=_{df} A \to (\forall x)x$

$D^{\forall}(t)$ $t =_{df} \neg \mathfrak{f}$

$=_{df}\mathfrak{f}\to\mathfrak{f}$

$=_{df}(\forall x)x\to(\forall x)x$

然后可以在$P^{\forall}$中证明P的所有推理规则，因而证明P的所有推理关系．要求在$P^{\forall}$中引进$D^{\forall}(\neg)$后证明的P的推理规则就是$(\neg)$一条，即

如果 $\Gamma, A\to(\forall x)x \vdash B, B\to(\forall x)x$

则 $\Gamma\vdash A$

证

(1)	Γ	
(2)	$A\to(\forall x)x$	
(3)	B	假设
(4)	$B\to(\forall x)x$	假设
(5)	$(\forall x)x$	(4)(3)$(\to_-)$
(6)	A	(5)$(\forall_-)$
(7)	$A\to(\forall x)x\cdot\to A$	(6)$(\to_+)$
(8)	A	(7)$(\to_p)$

在P可以定义$\forall$：

D($\forall$) $(\forall x)A(x)=_{df}\neg[A(\mathfrak{t})\to\neg A(\mathfrak{f})]$

$=_{df}\neg[A(p\to p)\to\neg A(\neg(p\to p))]$

然后在P中可以证明$P^{\forall}$的所有推理规则，因而证明P的所有推理关系．要求在P中引进D($\forall$)后证明的$P^{\forall}$的推理规则是$(\forall_-)$和$(\forall_+)$两条，也就是

$(\forall_-)$ $\neg[A(p\to p)\to\neg A(\neg(p\to p))]\vdash A(B)$

$(\forall_+)$ 如果 $\Gamma\vdash A(p)$，p不在Γ中出现

则 $\Gamma\vdash\neg[A(p\to p)\to\neg A(\neg(p\to p))]$

它们的证明如下．证$(\forall_-)$时还要用到下面的引理．

引理 任何A(p)，B和C，

$A(B), A(\neg B)\vdash A(C)$

证

(1) A(B)

(2) $A(\neg B)$

(3) $C\leftrightarrow B$

(4) $B\leftrightarrow C$ (3) 由 P^*

(5) $A(B)\leftrightarrow A(C)$ (4) 等值公式可替换性定理

(6) $A(C)$ (5)(1)($\leftrightarrow_-$)

(7) $C\leftrightarrow\neg B$

(8) $A(C)$ 同 (6)

(9) $(C\leftrightarrow B)\vee(C\leftrightarrow\neg B)$ 由 P^*

(10) $A(C)$ (6)(8)($\vee_-$)‖

上面的证明中用到 P^* 中的推理关系，这是可以的，它们在 P 中都是可以定义和建立的(见 § 13).

证 ($\forall_-$)

(1) $\neg[A(p\to p)\to\neg A(\neg(p\to p))]$

(2) $A(p\to p)$ (1) 由 **P**

(3) $A(\neg(p\to p))$ 同上

(4) $A(B)$ (2)(3)引理‖

证 ($\forall_+$) 设 $\Gamma\vdash A(p)$，p 不在 Γ 中出现.就有 $\Gamma\vdash A(p)$ 的形式证明

$$\Gamma_1\vdash A_1,\cdots,\Gamma_n\vdash A_n$$

其中的 Γ_n 是 Γ，A_n 是 $A(p)$. 令 Δ_i 是由 Γ_i 把其中各合式公式 C 换为 $\mathfrak{S}^{p}_{p\to p}C|$ 而得，又令 $B_i=\mathfrak{S}^{p}_{p\to p}A_i|\,(i=1,\cdots,n)$. 由于 p 不在 Γ 即 Γ_n 中出现，故 $\Delta_n=\Gamma_n=\Gamma$. 可以证明(施归纳于 i)：

$$\Delta_1\vdash B_1,\cdots,\Delta_n\vdash B_n$$

是 $\Gamma\vdash A(p\to p)$ 的形式证明.类似地可以证明 $\Gamma\vdash A(\neg(p\to p))$. 于是可得

$$\Gamma\vdash\neg[A(p\to p)\to\neg A(\neg(p\to p))]$$

这就证明了 ($\forall_+$).‖

附录(二) 斜形证明

我们要定义**斜形证明**，并证明可以写出一个斜形证明来证明形式推理关系的成立.

我们选择**F**来证明这一点. 在其他的逻辑演算中证明是类似的,可能比较繁琐,但不会有实质性的区别.

在斜形证明中写出合式公式时，有所谓向左和向右移动一段距离. 我们任取**F**中的一个符号,把它写成空格

$$\Box$$

的样子,来表示这个左移或右移的距离,这样就使得斜形证明中的合式公式,连同在它左方的若干个空格一起,成为**F**中的公式.

我们还令 $n\mathrm{A}\ (n \geqslant 0)$ 表示

$$\underbrace{\Box\cdots\Box}_{n}\ \mathrm{A}$$

下面我们先要定义一系列的概念,然后由之定义斜形证明.

定义 1 $n\mathrm{A}$ 称为**斜形证明公式.**

n 称为 $n\mathrm{A}$ 的**左距.**

A 称为 $n\mathrm{A}$ 的**无距公式.**

序列 $\mathrm{A}_1,\cdots,\mathrm{A}_n$ 称为序列 $k_1\mathrm{A}_1,\cdots,k_n\mathrm{A}_n$ 的**无距公式序列.**

我们要讨论的斜形证明公式的序列总是不空而有穷的.

定义 2 斜形证明公式序列 $n\mathrm{A}_1,(n+1)\mathrm{A}_2,\cdots,(n+k-1)\mathrm{A}_k$ 称为**倾斜的.**

斜形证明公式序列 $n\mathrm{A}_1,\cdots,n\mathrm{A}_k$ 称为**垂直的**，n 是它的**左距.**

定义 3 斜形证明公式序列 Σ 称为**具有斜形证明形式**，如果有斜形证明公式序列 $\Sigma_1,\cdots,\Sigma_k\ (k \geqslant 2)$,使得

$$\Sigma = \Sigma_1,\cdots,\Sigma_k$$

其中的 $\Sigma_1, \cdots, \Sigma_k$ 由以下的 [1]—[4] 确定为倾斜的或垂直的:

[1] Σ_1 是倾斜的.

[2] 如果 $\Sigma_i(i = 1, \cdots, k-1)$ 是倾斜的,则 Σ_{i+1} 是垂直的,并且 Σ_{i+1} 的左距与 Σ_i 中最后一个公式的左距相同.

[3] 如果 $\Sigma_i(i = 1, \cdots, k-1)$ 是垂直的,则 Σ_{i+1} 可以是倾斜的,这时 Σ_{i+1} 中第一个公式的左距等于 Σ_i 的左距加 1; Σ_{i+1} 也可以是垂直的,这时 Σ_{i+1} 的左距等于 Σ_i 的左距减 1.

[4] Σ_k 是垂直的.

$\Sigma_1, \cdots, \Sigma_k$ 称为 Σ 的**分解**.

具有斜形证明形式的斜形证明公式序列有唯一的分解.

定义 4 设 $\Sigma_1, \cdots, \Sigma_k$ 是具有斜形证明形式的斜形证明公式序列 Σ 的分解. $\Sigma_i(i = 1, \cdots, k)$ 称为 Σ 中的**前提序列**,如果它是倾斜的; $\Sigma_i(i = 1, \cdots, k)$ 称为 Σ 中的**结论序列**,如果它是垂直的.

定义 5 设具有斜形证明形式的斜形证明公式序列 Σ 分解为 $\Sigma_1, \cdots, \Sigma_k$;并设 $\Sigma_i(i = 2, \cdots, k)$ 是 Σ 中的一个结论序列.

[1] 由 $\Sigma_1, \cdots, \Sigma_{i-1}$ 中除去以下两类斜形证明公式: 第一类斜形证明公式的左距大于 Σ_i 的左距,第二类斜形证明公式的后面有左距小于它的左距的斜形证明公式(这两类可能有共同的部分). 剩下的斜形证明公式序列称为 Σ_i 在 Σ 中的**可用斜形证明公式序列**,或简称为 Σ_i 的**可用斜形证明公式序列**.

[2] 在 Σ_i(在 Σ 中)的可用斜形证明公式序列中再除去原来属于 Σ 的结论序列的斜形证明公式,所剩下的斜形证明公式序列称为 Σ_i 在 Σ 中的**前提序列**,或简称为 Σ_i 的**前提序列**.

一个结论序列的可用斜形证明公式序列和前提序列也分别称为这个结论序列中各斜形证明公式的可用斜形证明公式序列和前提序列.

例 1 设 Σ 是

$$A_1$$

$$\Box A_2$$

$\square\square A_3$

$\square\square\square A_4$

$\square\square\square A_5$

$\square\square\square A_6$

$\square\square A_7$

$\square\square A_8$

$\square A_9$

$\square\square A_{10}$

$\square\square A_{11}$

$\square\square A_{12}$

$\square A_{13}$

$\square A_{14}$

A_{15}

也就是 $\Sigma = 0A_1, 1A_2, 2A_3, 3A_4, 3A_5, 3A_6, 2A_7, 2A_8, 1A_9, 2A_{10}, 2A_{11}, 2A_{12}, 1A_{13}, 1A_{14}, 0A_{15}$；则 Σ 是具有斜形证明形式的斜形证明公式序列，Σ 的分解是

$$\Sigma_1, \Sigma_2, \Sigma_3, \Sigma_4, \Sigma_5, \Sigma_6, \Sigma_7, \Sigma_8$$

其中

$\Sigma_1 = 0A_1, 1A_2, 2A_3, 3A_4$	（前提序列）
$\Sigma_2 = 3A_5, 3A_6$	（结论序列）
$\Sigma_3 = 2A_7, 2A_8$	（结论序列）
$\Sigma_4 = 1A_9$	（结论序列）
$\Sigma_5 = 2A_{10}$	（前提序列）
$\Sigma_6 = 2A_{11}, 2A_{12}$	（结论序列）
$\Sigma_7 = 1A_{13}, 1A_{14}$	（结论序列）
$\Sigma_8 = 0A_{15}$	（结论序列）

例如，$2A_8$ 的可用斜形证明公式序列是 $0A_1, 1A_2, 2A_3, 2A_7$；$2A_8$ 的前提序列是 $0A_1, 1A_2, 2A_3$. $2A_{12}$ 的可用斜形证明公式序列是 $0A_1, 1A_2, 1A_9, 2A_{10}, 2A_{11}$；它的前提序列是 $0A_1, 1A_2, 2A_{10}$.

定义 6　设具有斜形证明形式的斜形证明公式序列 Σ 分解为

$\Sigma_1, \cdots, \Sigma_k$. Σ 称为 (F 中的) 一个**斜形证明**，如果 Σ 的各结论序列 $\Sigma_i(i = 2, \cdots, k)$ 中的每个斜形证明公式 nA 满足以下七个条件之一:

[1] nA 属于 Σ_i 的可用斜形证明公式序列(相当于 ($\in$)).

[2] 在 Σ_i 中有 $n\mathrm{B}_1, \cdots, n\mathrm{B}_m$ 出现在 nA 之前，使得

$$\mathbf{F}: \mathrm{B}_1, \cdots, \mathrm{B}_m \vdash \mathrm{A}$$

成立 (相当于 (τ)).

[3] Σ_{i-1} 是 Σ 中的结论序列 (Σ_{i-1} 的左距当然是 $n+1$), Σ_{i-1} 的前提序列中最后一个斜形证明公式是 $(n+1)\neg\mathrm{A}$, Σ_{i-1} 中有两个斜形证明公式 $(n+1)\mathrm{B}$ 和 $(n+1)\neg\mathrm{B}$, 并且 nA 是 Σ_i 的第一个斜形证明公式(相当于($\neg$)).

[4] 有 B，使得 Σ_i 的前提序列是$(n-1)[\mathrm{B} \to \mathrm{A}]$, nB (相当于($\to_-$)).

[5] Σ_{i-1} 是 Σ 中的结论序列 (Σ_{i-1} 的左距当然是 $n+1$),有 B 和 C 使得 Σ_{i-1} 的前提序列中最后一个斜形证明公式是$(n+1)\mathrm{B}$, Σ_{i-1} 的最后一个斜形证明公式是 $(n+1)\mathrm{C}$,并且 $\mathrm{A} = \mathrm{B} \to \mathrm{C}$, nA 是 Σ_i 的第一个斜形证明公式(相当于($\to_+$)).

[6] Σ_i 的前提序列是 $n\forall x\mathrm{B}(x)$，而 nA 就是 $n\mathrm{B}(a)$ (相当于 ($\forall_-$)).

[7] Σ_i 中有斜形证明公式 $n\mathrm{B}(a)$ 在 nA 之前出现，a 不在 Σ_i 的前提序列中出现，而 nA 就是 $n\forall x\mathrm{B}(x)$ (相当于 ($\forall_+$)).

定义 7 如果 Σ 是一个斜形证明，Σ 的最后一个斜形证明公式的无距公式是 A，Σ 的最后一个斜形证明公式的前提序列的无距公式序列是 Γ，则 Σ 称为形式推理关系 $\Gamma \vdash \mathrm{A}$ 的**斜形证明**.

定理 1 如果存在 $\Gamma \vdash \mathrm{A}$ 的斜形证明，则 $\Gamma \vdash \mathrm{A}$.

证 设 Σ 是 $\Gamma \vdash \mathrm{A}$ 的一个斜形证明，Σ 分解为 $\Sigma_1, \cdots, \Sigma_k$ $(k \geqslant 2)$. 如果能证明下面的 (1):

(1) 如果 $\Sigma_i(i = 1, \cdots, k)$ 是 Σ 中的结论序列，Σ_i 的前提序列的无距公式序列是 Γ_i，则对于 Σ_i 中任何斜形证明公式的无距公式 B，都有 $\Gamma_i \vdash \mathrm{B}$.

那么就证明了定理 1. (1) 的证明是施归纳于 i.

基始: $i=1$. 由定义 3 和定义 4, Σ_1 不是结论序列, 故 (1) 成立.

归纳: 设对于 $1, \cdots, i(i<k)$ (1) 已经成立. 令 Σ_{i+1} 是 Σ 中的结论序列:

$$\Sigma_{i+1}=n\,A_1, \cdots, n\,A_s$$

Σ_{i+1} 的前提序列的无距公式序列是 Γ_{i+1}, 现在要证

(2) $$\Gamma_{i+1} \vdash A_j \quad (j=1, \cdots, s)$$

(2) 的证明是施归纳于 j.

基始: $j=1$. $n\,A_1$ 有以下五种情形, 依次相当于定义 6 中的 [1], [3], [4], [5], [6].

第一种情形, $n\,A_1$ 属于 Σ_{i+1} 的可用斜形证明公式序列. $n\,A_1$ 可以属于 Σ_{i+1} 的前提序列, 也可以属于在 Σ_{i+1} 之前的某一结论序列, 这个结论序列的前提序列包含在 Σ_{i+1} 的前提序列之中. 在前一种情形, (2) 是显然成立的. 在后一种情形, 据(施归纳于 i 的)归纳假设, A_1 能从这个结论序列的前提序列的无距公式序列推出. 由 (τ), 就得到 (2).

第二种情形, Σ_i 是 Σ 中的结论序列, Σ_i 的左距是 $n+1$, Σ_i 的前提序列的最后一个斜形证明公式是 $(n+1)\neg A_1$, Σ_i 中有斜形证明公式 $(n+1)B$ 和 $(n+1)\neg B$. 这样, Σ_i 的前提序列的无距公式序列是 Γ_{i+1}, $\neg A_1$. 根据(施归纳于 i 的)归纳假设, 有

$$\Gamma_{i+1}, \neg A_1 \vdash B, \neg B$$

由之可得 (2).

第三种情形, 有 B, 使得 $n\,A_1$ 的前提序列是 $(n-1)[B \rightarrow A_1]$, $n\,B$. 这样, 显然 (2) 成立.

第四种情形, Σ_i 是 Σ 中的结论序列, Σ_i 的左距是 $n+1$, 有 B 和 C, 使得 Σ_i 的前提序列的最后一个斜形证明公式是 $(n+1)B$, Σ_i 的最后一个斜形证明公式是 $(n+1)C$, 而 $A_1=B \rightarrow C$. 这样, Σ_i 的前提序列的无距公式序列是 Γ_{i+1}, B. 根据 (施归纳于 i 的) 归纳假设, 有

$$\Gamma_{i+1}, B \vdash C$$

由之可得

$$\Gamma_{i+1} \vdash B \to C$$

这就是(2).

第五种情形，Σ_{i+1} 的前提序列是 $n\forall xB(x)$，而 A_1 就是 $B(a)$. 这样，(2) 显然成立.

到此我们完成了(2)的证明(施归纳于 j)中的基始部分.

归纳：设

$$\Gamma_{i+1} \vdash A_1, \cdots, A_j \quad (j = 1, \cdots, s-1)$$

已经成立，要由之证明

(3) $$\Gamma_{i+1} \vdash A_{j+1}$$

由于 nA_{j+1} 不是 Σ_{i+1} 中的第一个斜形证明公式，故这有以下的五种情形，依次相当于定义 6 中的 [1], [2], [4], [6], [7].

第一种情形，nA_{j+1} 属于 Σ_{i+1} 的可用斜形证明公式序列. 这样，(3) 的证明与上面基始部分的第一种情形中(2)的证明相同.

第二种情形，在 Σ_{i+1} 中有 $nB_1, \cdots, nB_m$ 在 nA_{j+1} 之前出现，使得

(4) $$B_1, \cdots, B_m \vdash A_{j+1}$$

由(施归纳于 j 的)归纳假设，有

(5) $$\Gamma_{i+1} \vdash B_1, \cdots, B_m$$

由 (4) 和 (5) 可得 (3).

第三种情形与上面基始中的第三种情形相同. 第四种情形与上面基始中的第五种情形相同.

第五种情形，在 Σ_{i+1} 中有 $nB(a)$ 在 nA_{j+1} 之前出现，a 不在 Σ_{i+1} 的前提序列中出现，而 $A_{j+1} = \forall xB(x)$. 这样，由(施归纳于 j 的)归纳假设，有

$$\Gamma_{i+1} \vdash B(a) \quad (a\text{ 不在 }\Gamma_{i+1}\text{ 中出现})$$

由之可得

$$\Gamma_{i+1} \vdash \forall xB(x)$$

这就是(3).

到此完成了 (2) 的证明 (施归纳于 j) 中的归纳部分.

由上面 (施归纳于 j) 的基始和归纳,就证明了 (2). 由 (2) 和施归纳于 i 的基始部分, 就证明了 (1). ‖

为了证明定理 2 (定理 1 的逆定理),需要作一些准备,并要通过例子来说明证明的方法.

设序列

1) $$\Gamma_1 \vdash A_1, \cdots, \Gamma_n \vdash A_n$$

是关于 $\Gamma \vdash A$ 的一个形式证明 (Γ 就是 Γ_n, A 就是 A_n). 1) 往往可以在其中划去某些项而使得由留下的项构成的序列仍然是关于 $\Gamma \vdash A$ 的形式证明. 这种化简的手续可以如下地进行. 从 1) 的最后一项 $\Gamma_n \vdash A_n$ 开始,如果 $\Gamma_n \vdash A_n$ 是由 F 中的第一类推理规则 ($\in$), ($\to_-$), ($\forall_-$) 直接生成的, 那么可以把 1) 中的 $\Gamma_1 \vdash A_1, \cdots, \Gamma_{n-1} \vdash A_{n-1}$ 都划去,留下的一项 $\Gamma_n \vdash A_n$ 就构成关于它自己的形式证明. 如果 $\Gamma_n \vdash A_n$ 是应用 F 中的第二类推理规则 (τ), ($\neg$), ($\to_+$), ($\forall_+$) 由 1) 中在它前面已经生成的推理关系,例如是由 1) 中的 $\Gamma_i \vdash A_i$ 和 $\Gamma_j \vdash A_j (i, j < n)$ 生成的,那么在 1) 中保留 $\Gamma_i \vdash A_i$ 和 $\Gamma_j \vdash A_j$,再检查这两个推理关系是由哪一类的推理规则生成的. 如果它们是由第一类推理规则生成的,就把1)中其余未检查到的项全部划去;如果它们之中有应用第二类推理规则生成的,就按照方才所说的方法继续检查. 这样进行下去,直到所检查的 1) 中各项都是由第一类推理规则生成为止. 把在上述过程中所没有检查到的 1) 中的项都划去,留下的序列显然仍然是关于 $\Gamma \vdash A$ 的形式证明,我们称之为已经化简的形式证明.

显然,如果在一个关于 $\Gamma \vdash A$ 的已经化简的形式证明中再划去任何一个项,那么所留下的序列就不再是关于 $\Gamma \vdash A$ 的形式证明. 应当指出,这里所说的一个关于 $\Gamma \vdash A$ 的形式证明已经化简, 并不是说不可能找到长度(即形式证明中的项的数目, 也就是 1) 中的 n) 比它的更小的形式证明.

下面我们给出关于

$\forall x[\neg A(x) \to B(x)], \forall x[B(x) \to \neg C(x)] \vdash \forall x[C(x) \to A(x)]$

的一个已经化简的形式证明,它由以下的 2)—16) 构成:

2) $\forall x[\neg A(x) \to B(x)], \forall x[B(x) \to \neg C(x)], C(a), \neg A(a)$
$\vdash \forall x[\neg A(x) \to B(x)]$

3) $\forall x[\neg A(x) \to B(x)]$
$\vdash \neg A(a) \to B(a)$

4) $\forall x[\neg A(x) \to B(x)], \forall x[B(x) \to \neg C(x)], C(a), \neg A(a)$
$\vdash \neg A(a) \to B(a)$

5) $\forall x[\neg A(x) \to B(x)], \forall x[B(x) \to \neg C(x)], C(a), \neg A(a)$
$\vdash \neg A(a)$

6) $\neg A(a) \to B(a), \neg A(a)$
$\vdash B(a)$

7) $\forall x[\neg A(x) \to B(x)], \forall x[B(x) \to \neg C(x)], C(a), \neg A(a)$
$\vdash B(a)$

8) $\forall x[\neg A(x) \to B(x)], \forall x[B(x) \to \neg C(x)], C(a), \neg A(a)$
$\vdash \forall x[B(x) \to \neg C(x)]$

9) $\forall x[B(x) \to \neg C(x)]$
$\vdash B(a) \to \neg C(a)$

10) $\forall x[\neg A(x) \to B(x)], \forall x[B(x) \to \neg C(x)], C(a), \neg A(a)$
$\vdash B(a) \to \neg C(a)$

11) $B(a) \to \neg C(a), B(a)$
$\vdash \neg C(a)$

12) $\forall x[\neg A(x) \to B(x)], \forall x[B(x) \to \neg C(x)], C(a), \neg A(a)$
$\vdash \neg C(a)$

13) $\forall x[\neg A(x) \to B(x)], \forall x[B(x) \to \neg C(x)], C(a), \neg A(a)$
$\vdash C(a)$

14) $\forall x[\neg A(x) \to B(x)], \forall x[B(x) \to \neg C(x)], C(a)$
$\vdash A(a)$

15) $\forall x[\neg A(x) \to B(x)], \forall x[B(x) \to \neg C(x)]$
$\vdash C(a) \to A(a)$

16) $\forall x[\neg A(x) \to B(x)], \forall x[B(x) \to \neg C(x)]$

$\vdash \forall x[C(x) \to A(x)]$

这个已经化简的形式证明可以写成下面的树的形式:

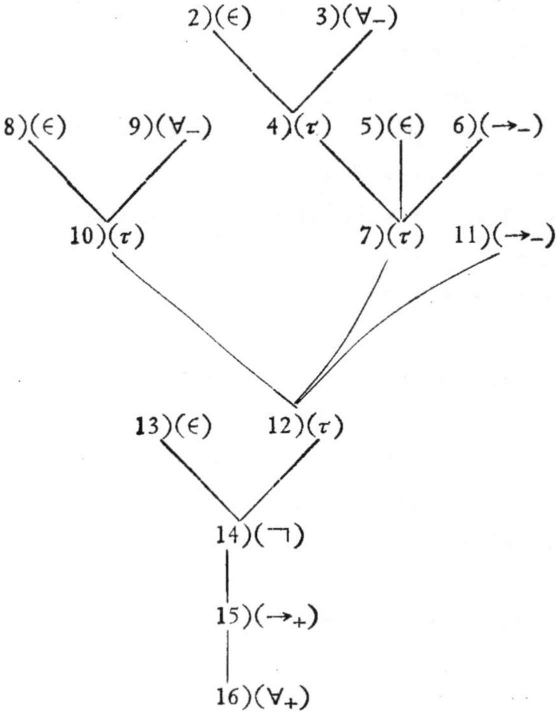

我们来分析由形式证明写成的树,或者就说形式证明的树. **F** 中由第一类推理规则生成的推理关系构成树中的树尖,故 **F** 中有 $(\in)$ 型, $(\to_-)$ 型和 $(\forall_-)$ 型三种类型的树尖. **F** 中由第二类推理规则生成的推理关系构成树枝,故 **F** 中有 (τ) 型, $(\neg)$ 型, $(\to_+)$ 型和 $(\forall_+)$ 型四种类型的树枝. 每个树枝有一个枝根和一个或几个枝尖;枝尖可能就是树尖,但不一定. 这些名词我们不再给出严格的定义.

上面树中的树尖是 2), 3), 5), 6), 8), 9), 11) 和 13); 树中有七个树枝,它们各有哪些枝根和枝尖都是明显的; 16) 是树根.

我们要证明，如果 1) 即

$$\Gamma_1 \vdash A_1, \cdots, \Gamma_n \vdash A_n \text{ (即 } \Gamma \vdash A)$$

是关于 $\Gamma \vdash A$ 的已经化简的形式证明，那么可以根据它构造出一个关于 $\Gamma \vdash A$ 的斜形证明. 构造的方法是从树根(假设已经把 1) 写成树的形式)出发，根据 1) 经过以下的过程构造出若干个斜形证明公式序列

17) $$\Sigma_1, \cdots, \Sigma_k$$

首先根据树根 $\Gamma_n \vdash A_n$ 构造 Σ_1. 然后，假设 1) 中的 $n > 1$，根据以 $\Gamma_n \vdash A_n$ 为枝根的树枝在 Σ_1 的基础上构造 Σ_2. 在根据某一树枝构造了 Σ_i 之后，如果所根据的这一树枝的枝尖中还有不是树尖的，那么，在树中总还有以它为枝根的树枝，这样就再根据这个树枝在 Σ_i 的基础上构造 Σ_{i+1} $(i < k)$. 这样继续下去，最后构造出 Σ_k，这时所据以构造出 Σ_k 的树枝的全部枝尖都是树尖. 至此，树中的全部树枝都已用到.

以上所构造的 $\Sigma_1, \cdots, \Sigma_{k-1}$ 一般并不是斜形证明，而只是具有斜形证明形式的斜形证明公式序列；但 Σ_k 是斜形证明，而且就是关于 $\Gamma \vdash A$ 的斜形证明.

下面我们以 2)—16) 这个形式证明为例，来阐明在原则上怎样构造 17) 中的 $\Sigma_1, \cdots, \Sigma_k$. 为了写起来方便，我们把 2)—16) 各推理关系写作

$$\Gamma_i \vdash A_i \ (i = 2, \cdots, 16)$$

首先，根据 16) 构造 Σ_1；然后根据树中的七个树枝构造出 $\Sigma_2, \cdots, \Sigma_8$. 这样，对于上面例子中的形式证明来说，所要构造的 17) 中的 k 等于 8. 现在我们来逐步构造 $\Sigma_1, \cdots, \Sigma_8$，然后加以说明.

$$\Sigma_1 \begin{cases} \forall x[\neg A(x) \to B(x)] \\ \Box\forall x[B(x) \to \neg C(x)] \end{cases}\Gamma_{16} \\ \quad * \Box\forall x[C(x) \to A(x)] \qquad A_{16}$$

$$
\Sigma_2\left\{\begin{array}{lll}
 & \forall x[\neg A(x)\to B(x)] & \\
 & \Box\forall x[B(x)\to\neg C(x)] & \Big\}\ \Gamma_{16}\text{即}\Gamma_{15} \\
*+ & \Box C(a)\to A(a) & A_{15} \\
 & \Box\forall x[C(x)\to A(x)] & A_{16}
\end{array}\right.
$$

15) — 16)$(\forall_+)$

$$
\Sigma_3\left\{\begin{array}{lll}
 & \forall x[\neg A(x)\to B(x)] & \\
 & \Box\forall x[B(x)\to\neg C(x)] & \Big\}\ \Gamma_{15}\ \Big\}\ \Gamma_{14} \\
+ & \Box\Box C(a) & \\
*+ & \Box\Box A(a) & A_{14} \\
 & \Box C(a)\to A(a) & A_{15} \\
 & \Box\forall x[C(x)\to A(x)] &
\end{array}\right.
$$

14) — 15)$(\to_+)$

$$
\Sigma_4\left\{\begin{array}{lll}
 & \forall x[\neg A(x)\to B(x)] & \\
 & \Box\forall x[B(x)\to\neg C(x)] & \Big\}\ \Gamma_{14} \\
 & \Box\Box C(a) & \Big\}\ \Gamma_{13}\text{即}\Gamma_{12} \\
+ & \Box\Box\Box\neg A(a) & \\
+ & \Box\Box\Box C(a) & A_{13} \\
*+ & \Box\Box\Box\neg C(a) & A_{12} \\
 & \Box\Box A(a) & A_{14} \\
 & \Box C(a)\to A(a) & \\
 & \Box\forall x[C(x)\to A(x)] &
\end{array}\right.
$$

13) 12) — 14)$(\neg)$

$$
\Sigma_5\left\{\begin{array}{lll}
 & \forall x[\neg A(x)\to B(x)] & \\
 & \Box\forall x[B(x)\to\neg C(x)] & \\
 & \Box\Box C(a) & \Big\}\ \Gamma_{10}\text{即}\Gamma_7\text{即}\Gamma_{12} \\
 & \Box\Box\Box\neg A(a) & \\
 & \Box\Box\Box C(a) & \\
*+ & \Box\Box\Box B(a)\to\neg C(a) & A_{10} \\
*+ & \Box\Box\Box B(a) & A_7\ \Big\}\ \Gamma_{11} \\
 & \Box\Box\Box\neg C(a) & A_{11}\text{即}A_{12} \\
 & \Box\Box A(a) & \\
 & \Box C(a)\to A(a) & \\
 & \Box\forall x[C(x)\to A(x)] &
\end{array}\right.
$$

10) 7) 11) — 12)(τ)

$$
\Sigma_6\left\{\begin{array}{lll}
 & \forall x[\neg A(x)\rightarrow B(x)] & \\
 & \Box\forall x[B(x)\rightarrow\neg C(x)] & \Gamma_4\text{ 即 }\Gamma_5\text{ 即 }\Gamma_7 \\
 & \Box\Box C(a) & \\
 & \Box\Box\Box\neg A(a) & \\
 & \Box\Box\Box C(a) & \\
* & \Box\Box\Box B(a)\rightarrow\neg C(a) & \\
*\,+ & \Box\Box\Box\neg A(a)\rightarrow B(a) & A_4 \quad \Gamma_6 \\
+ & \Box\Box\Box\neg A(a) & A_5 \\
 & \Box\Box\Box B(a) & A_6\text{ 即 }A_7 \\
 & \Box\Box\Box\neg C(a) & \\
 & \Box\Box A(a) & 4)\quad 5)\quad 6) \\
 & \Box C(a)\rightarrow A(a) & \\
 & \Box\forall x[C(x)\rightarrow A(x)] & 7)(\tau)
\end{array}\right.
$$

$$
\Sigma_7\left\{\begin{array}{lll}
 & \forall x[\neg A(x)\rightarrow B(x)] & \\
 & \Box\forall x[B(x)\rightarrow\neg C(x)] & \Gamma_2\text{ 即 }\Gamma_4 \\
 & \Box\Box C(a) & \\
 & \Box\Box\Box\neg A(a) & \\
 & \Box\Box\Box C(a) & \\
* & \Box\Box\Box B(a)\rightarrow\neg C(a) & \\
+ & \Box\Box\Box\forall x[\neg A(x)\rightarrow B(x)] & A_2\text{ 即 }\Gamma_3 \\
 & \Box\Box\Box\neg A(a)\rightarrow B(a) & A_3\text{ 即 }A_4 \\
 & \Box\Box\Box\neg A(a) & \\
 & \Box\Box\Box B(a) & 2)\quad 3) \\
 & \Box\Box\Box\neg C(a) & \\
 & \Box\Box A(a) & 4)(\tau) \\
 & \Box C(a)\rightarrow A(a) & \\
 & \Box\forall x[C(x)\rightarrow A(x)] &
\end{array}\right.
$$

Σ_8

	$\forall x[\neg A(x) \to B(x)]$	Γ_8 即 Γ_{10}
	$\square\forall x[B(x) \to \neg C(x)]$	
	$\square\square C(a)$	
	$\square\square\square\neg A(a)$	
	$\square\square\square C(a)$	
+	$\square\square\square\forall x[B(x) \to \neg C(x)]$	A_8 即 Γ_9
	$\square\square\square B(a) \to \neg C(a)$	A_9 即 A_{10}
	$\square\square\square\forall x[\neg A(x) \to B(x)]$	
	$\square\square\square\neg A(a) \to B(a)$	
	$\square\square\square\neg A(a)$	
	$\square\square\square B(a)$	8) 9)
	$\square\square\square\neg C(a)$	
	$\square\square A(a)$	10) (τ)
	$\square C(a) \to A(a)$	
	$\square\forall x[C(x) \to A(x)]$	

上面所构造的 $\Sigma_2, \cdots, \Sigma_8$ 中，左方标有“+”的斜形证明公式是由 Σ_i 构造 Σ_{i+1} 时加进的公式 ($i = 1, \cdots, 7$). 在 $\Sigma_1, \cdots, \Sigma_7$ 中，左方标有“*”的斜形证明公式称为**被注视的**. 由 Σ_i 构造 Σ_{i+1}($i = 1, \cdots, 7$)时，要在 Σ_i 的最后一个被注视的斜形证明公式的前面插入 Σ_{i+1} 中标有“+”的斜形证明公式. 由 Σ_i 构造 Σ_{i+1} 时所根据的树枝就是写在各 Σ_{i+1} 右方的树枝.

现在我们来一般地说明，给出了关于 $\Gamma \vdash A$ 的已经化简的形式证明 1) 即

$$\Gamma_1 \vdash A_1, \cdots, \Gamma_n \vdash A_n \ (\text{即 } \Gamma \vdash A)$$

之后，怎样构造出前面所说的 $\Sigma_1, \cdots, \Sigma_k$.

设 $\Gamma_n = B_1, \cdots, B_r$，则令

$$\Sigma_1 = 0B_1, \cdots, (r-1)B_r, (r-1)A_n$$

如果 Γ_n 是空序列，则令 $\Sigma_1 = 0A_n$. 这样我们由 $\Gamma_n \vdash A_n$ 构造了 Σ_1.

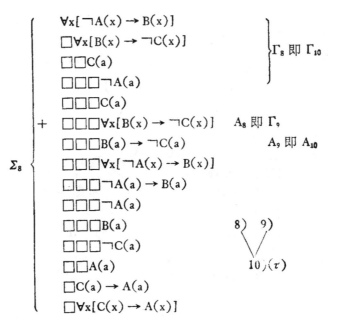

如果 $\Gamma_n \vdash A_n$ 是树尖，则我们规定 Σ_1 中没有斜形证明公式是被注视的；这样，Σ_1 就是所要构造的关于 $\Gamma \vdash A$ 的斜形证明．这时形式证明 1）的长度 n 等于 1，前面的 k 也等于 1．如果 $\Gamma_n \vdash A_n$ 不是树尖，则规定 Σ_1 中的最后一个斜形证明公式是被注视的．

在 Σ_1 中还要规定它的最后一个斜形证明公式 $(r-1)A_n$（或 $0A_n$）对应于形式证明 1）中的最后一项，即推理关系 $\Gamma_n \vdash A_n$（或 $\vdash A_n$）．

不难看出，对于 Σ_1，以下的 [1]—[5] 是成立的：

[1] Σ_1 具有斜形证明形式．

[2] Σ_1 的结论序列中的斜形证明公式都对应于 1）中的一个推理关系，斜形证明公式的前提序列的无距公式序列就是所对应的推理关系中的形式前提，斜形证明公式的无距公式就是所对应的推理关系中的形式结论．

[3] Σ_1 中被注视的斜形证明公式都在 Σ_1 的结论序列中，并且被注视的斜形证明公式所对应的推理关系不是树尖．

[4] Σ_1 的结论序列中的不被注视的斜形证明公式都满足斜形证明定义中的 [1]—[7] 之一．

[5] Σ_1 中最后一个斜形证明公式的无距公式是 A（即 A_n），最后一个斜形证明公式的前提序列的无距公式序列是 Γ（即 Γ_n）．

如果形式证明 1）的长度 $n > 1$，则在构造了 Σ_1 之后还要构造 Σ_2 等．我们假设已经构造了 $\Sigma_1, \cdots, \Sigma_i$，并假设对于 $\Sigma_1, \cdots, \Sigma_i$ 以上的 [1]—[5] 都成立．下面来构造 Σ_{i+1}．这时，Σ_i 中必有被注视的斜形证明公式，否则 Σ_i 就是 Σ_k，因而不要再继续构造 Σ_{i+1} 了．取 Σ_i 中被注视的斜形证明公式中的最后一个，设为 $n_j A_j$，并设 $n_j A_j$ 所对应的 1）中的推理关系是

$$\Gamma_j \vdash A_j$$

那么 $\Gamma_j \vdash A_j$ 是某一树枝的枝根，这有四种可能的情形．

第一，$\Gamma_j \vdash A_j$ 是 (τ) 型树枝的枝根．那么在 1）中，在 $\Gamma_j \vdash A_j$ 之前，有这样的 $m+1$ 个推理关系：

$$\Gamma_j \vdash B_1$$
$$\cdots$$
$$\Gamma_j \vdash B_m$$
$$B_1, \cdots, B_m \vdash A_j$$
作为这个树枝的枝尖．我们用序列
$$n_j B_1, \cdots, n_j B_m, n_j A_j$$
代替 Σ_i 中的 $n_j A_j$，从而构造出 Σ_{i+1}．我们规定 $n_j B_1, \cdots, n_j B_m$ 分别对应于 1) 中的推理关系 $\Gamma_j \vdash B_1, \cdots, \Gamma_j \vdash B_m$；并规定，$n_j B_s (s = 1, \cdots, m)$ 是否被注视，由它所对应的 $\Gamma_j \vdash B_s$ 是否不是树尖而定；$n_j A_j$ 仍对应于 $\Gamma_j \vdash A_j$，但 $n_j A_j$ 在 Γ_{i+1} 中不再被注视．

第二，$\Gamma_j \vdash A_j$ 是 $(\neg)$ 型树枝的枝根．那么在 1) 中，在 $\Gamma_j \vdash A_j$ 之前，有这样两个推理关系：
$$\Gamma_j, \neg A_j \vdash B$$
$$\Gamma_j, \neg A_j \vdash \neg B$$
作为这个树枝的枝尖．在这种情形，我们用序列
$$(n_j + 1)\neg A_j, (n_j + 1)B, (n_j + 1)\neg B, n_j A_j$$
来代替 Σ_i 中的 $n_j A_j$，从而构造出 Σ_{i+1}．我们规定，$(n_j + 1)\neg A_j$ 不对应于 1) 中的任何推理关系，也不被注视；$(n_j + 1)B$ 和 $(n_j + 1)\neg B$ 分别对应于 1) 中的推理关系 $\Gamma_j, \neg A_j \vdash B$ 和 $\Gamma_j, \neg A_j \vdash \neg B$；$(n_j + 1)B$ 和 $(n_j + 1)\neg B$ 是否被注视，由它们各自所对应的上述推理关系是否不是树尖而定；$n_j A_j$ 仍对应于 $\Gamma_j \vdash A_j$，但 $n_j A_j$ 在 Σ_{i+1} 中不再被注视．

这样，$(n_j + 1)\neg A_j$ 成为 Σ_{i+1} 中 $(n_j + 1)B$ 和 $(n_j + 1)\neg B$ 的前提序列中的最后一个斜形证明公式． 如果令 Π 是 $n_j A_j$ 的前提序列，那么 $(n_j + 1)B$ 和 $(n_j + 1)\neg B$ 的前提序列应当是
$$\Pi, (n_j + 1)\neg A_j$$
而 Π 中最后一个斜形证明公式的左距是 n_j．

第三，$\Gamma_j \vdash A_j$ 是 $(\rightarrow_+)$ 型树枝的枝根．那么在 1) 中，在 $\Gamma_j \vdash A_j$ 之前，有推理关系

$$\Gamma_j, B \vdash C$$

作为这个树枝的枝尖，而 $A_j = B \to C$. 我们用序列

$$(n_j+1)B, \ (n_j+1)C, \ n_j[B\to C] \ (\text{即 } n_j A_j)$$

来代替 Σ_i 中的 $n_j A_j$，从而构造出 Σ_{i+1}. 我们规定，$(n_j+1)B$ 不对应于 1) 中的任何推理关系，也不被注视；$(n_j+1)C$ 对应于 1) 中的推理关系 $\Gamma_j, B \vdash C$；$(n_j+1)C$ 是否被注视，由它所对应的推理关系 $\Gamma_j, B \vdash C$ 是否不是树尖而定；$n_j A_j$ 仍对应于 $\Gamma_j \vdash A_j$，但 $n_j A_j$ 在 Σ_{i+1} 中不再被注视.

这样，$(n_j+1)B$ 成为 Σ_{i+1} 中 $(n_j+1)C$ 的前提序列中的最后一个斜形证明公式. 如果令 Π 是 $n_j A_j$ 的前提序列，则 $(n_j+1)C$ 的前提序列应当是

$$\Pi, (n_j+1)B$$

而 Π 中最后一个斜形证明公式的左距是 n_j.

第四，$\Gamma_j \vdash A_j$ 是 $(\forall_+)$ 型树枝的枝根. 那么在 1) 中，在 $\Gamma_j \vdash A_j$ 之前，有推理关系

$$\Gamma_j \vdash B(a)$$

作为这个树枝的枝尖，其中的 a 不在 Γ_j 中出现，并且 $A_j = \forall x B(x)$. 我们用序列

$$n_j B(a), \ n_j \forall x B(x) \ (\text{即 } n_j A_j)$$

来代替 Σ_i 中的 $n_j A_j$，从而构造出 Σ_{i+1}. 我们规定，$n_j B(a)$ 对应于 1) 中的推理关系 $\Gamma_j \vdash B(a)$；$n_j B(a)$ 是否被注视，由它所对应的 $\Gamma_j \vdash B(a)$ 是否不是树尖而定；$n_j A_j$ 仍对应于 $\Gamma_j \vdash A_j$，但 $n_j A_j$ 在 Σ_{i+1} 中不再被注视.

按照上述方法我们能由 Σ_i 构造出唯一的 Σ_{i+1}. 在 Σ_{i+1} 中被注视的斜形证明公式的某一个出现可能原来在 Σ_i 中就是被注视的，也可能是在构造出 Σ_{i+1} 时增加的. Σ_{i+1} 中的被注视的斜形证明公式比较 Σ_i 中被注视的斜形证明公式，可能增多，也可能减少. 然而，如果某个斜形证明公式的某个出现是被注视的，它必定对应于形式证明中的一个作为枝根的推理关系；而且不同的被注视的斜形证明公式对应于形式证明中的不同的推理关系. 此外，一个被

注视的斜形证明公式在根据它构造出某个新的 Σ 之后就不再被注视了,而形式证明的树中的枝根的数目是有穷的. 因此,在经过了一定的有穷步骤,构造出某个 Σ_k 之后, Σ_k 中就不再有被注视的斜形证明公式,这时 Σ_k 的所有结论序列中的斜形证明公式所对应的形式证明中的推理关系就都是树尖了.

根据上述的由 Σ_i 构造 Σ_{i+1} 的方法,不难验证,上面的[1]—[5]对于 Σ_{i+1} 也都是成立的. 因此, 对于 $\Sigma_1, \cdots, \Sigma_k$ 来说, [1]—[5]都是成立的.

定理 2 如果 $\Gamma \vdash A$, 则有关于 $\Gamma \vdash A$ 的斜形证明.

证 根据关于 $\Gamma \vdash A$ 的已经化简的形式证明,可以构造上面所说的 $\Sigma_1, \cdots, \Sigma_k$,使得上述的 [1]—[5] 对于 $\Sigma_1, \cdots, \Sigma_k$ 都成立. 由 [1], Σ_k 具有斜形证明形式; 再由 [4], 因为 Σ_k 中没有被注视的斜形证明公式, 故 Σ_k 是一个斜形证明. 由 [5], Σ_k 是关于 $\Gamma \vdash A$ 的斜形证明. ||

定理 1 和定理 2 说明了斜形证明的存在性以及它和形式证明之间的关系.

符号汇编(下册)

§ 30

$[P]$	$[P]_0$
$[P]_1$	$[P]_2$
$[P]_3$	$[P]_4$
$[P]_5$	$[P]_6$
$[P]_7$	$[P]_8$
$[P]_9$	$[P]_{10}$
$(\rightarrow_0)$	$(\rightarrow_1)$
$(\rightarrow_2)$	(M)
(H)	(C)
$[\rightarrow]$	$\vdash A$
$(\neg_0)$	$(\neg_1)$
$(\neg_2)$	$(\rightarrow_{11})$
$(\neg_{11})$	$(\neg_{12})$
(Ł_0)	(Ł_1)

§ 31

$[P^*]$	$[P^*]_0$
$[P^*]_\vee$	$[P^\vee]$
$[P^\vee]_0$	$[P^\vee]_1$
$[P^i]$	$[P^i]_0$
$[P^i]_{\text{Ł}}$	$(\wedge_0)$
$(\wedge_1)$	$(\wedge_2)$
$(\vee_0)$	$(\vee_1)$
$(\vee_2)$	$(\leftrightarrow_0)$
$(\leftrightarrow_1)$	$(\leftrightarrow_2)$
$(\wedge_M)$	$(\vee_C)$
$(\neg\vee_0)$	$(\neg\vee_1)$
$(\neg\vee_2)$	$(\neg\vee_3)$
$(\neg\vee_4)$	$(\neg\vee_5)$
$(\neg\vee_6)$	$[\neg\vee]$
$(\rightarrow_p)$	$(\rightarrow_{\text{Ł}})$

§ 32

$[P]_r$	(red)
$[P_H]$	$[P_H]_r$
$[P_M]$	$[P_M]_r$
$[P^*]_r$	$[P^*_H]$
$[P^*_H]_H$	$[P^*_H]_\wedge$
$[P^*_H]_r$	$[P^*_M]$
$[P^*_M]_J$	$[P^*_M]_\wedge$
$[P^*_M]_r$	

§ 33

$[F]$	$[F^*]$
$[F^*]_r$	$[F^*]_1$
$[F^*_H]$	$[F^*_H]_r$
$[F^*_M]$	$[F^*_M]_r$

$[F^{*}]$	$[F^{*!}]$
$[F^{!*}_{M}]$	$[F^{*}_{M}]$
$[F^{*!}_{M}]$	$(\forall_0)$
$(\forall_1)$	$(\exists_0)$
$(\exists_1)$	(I_0)
(I_1)	$(\forall^{!}_{1})$
$(\exists^{!}_{1})$	$(I^{!}_{1})$
$(\mathsf{E}^{!}_{1})$	$[\forall]$
$[\forall_0]$	$[\exists_0]$

§ 34

$\Gamma \vdash A$

§ 40

A, B, C	α, β, γ
x, y, z	f, g, h
F, G, H	S
$\mathfrak{t}$	$\mathfrak{f}$
$\mathfrak{u}$	I
$\sim$	$\curlywedge$
$\curlyvee$	$\rightharpoonup$
$\longleftrightarrow$	$\langle x \rangle_S$
$\langle \partial x \rangle_S$	

§ 41

$\models$	N
$\langle S, \varphi \rangle$	

§ 46

Δ_A

§ 50

$\mathscr{S}$

§ 51

$\mathscr{G}$	$\mathscr{G}_0$
$\vdash_G$	G
$\mathbf{e}$	x^{-1}
$(\forall \mathrm{x})_G$	$(\exists \mathrm{x})_G$
$(\iota \mathrm{x})_G$	$(\exists !! \mathrm{x})_G$
$(\exists ! \mathrm{x})_G$	$(\forall \mathrm{x}_1 \cdots \mathrm{x}_n)_G$
$(\exists \mathrm{x}_1 \cdots \mathrm{x}_n)_G$	

§ 52

N	$\mathbf{0}$
$\mathbf{1}$	$\mathbf{2}$
$\boldsymbol{n}$	$\mathscr{N}$
$\mid$	Pr
$<$	$\leqslant$

§ 53

$\mathrm{Cons}(\mathscr{N})$	$A(k, n)$
$\mathrm{B}(\boldsymbol{k})$	

§ 54

ZF	$(\forall \mathrm{x})_{\alpha}$
$(\exists \mathrm{x})_{\alpha}$	$\{\mathrm{x}\}$
$\{\mathrm{x}, \mathrm{y}\}$	$\{\mathrm{x}_1, \cdots, \mathrm{x}_n\}$
$\langle \mathrm{x} \rangle$	$\langle \mathrm{x}, \mathrm{y} \rangle$
$\langle \mathrm{x}_1, \cdots, \mathrm{x}_n \rangle$	$\mathscr{P}\boldsymbol{\alpha}$

$\bigcup \alpha$	$\bigcap \alpha$
Rel	Fun
n'	Ind
N	ω
U	

§ 55

$\mathscr{R}$	$\mathbf{0}$
$\mathbf{1}$	ω
ρ	ρ_1
ρ_I	Ded
$(\imath x)_\rho$	$\vdash_\rho$

§ 56

$[F^*]_{\mathscr{N}}$

§ 57

$\mathscr{S}$	D(F)
$D_1(f)$	$D_2(f)$
$D_1(a)$	$D_2(a)$

参 考 文 献

Church, A.

1936. A note on the Entscheidungsproblem. *The journal of symbolic logic*, vol. 1, 40—41. (Reprinted with corrections in Davis 1965, 110—115.)

1956. Introduction to mathematical logic. Princeton University Press, Princeton, N. J.

Davis, M. (ed.)

1965. The undecidable. Basic papers on undecidable propositions. unsolvable problems, and computable functions. Raven Press, New York.

Fraenkel, A. A., Y. Bar- Hillel and A. Levy

1973. Foundations of set theory (Second edition). North-Holland, Amsterdam.

Frege, G.

1879. Begriffsschrift, eine der arithmetischen nachgebildete Formelsprache des reinen Denkens. (Complete English translation in Van Heijenoort 1967, 1—82.)

Gentzen, G.

1934. Untersuchungen über das Logische Schliessen. *Mathematische Zeitschrift*, vol. 39, 176—210, 405—431. (English translation in M. E. Szabó (ed.), The collected papers of Gerhard Gentzen, North-Holland, Amsterdam (1969).)

Gödel, K.

1930. Die Vollständigkeit der Axiome des logischen Funktionenkalküls. *Monatshefte für Mathematik und Physik*, vol. 37, 349—360. (English translation in Van Heijenoort 1967, 582—591.)

1931. Über formal unentscheidbare Sätze der Principia Mathematica und verwandter System I. *Monatshefte für Mathematik und Physik*, vol. 38, 173—198. (English translation in Van Heijenoort 1967, 596—616.)

Henkin, L.

1949. The completeness ot the first-order functional calculus. *The journal of symbolic logic*, vol. 14, 159—166.

Herbrand, J.

1928. Sur la théorie de la démonstration. *Comptes rendus hebdomadaires des séances de l'Académie des Sciences* (Paris), vol. 186, 1274—1276.

Heyting, A.

1930. Die formalen Regeln der intuitionis tischen Logik. *Sitzungsberichte der Preussischen Akademie der Wissenschaften, Physikalisch-mathematische Klasse*, 1930, 42—56.

Hilbert, D. and W. Ackermann

1928. Grundzüge der theoretischen Logik. Berlin (Springer). Second ed. 1938. Reprinted New York (Dover Publications) 1946. Third ed. Berlin, Göttingen, Heidelberg (Springer) 1949. English translation of the Second ed., Principles of mathematical logic, New York (Cheslea Publishing Company) 1950.

Hilbert, D. and P. Bernays

1934. Grundlagen der Mathematik, vol. 1, Berlin (Springer).

1939. Grundlagen der Mathematik, vol. 2, Berlin (Springer).

Jaśkowski S.

1934. On the rules of suppositions in formal logic. *studia logica*, no. 1, Warsaw.

Johansson, I.

1936. Der Minimalkalkül, ein reduzierter intuitionistischer Formalismus. *Compositio Math.* vol. 4, 119—136.

Kleene, S. C.

1952. Introduction to metamathematics. North-Holland, Amsterdam, and Van Nostrand, New York.

Löwenheim, L.

1915. Über Möglichkeiten im Relativkalkül. *Mathematische Annalen*, vol. 76, 447—470.

Łukasiewicz, J.

1948. The shortest axiom of the implicational calculus of propositions. *Proceedings of the Royal Irish Academy*, vol. 52, 25—33.

Łukasiewicz, J. and A. Tarski

1930. Untersuchungen über den Aussagenkalkül. *Comptes rendus des séances de la Société des Sciences et des Lettres de Varsovie*, Classe III, vol. 23, 30—50.

Rasiowa, H. and R. Sikorski

1950. A proof of the completeness theorem of Gödel. *Fundmenta mathematicae*, vol. 37, 193—200.

Skolem, Th.

1920. Logisch-Kombinatorische Untersuchungen über die Erfüllbarkeit oder Beweisbarkeit mathematischer Sätze nebst einem Theoreme über dichte Mengen. *Skrifter utgit av Videnskapsselskapet i Kristiania, I. Matematisk-videnskabelig klasse* 1919, No. 4, 1—36. (English translation of §1 in Van Heijenoort 1967, 252—263.)

Tarski, A.

1936. Über den Begriff der logischen Folgerung. *Actualités Scientifiques et Industrielles*, vol. 394, 1—11.

Van Heijenoort, J. (ed.)

1967. *From Frege to Gödel, a source book in mathematical logic* 1879—

1931. Harvard University Press, Cambridge, Mass.
Whitehead, A. N. and B. Russell
1910—1913. Principia Mathematica. vol. 1, 1910; vol. 2, 1912; vol. 3, 1913. Cambridge, England.

《现代数学基础丛书》已出版书目

1　数理逻辑基础(上册)　1981.1　胡世华　陆钟万　著
2　数理逻辑基础(下册)　1982.8　胡世华　陆钟万　著
3　紧黎曼曲面引论　1981.3　伍鸿熙　吕以辇　陈志华　著
4　组合论(上册)　1981.10　柯　召　魏万迪　著
5　组合论(下册)　1987.12　魏万迪　著
6　数理统计引论　1981.11　陈希孺　著
7　多元统计分析引论　1982.6　张尧庭　方开泰　著
8　有限群构造(上册)　1982.11　张远达　著
9　有限群构造(下册)　1982.12　张远达　著
10　测度论基础　1983.9　朱成熹　著
11　分析概率论　1984.4　胡迪鹤　著
12　微分方程定性理论　1985.5　张芷芬　丁同仁　黄文灶　董镇喜　著
13　傅里叶积分算子理论及其应用　1985.9　仇庆久　陈恕行　是嘉鸿　刘景麟　蒋鲁敏　编
14　辛几何引论　1986.3　J.柯歇尔　邹异明　著
15　概率论基础和随机过程　1986.6　王寿仁　编著
16　算子代数　1986.6　李炳仁　著
17　线性偏微分算子引论(上册)　1986.8　齐民友　编著
18　线性偏微分算子引论(下册)　1992.1　齐民友　徐超江　编著
19　实用微分几何引论　1986.11　苏步青　华宣积　忻元龙　著
20　微分动力系统原理　1987.2　张筑生　著
21　线性代数群表示导论(上册)　1987.2　曹锡华　王建磐　著
22　模型论基础　1987.8　王世强　著
23　递归论　1987.11　莫绍揆　著
24　拟共形映射及其在黎曼曲面论中的应用　1988.1　李　忠　著
25　代数体函数与常微分方程　1988.2　何育赞　萧修治　著
26　同调代数　1988.2　周伯壎　著
27　近代调和分析方法及其应用　1988.6　韩永生　著
28　带有时滞的动力系统的稳定性　1989.10　秦元勋　刘永清　王　联　郑祖庥　著
29　代数拓扑与示性类　1989.11　[丹麦] I. 马德森　著
30　非线性发展方程　1989.12　李大潜　陈韵梅　著

31　仿微分算子引论　1990.2　陈恕行　仇庆久　李成章　编
32　公理集合论导引　1991.1　张锦文　著
33　解析数论基础　1991.2　潘承洞　潘承彪　著
34　二阶椭圆型方程与椭圆型方程组　1991.4　陈亚浙　吴兰成　著
35　黎曼曲面　1991.4　吕以辇　张学莲　著
36　复变函数逼近论　1992.3　沈燮昌　著
37　Banach 代数　1992.11　李炳仁　著
38　随机点过程及其应用　1992.12　邓永录　梁之舜　著
39　丢番图逼近引论　1993.4　朱尧辰　王连祥　著
40　线性整数规划的数学基础　1995.2　马仲蕃　著
41　单复变函数论中的几个论题　1995.8　庄圻泰　杨重骏　何育赞　闻国椿　著
42　复解析动力系统　1995.10　吕以辇　著
43　组合矩阵论(第二版)　2005.1　柳柏濂　著
44　Banach 空间中的非线性逼近理论　1997.5　徐士英　李　冲　杨文善　著
45　实分析导论　1998.2　丁传松　李秉彝　布　伦　著
46　对称性分岔理论基础　1998.3　唐　云　著
47　Gel'fond-Baker 方法在丢番图方程中的应用　1998.10　乐茂华　著
48　随机模型的密度演化方法　1999.6　史定华　著
49　非线性偏微分复方程　1999.6　闻国椿　著
50　复合算子理论　1999.8　徐宪民　著
51　离散鞅及其应用　1999.9　史及民　编著
52　惯性流形与近似惯性流形　2000.1　戴正德　郭柏灵　著
53　数学规划导论　2000.6　徐增堃　著
54　拓扑空间中的反例　2000.6　汪　林　杨富春　编著
55　序半群引论　2001.1　谢祥云　著
56　动力系统的定性与分支理论　2001.2　罗定军　张　祥　董梅芳　著
57　随机分析学基础(第二版)　2001.3　黄志远　著
58　非线性动力系统分析引论　2001.9　盛昭瀚　马军海　著
59　高斯过程的样本轨道性质　2001.11　林正炎　陆传荣　张立新　著
60　光滑映射的奇点理论　2002.1　李养成　著
61　动力系统的周期解与分支理论　2002.4　韩茂安　著
62　神经动力学模型方法和应用　2002.4　阮　炯　顾凡及　蔡志杰　编著
63　同调论——代数拓扑之一　2002.7　沈信耀　著
64　金兹堡-朗道方程　2002.8　郭柏灵　黄海洋　蒋慕容　著

65　排队论基础　2002.10　孙荣恒　李建平　著
66　算子代数上线性映射引论　2002.12　侯晋川　崔建莲　著
67　微分方法中的变分方法　2003.2　陆文端　著
68　周期小波及其应用　2003.3　彭思龙　李登峰　谌秋辉　著
69　集值分析　2003.8　李　雷　吴从炘　著
70　强偏差定理与分析方法　2003.8　刘　文　著
71　椭圆与抛物型方程引论　2003.9　伍卓群　尹景学　王春朋　著
72　有限典型群子空间轨道生成的格(第二版)　2003.10　万哲先　霍元极　著
73　调和分析及其在偏微分方程中的应用(第二版)　2004.3　苗长兴　著
74　稳定性和单纯性理论　2004.6　史念东　著
75　发展方程数值计算方法　2004.6　黄明游　编著
76　传染病动力学的数学建模与研究　2004.8　马知恩　周义仓　王稳地　靳　祯　著
77　模李超代数　2004.9　张永正　刘文德　著
78　巴拿赫空间中算子广义逆理论及其应用　2005.1　王玉文 著
79　巴拿赫空间结构和算子理想　2005.3　钟怀杰 著
80　脉冲微分系统引论　2005.3　傅希林　闫宝强　刘衍胜　著
81　代数学中的 Frobenius 结构　2005.7　汪明义　著
82　生存数据统计分析　2005.12　王启华　著
83　数理逻辑引论与归结原理(第二版)　2006.3　王国俊　著
84　数据包络分析　2006.3　魏权龄　著
85　代数群引论　2006.9　黎景辉　陈志杰　赵春来　著
86　矩阵结合方案　2006.9　王仰贤　霍元极　麻常利　著
87　椭圆曲线公钥密码导引　2006.10　祝跃飞　张亚娟　著
88　椭圆与超椭圆曲线公钥密码的理论与实现　2006.12　王学理　裴定一　著
89　散乱数据拟合的模型、方法和理论　2007.1　吴宗敏　著
90　非线性演化方程的稳定性与分歧　2007.4　马　天　汪宁宏　著
91　正规族理论及其应用　2007.4　顾永兴　庞学诚　方明亮　著
92　组合网络理论　2007.5　徐俊明　著
93　矩阵的半张量积:理论与应用　2007.5　程代展　齐洪胜　著
94　鞅与 Banach 空间几何学　2007.5　刘培德　著
95　非线性常微分方程边值问题　2007.6　葛渭高　著
96　戴维-斯特瓦尔松方程　2007.5　戴正德　蒋慕蓉　李栋龙　著
97　广义哈密顿系统理论及其应用　2007.7　李继彬　赵晓华　刘正荣　著
98　Adams 谱序列和球面稳定同伦群　2007.7　林金坤　著

99 矩阵理论及其应用 2007.8 陈公宁 编著
100 集值随机过程引论 2007.8 张文修 李寿梅 汪振鹏 高 勇 著
101 偏微分方程的调和分析方法 2008.1 苗长兴 张 波 著
102 拓扑动力系统概论 2008.1 叶向东 黄 文 邵 松 著
103 线性微分方程的非线性扰动(第二版) 2008.3 徐登洲 马如云 著
104 数组合地图论(第二版) 2008.3 刘彦佩 著
105 半群的 S-系理论(第二版) 2008.3 刘仲奎 乔虎生 著
106 巴拿赫空间引论(第二版) 2008.4 定光桂 著
107 拓扑空间论(第二版) 2008.4 高国士 著
108 非经典数理逻辑与近似推理(第二版) 2008.5 王国俊 著
109 非参数蒙特卡罗检验及其应用 2008.8 朱力行 许王莉 著
110 Camassa-Holm 方程 2008.8 郭柏灵 田立新 杨灵娥 殷朝阳 著
111 环与代数(第二版) 2009.1 刘绍学 郭晋云 朱 彬 韩 阳 著
112 泛函微分方程的相空间理论及应用 2009.4 王 克 范 猛 著
113 概率论基础(第二版) 2009.8 严士健 王隽骧 刘秀芳 著
114 自相似集的结构 2010.1 周作领 瞿成勤 朱智伟 著
115 现代统计研究基础 2010.3 王启华 史宁中 耿 直 主编
116 图的可嵌入性理论(第二版) 2010.3 刘彦佩 著
117 非线性波动方程的现代方法(第二版) 2010.4 苗长兴 著
118 算子代数与非交换 L_p 空间引论 2010.5 许全华 吐尔德别克 陈泽乾 著
119 非线性椭圆型方程 2010.7 王明新 著
120 流形拓扑学 2010.8 马 天 著
121 局部域上的调和分析与分形分析及其应用 2011.4 苏维宜 著
122 Zakharov 方程及其孤立波解 2011.6 郭柏灵 甘在会 张景军 著
123 反应扩散方程引论(第二版) 2011.9 叶其孝 李正元 王明新 吴雅萍 著
124 代数模型论引论 2011.10 史念东 著
125 拓扑动力系统——从拓扑方法到遍历理论方法 2011.12 周作领 尹建东 许绍元 著
126 Littlewood-Paley 理论及其在流体动力学方程中的应用 2012.3 苗长兴 吴家宏 章志飞 著
127 有约束条件的统计推断及其应用 2012.3 王金德 著
128 混沌、Mel′nikov 方法及新发展 2012.6 李继彬 陈凤娟 著
129 现代统计模型 2012.6 薛留根 著
130 金融数学引论 2012.7 严加安 著
131 零过多数据的统计分析及其应用 2013.1 解锋昌 韦博成 林金官 著

132　分形分析引论　2013.6　胡家信　著
133　索伯列夫空间导论　2013.8　陈国旺　编著
134　广义估计方程估计方程　2013.8　周　勇　著
135　统计质量控制图理论与方法　2013.8　王兆军　邹长亮　李忠华　著
136　有限群初步　2014.1　徐明曜　著
137　拓扑群引论(第二版)　2014.3　黎景辉　冯绪宁　著
138　现代非参数统计　2015.1　薛留根　著